普通高等教育新工科通信类课改系列教材

现代通信新技术

邬正义　范　瑜　编著

西安电子科技大学出版社

内 容 简 介

本书介绍了现代通信中的各种最新技术，包括移动通信、互联网通信、卫星通信、无线宽带接入、数字广播和电视、无线局域网以及各种短距离无线通信技术，内容新，覆盖面广，与人们的实际生产和生活结合紧密。本书中重点介绍了近年来通信领域的各种热点，对 5G 通信、智能手机和移动互联网、Ka 波段卫星通信技术、蓝牙、超宽带、网状网、体域网、RFID 等新技术都有细致和精辟的论述。

本书可作为高等院校应用型本科或专科的通信、自动化、计算机、电子信息工程等专业的专业基础课或选修课教材，也可作为相关专业技术人员学习的参考书。

图书在版编目(CIP)数据

现代通信新技术/邬正义，范瑜编著. —西安：西安电子科技大学
出版社，2017.6(2021.10 重印)
ISBN 978 - 7 - 5606 - 4486 - 8

Ⅰ. ①现…　Ⅱ. ①邬…　②范　Ⅲ. ①通信技术　Ⅳ. ①TN91

中国版本图书馆 CIP 数据核字(2017)第 101717 号

策　　划　高樱
责任编辑　张欣　雷鸿俊
出版发行　西安电子科技大学出版社(西安市太白南路 2 号)
电　　话　(029)88202421　88201467　　邮　　编　710071
网　　址　www. xduph. com　　　　电子邮箱　xdupfxb001@163. com
经　　销　新华书店
印刷单位　陕西天意印务有限责任公司
版　　次　2017 年 6 月第 1 版　2021 年 10 月第 3 次印刷
开　　本　787 毫米×1092 毫米　1/16　印张　15.5
字　　数　359 千字
印　　数　3601～5600 册
定　　价　39.00 元
ISBN 978 - 7 - 5606 - 4486 - 8/TN
XDUP　4778001 - 3

＊＊＊如有印装问题可调换＊＊＊

普通高等教育新工科通信类课改系列教材

编审专家委员名单

前　言

人类已经经历了六次信息技术的革命。

语言能力是人类与动物的分水岭。语言的出现是猿进化到人的过程中关键的一步，从此，人类脱离了动物世界。这可以算作人类的第一次信息技术革命。

文字的出现，让信息可以被记录，被保存。这是第二次信息技术革命。

纸和印刷术的发明可以称为第三次信息技术革命。因为有了纸和印刷术，所有人类文明成果才得以广泛地被记载、传播和发扬光大。迄今为止，人类的历史和知识得以传承主要依赖纸质媒体。

20世纪初，电磁波的发现和无线电技术的发明，让信息的远距离即时传播成为现实，人类真正感受到了科学的力量，这当之无愧地称得上人类历史上的第四次信息技术革命。

伴随着工业革命，电的应用和电子技术的出现带动了一系列信息领域的发明和创造，如广播、电视、电话、电报、移动通信、照相、录音录像和信息存储技术等等，尤为重要的是集成电路的出现和电子计算机的诞生，我们把这个时期的信息领域的发明创造归结为第五次信息技术革命。

20世纪末，互联网的出现应该是第六次信息技术革命，之所以要把它单独列出来，是因为它的出现几乎颠覆了人类几千年的生活方式，而且，它对人类发展的潜在影响力还远远没有结束。

今天，我们可以毫不夸张地说，人类已经站到了又一次新的信息技术革命的前夜，这次信息技术革命将超越前六次革命，移动互联、云计算、大数据、人工智能、机器人将又一次改变人类社会的生活和生产方式。特别要指出的是，我们不可回避的5G通信将大行其道。为此，在这里为读者奉上我们多年来在通信技术领域教学和科研的一些成果。本书之所以以"现代通信新技术"为名，就是希望我们给予读者的是这个领域里与时俱进的新东西。当然为了承上启下，我们必须从传统的通信技术讲起，但大部分内容都来自于当前最新的研究成果与工程实践，与人们的生活和工作息息相关。

本书的主要阅读对象是具有一定通信技术基础的大学生和工程师，如果您已经在大学里学过"通信原理"或"通信技术基础"之类的基础课程，对现代通信的一些最基础的概念已有所了解，阅读本书应该是没有困难的。不过，对于不具备以上专业基础的读者，或者说非理工类专业毕业的读者，只要对现代通信技术感兴趣，愿意去接触这些稍显生涩的专业词汇，完全可以找一本简明的通信类基础教科书（例如我们编著的《通信原理简明教程》，机械工业出版社出版），伴随本书的阅读，一步一步地进入现代通信的美妙世界。

本书共分为8章。

第1章"通信与网络基础"，集中介绍现代通信中的最新技术基础和网络技术基础，涉及后续各章经常要遇到的一些技术性概念，为避免重复，通信原理的一些基本内容不再赘述，重点介绍了扩频通信、OFDM、MIMO 和 UWB 技术的基本原理，并简单回顾了数据通信的一些基本概念，包括交换技术和网络通信协议等内容，这些先进通信技术的具体应用将在后续各章逐步展开。

第 2 章"移动通信系统"，移动通信系统是现代通信技术最主要的应用领域，本章介绍了移动通信技术的发展历史，重点阐述了第二代数字蜂窝移动通信系统的工作原理，以欧洲的 GMS 系统和北美的窄带 CDMA 系统为例详细介绍了这个阶段移动通信技术的主要特点，并简单介绍了 GPRS 系统。本章的有些内容虽然已经被更新的技术所替代，但为了使读者理解蜂窝移动通信的原理，对移动通信技术发展的轨迹有全面的了解，我们还是保留了一定的篇幅来讲解这些内容。

第 3 章"移动互联网时代"，本章继续以数字蜂窝移动通信技术为主线进行介绍。本章首先对第三代移动通信中三个典型的技术方案作了介绍，特别强调了我国科技工作者在 3G 研究与开发中的贡献。然后，用较多篇幅介绍了 4G 的 LTE 网络的全新概念。移动通信和互联网联姻使得全人类进入了移动互联网时代，通信改变了人类的生存方式，这已经被大家普遍接受。最后，我们把笔触转移到目前通信领域的最新话题——5G。这个领域正处在百家争鸣、群雄逐鹿的关键时刻，各种创新思想和观念互相碰撞，虽然很多问题都尚无定论，但我们还是希望把 5G 的基本思想和已经达成共识的内容介绍给读者。尤其是在 3GPP RAN1 的第 87 次会议上，我国通信领域的领军企业华为主导提交的极化码(Polar Code)方案战胜了高通主推的 LDPC 和法国主推的 Turbo 2.0，成为 5G 控制信道 eMBB 场景的编码方案。这标志着中国科技工作者已经真正站到了世界通信新技术的前沿，这也是对我们现在的工作极大的鼓励和鞭策。

第 4 章"卫星通信"，较系统地介绍了通信技术在空间技术领域中的发展进程。自 1957 年苏联发射了世界上第一颗人造地球卫星以来，空间科学技术和通信技术就一直紧密联系在一起。通信为人类探索宇宙、认识地球自身以及周围的其他星球提供了技术支撑，而卫星也为通信技术的应用和发展开辟了广阔的天地，人造地球卫星成为悬挂在空中的微波中继站，成为全球即时通信、广播与电视远距离传输、国际互联网运行的基础。卫星通信技术是现代通信技术中的一个重要分支，半个多世纪以来，新技术不断出现。本章除了对卫星通信的基本结构和概念做了系统介绍之外，重点分析了一些有特色的卫星通信新技术，特别对近年来发展迅速的 Ka 波段卫星通信技术做了较为详细的论述。

第 5 章"数字广播电视通信"，讨论了通信技术在广播电视领域的新发展。广播与电视是人类在发现无线电波以后最早的应用领域，已经有近百年的历史，走过了从模拟到数字的漫长岁月。作为公共传播媒体，虽然它的主导地位逐渐被互联网取代，但仍是人们生活中不可或缺的一部分，通信技术领域的每一项发明与创新，都在广播电视技术中有所应用。我们在本章对这些内容做了系统的介绍，并介绍了我们的一些科研成果，这也是本书的一个特色所在。

第 6 章"接入网技术"，主要介绍目前主流的宽带接入技术。宽带无线接入源于计算机数据通信的需要，是从无线局域网和无线城域网的应用中发展起来的，基本特征是提供高带宽和支持 IP 网络。从本章开始，本书的写作重点从以单纯的通信技术为主逐步转向通信与网络并重，主要内容涉及以太网技术和城域网技术。以太网是今天计算机互联网最初的基本构造单元，在本章中详细叙述了 CSMA/CD 技术的来龙去脉，对十兆、百兆和千兆以太网的编码方案做了详细的剖析。城域网是与 3G 移动通信系统同时发展起来的宽带接入技术，本章主要介绍了 IEEE 802.16 规范和其技术特点，对中国通信标准化协会参与的 McWill 宽带无线接入标准也做了简单的介绍。这一章的内容与后续几章的内容是密切相关的。

第 7 章"无线局域网"和第 8 章"短距离无线通信"，主要讲述了无线通信技术的近距离应用。

由于俗称"WiFi"的无线局域网（WLAN）在市场推广中已经取得巨大的成功，加之 IEEE 802.11 自成系列，版本更新和升级的内容较多，因此我们单独开辟一章（第 7 章）对其进行介绍，便于读者更好地理解它的发展脉络和技术特色。

其他短距离无线通信技术大多属于无线个域网 IEEE 802.15 规范的范围，在第 8 章中，我们分别介绍了 RFID、蓝牙、高速个域网（HR - WPAN）、低速个域网（LR - WPAN）、无线体域网（WBAN）等系统的网络架构、技术规范和特色。在这一章，我们还详细分析了 Ad Hoc 的基本思想与网状网（Mash）的概念和构造，以及它们在短距离无线通信中的应用。

编著本书的初衷，是希望尽可能为读者提供现代通信系统发展中的最新技术的全貌，使在读的或者已经毕业的理工类大学生在享受现代通信技术带来的各种便捷和快乐的同时，能在技术层面上对现代通信系统有更深层次的了解，从而激发或引起他们对通信技术的兴趣，发挥他们的聪明才智，使他们成为互联网＋时代的弄潮儿。因此，我们尽最大的努力搜集和整理资料，结合科研和教学，力求将深奥和晦涩的理论讲得通俗易懂，把最新的知识奉献给读者。但是，由于个人学历、知识和理解能力有限，书中不可避免地会有欠妥之处，衷心希望读者和同行专家不吝赐教，加以指正。

我们非常幸运，生活在一个信息革命风起云涌的年代。数十年来，感谢一届又一届学生的鼓励与无数同行和老师的支持，不断给我们提供宝贵的意见和建议，使我们有信心在通信技术这个领域继续耕耘下去。这次，经过两年多的努力，在西安电子科技大学出版社的鼎力支持下，我们终于完成了本书。特在此向所有关心和支持我们工作的朋友们表示谢意。

作　者

2017 年 3 月于昆承湖畔

目　录

1

第 1 章　通信与网络基础

通信，是推动人类社会文明进步与经济发展的巨大动力。人类在从野蛮向文明进化的过程中，一个重要的变化就是通信手段和通信方式的不断进步。20 世纪以来，人类社会在物理学、电子技术和信息技术大发展的基础上，不断创新通信手段。第二次世界大战的结束，为世界各国大力发展信息与通信技术创造了良好的环境和条件；20 世纪 50 年代蜂窝移动通信系统的出现和完善、大规模集成电路的发明和计算机技术的突飞猛进更是助推了人类进入信息时代的进程。20 世纪末以来，国际互联网（因特网）以迅雷不及掩耳的速度普及开来，彻底改变了人们传统的思维方式和生活方式。

今天，通信技术早已不再是当年养在闺中的高深技术，而以现代文明结晶的姿态成为每个现代人的生活必需品。人们迫切地希望能尽快跟上时代的步伐，从自己身边做起，了解最新的通信技术和原理，学习各种全新的通信手段，理解和适应它对我们生活的影响。为此，我们从这一章开始，将一步一步地为您拉开现代通信新技术的大幕，展示现代通信新技术的魅力，和您共同体验人类在信息通信领域的最新成果。

本书的主要阅读对象是具有一定通信技术基础的大学生和工程师，假定您已经在大学里学过"通信原理"或"通信技术基础"之类的基础课程，对现代通信的一些最基础的概念已有所了解。假如您不具有通信类专业知识的基础，建议您选择一本简明的通信类基础教科书，伴随本书一起阅读，一步一步地进入现代通信的美妙世界。本章将集中介绍一些通信中的基础知识和现代通信中的最新技术基础，以便为读者更好地阅读后续各章做铺垫。

1.1　无　线　电　波

每个电子信息类专业的学生都知道，现代通信这座宏伟大厦的奠基石就是麦克斯韦堪称完美的四个偏微分方程，无线电波（电磁波）就是用这四个偏微分方程描述的。本书讨论的通信是指以无线电波（电磁波）为媒介的通信方式，无论是有线还是无线，信息都被装载在电磁波上来进行传递。自从麦克斯韦从理论上预言并由赫兹用实验证实了电磁波的存在，人类就进入了现代通信的时代。一代又一代的科学家、工程师在现代通信领域不断创造和完善各种通信新技术，推动着人类文明的进步和发展。

无线电波是宇宙赐给人类的巨大财富，也是人类共同的宝贵资源。在讨论无线通信之前，我们先要了解一下无线电波的各种性质和特点。

1.1.1　电磁波频段的划分

电磁波是看不见、摸不着的，但它是实实在在地存在于我们周围的一种物质的运动形态。在广播电视和无线通信中，电磁波通常被叫做无线电波。其实，除了无线电波之外，电磁波还包括红外线、可见光、紫外线以及 γ 射线等，这些电磁波都会产生电磁辐射，它们之间的区别仅仅是波的频率不同而已。当前，能用于通信的无线电频率已经从早期的很窄的频率范围扩展到了 100 GHz 以上。在这么宽的电磁波频率范围内，由于频率（或波长）的差异，电磁波的空间传播特性、传输技术和用途也有着很大的不同，因此人类在科学和生产实践中通过研究和总结，将无线电波按频率高低（也可按波长长短）划分为不同的频段，并给予专门的名称，以方便在实际工作中对其进行区分和讨论。

表 1-1-1 给出的是电磁波的各种频率范围（及其对应波长范围）的名称划分和典型应用。

表 1-1-1　电磁波的频段（波段）划分与应用

频率范围	波　长	名　称	符号	典型用途
3～30 Hz	10^7～10^8 m	极低频	ELF	水下通信、远程导航
30～300 Hz	10^6～10^7 m	超低频	SLF	水下通信
300～3000 Hz	10^5～10^6 m	特低频	ULF	音频电话
3～30 kHz	10^4～10^5 m	甚低频	VLF	水下通信、声呐、导航
30～300 kHz	10^3～10^4 m	低频	LF	水下通信、导航、信标、电力线通信、RFID
300 kHz～3 MHz	10^2～10^3 m	中频	MF	调幅广播、移动陆地通信、业余无线电
3～30 MHz	10～10^2 m	高频	HF	移动无线电话、短波广播、定点军用通信、业余无线电
30～300 MHz	1～10 m	甚高频	VHF	电视、调频广播、超短波通信、集群通信、导航
300 MHz～3 GHz	10～100 cm	特高频	UHF	电视、空间遥测、雷达导航、短距离通信、移动通信
3～30 GHz	1～10 cm	超高频	SHF	微波通信、卫星和空间通信、雷达
30～300 GHz	1～10 mm	极高频	EHF	雷达、微波通信、射电天文学、卫星和移动通信
300～3000 GHz	10^{-4}～10^{-3} m	亚毫米波		待分配、实验性太赫兹通信
10^5～10^7 GHz	3×10^{-6}～3×10^{-4} m	紫外、可见光、红外		光通信

需要说明的是，表中对电磁波频段范围和名称的划分是人为的，电磁波的特性是随频率连续变化的，处在频率交界之处的不同频段的电磁波的特性不会因为它们的名称不同而发生突变，因此在使用这张表的时候我们不能过于拘泥，我们也完全有可能在其他相关书籍上看到与我们提供的这张表略有不同的频率划分方法和名称。

微波频段又可按波长长短细分为分米波段（又称特高频（UHF），波长为 10 cm～1 m）、厘米波段〔又称超高频(SHF)，波长为 1～10 cm〕、毫米波段〔又称极高频(EHF)，波长为 1～10 mm〕和亚毫米波(波长为 0.1 mm～1 mm)。在无线电工程中，对超高频的微波频段还习惯按照表 1-1-2 所示的频段来称呼，每个频段都有一个专门的英文代号。

表 1-1-2　超高频微波频段的英文代号名称

英文代号	频率范围/GHz
L	1.0～2.0
S	2.0～4.0
C	4.0～8.0
X	8.0～12.5
Ku	12.5～18.0
K	18.0～26.5
Ka	26.5～40.0

1.1.2　电磁波的传播特性

1. 无线信道

信道是通信中信息的传递通路，是通信理论中对发射机与接收机之间信息传输媒介的一个概括性的总称，是任何一个通信系统都不可缺少的组成部分。根据传输媒介的不同，通信系统的物理信道可分为有线信道和无线信道两种。有线信道包括明线、电缆和光纤；无线信道有中、长波的地波传播信道，短波的电离层反射传播信道，超短波和微波的直射传播以及各种散射传播信道等。由于无线信道涉及各种自然媒介，受地球表面的地形地貌、磁场、气候、温度、纬度、离开地面的高度以及其他宇宙天体对地球的作用等多种因素的影响，因此无线信道要比有线信道复杂得多。我们要理解现代通信技术，首先要对无线信道的性能有一个比较清楚的了解。

2. 电磁波在无线信道中的传播特性

电磁波有多种多样的传播方式。在无线通信中，传播方式不外乎直射、反射、绕射和散射四种。由于现代通信的主要方式是电磁波通过无线信道来实现的无线通信，因此，我们主要讨论无线电波的传播特性。

在一般情况下，无线电波总是以直线方式传播的，但在传播的过程中，如果碰到一个几何尺寸比电磁波自身波长大得多的物体，则会发生反射。反射可能发生在地球表面，也可能发生在建筑物墙壁或其他大的障碍物表面。

当无线电波在传播过程中被尖利的边缘阻挡时会发生绕射(在物理中也称衍射)，由阻挡表面产生的二次波能够存在于整个空间，甚至存在于阻挡物的后面，这也就是无线电波能够绕过障碍物传播的原因。

无线电波在传播过程中如果遇到尺寸小于波长的障碍物而且障碍物的数目又很多的情况，电磁波将发生散射。散射波产生于粗糙表面、小物体或其他不规则物体的表面。在实际环境中，树叶、街道路标和路灯杆，甚至雨点等都会引起散射。

显然，无线电波的传播与其环境有密切关系。科学家们通过大量的调查、测量和研究，建立了和传播环境相对应的各种传输模型，用于无线电波空中传输的统计分析和计算。

通常认为，无线电波在传输过程中的信号损耗有**路径衰耗、阴影衰落**和**多径衰落**三类。

路径衰耗是指电波直线传播的损耗，包括在自由空间中传播时固有的与距离二次方成反比的衰耗，以及散射和吸收等导致的衰耗等。路径衰耗与距离的 n 次方成比例。n 为路径衰耗指数，在不同传输环境中的取值不同。

阴影衰落是另一种情况。无线电波在传播路径中遇到起伏的地形、建筑物和高大的树木等障碍物时，会在障碍物的后面形成电波的阴影。接收机在移动过程中通过不同的障碍物和阴影区时，接收天线接收到的信号强度会发生变化，造成信号衰落，这种衰落叫做阴影衰落。统计测量表明，阴影衰落损耗是服从对数正态分布的随机变量。

以上两种信号衰落可以用无线信道的大尺度模型来描述，相对无线电波的频率来说变化比较缓慢，通常称为慢衰落。而在实际通信环境中，无线电信号在短时间（数十毫秒数量级）或短距离（可以和无线电波波长相比拟）传播中会发生信号幅度的剧烈的起伏变化，变化幅度有时达到 20～30 dB，这种衰落称为快衰落，又称为小尺度衰落，这种衰落是由于信号的多径传播引起的，统称为**多径衰落**。多径衰落是无线通信中要解决的一个难题。

3. 无线电波传输中的多径衰落

由于受到周围建筑物以及地面的反射和散射作用，往往使同一波源发出的信号沿多条不同的传输路径，以不同的时间到达接收机。这些经不同路径到达的波，称为多径波。由于不同路径的信号的传播距离及传播时延不同，到达接收机时的相位也就不同，从而使接收到的信号的幅度有时因同相叠加而增强，有时又因反相叠加而减弱。这样，接收信号的幅度就会产生剧烈的变化，造成畸变和衰落，这就是无线电波传输中的多径衰落。衰落的程度依赖于多径波的强度、相对传播时间以及传播信号的带宽。

多径衰落还会造成两种特殊的选择性衰落：

（1）频率选择性衰落。多径效应会使信号产生时延扩展。时延扩展的程度与传播路径迟延造成的信号时延以及信号本身的持续时间有关。如果码元的持续时间比传播路径迟延造成的展宽大得多，则信道对信号的影响很小，这时问题不大。但是，如果码元的持续时间比传播路径迟延的展宽小或者两者相当，则将造成信号频率失真或相位失真，其造成的直接后果就是导致脉冲展宽。此时的无线信道称为频率选择性衰落信道。频率选择性衰落将引起码间干扰或称为符号间干扰(Inter-Symbol Interference, ISI)。ISI 将增加数字通信误码的可能性。

（2）时间选择性衰落。无线通信的一个重要应用是移动通信。由于通信双方处在相对运动中，无线电波在传播过程中还将遇到发射机与接收机之间距离的变化问题。这个变化将引起无线电波频率的变化，我们称其为多普勒效应。多普勒效应会使多径传播产生信号频率的多普勒扩展，此时，多径合成信号具有时变的包络和相位。也就是说，多普勒扩展将使信道产生时间选择性衰落，这种衰落同样会影响通信的质量。

多普勒扩展与多径时延扩展是互为对偶的。前者的影响是时变的包络和相移特性，后者是频率相关的衰减和相移特性。

1.2 调 制 与 解 调

无线电波是无线通信的信息载体,我们通常把它称为载波。就像用车船运输货物一样,无线电波仅仅是运输工具,而我们进行通信的最终目的是要实现信息的快速、准确和方便的传递。因此,在发射端必须将要传递的信息装载到载波上,用通信的专用术语来说,这个过程就叫做**调制**。装载了信息的电磁波称为已调波,在接收端再从收到的已调波上把信息取出来的过程就叫做**解调**。因此,调制与解调是无线通信中必不可少的过程。调制与解调是决定一个通信系统的好坏、高效与否的关键一环。

通信中的调制方式很多,调制传输是对各种信号变换后传输的总称。

现将常见的调制方式列于表1-2-1中。

表 1 - 2 - 1 常用调制方式及用途

调 制 方 式			用 途
连续波调制	线性调制	常规双边带调幅 AM	广播
		抑制载波双边带调幅 DSB	立体声广播
		单边带调幅 SSB	载波通信、无线电台、数传
		残留边带调幅 VSB	电视广播、数传、传真
	非线性调制	频率调制 FM	微波中继、卫星通信、广播
		相位调制 PM	中间调制方式
	数字调制	幅度键控 ASK	数据传输
		频率键控 FSK	数据传输
		相位键控 PSK、DPSK、QPSK 等	数据传输、数字微波、空间通信
		其他高效数字调制 QAM、MAK 等	数字微波、空间通信
脉冲调制	脉冲模拟调制	脉幅调制 PAM	中间调制方式、遥测
		脉宽调制 PDM(PWM)	中间调制方式
		脉位调制 PPM	遥测、光纤传输
	脉冲数字调制	脉码调制 PCM	市话、卫星、空间通信
		增量调制 DM、CVSD、DVSD 等	军用、民用电话
		差分脉码调制 DPCM	电视电话、图像编码
		其他语音编码方式 ADPCM、APC、LPC 等	中速、低速数字电话

1.3 数字通信新技术

随着计算机技术与微电子技术的进步和发展,现代通信已经全面进入数字通信时代。数字信号的传输有两种方式:**基带传输**和**调制传输**。由信源直接生成的信号,无论是模拟信号还是数字信号,都是基带信号。所谓**基带传输**,就是将信源生成的基带信号直接在信道中传送，比如计算机间的近距离数据传输就可以采用基带传输方式。基带传输系统的结构较为简单，但难以进行长距离传输，因为一般的传输信道在低频段的损耗都是很大的，为进行长途传输，必须采用**调制传输**的方式。调制就是将基带信号搬移到信道损耗较小的指定的高频段进行传输，调制后的基带信号称为通带信号（或频带信号），与基带信号相比，通带信号的频率比较高。在大多数通信中，如远距离通信中，各种无线信道和光信道都是带通型的信道，直接进行数字基带传输会造成很大的失真，甚至导致无法传送。因此数字基带信号必须经过载波调制，将频谱搬移到高频处才能传输，这种传输称为数字信号的**调制传输**。

数字通信技术经过几十年的发展，已经日趋成熟。如图 1.3.1 所示为一般数字通信系统的组成框图。与模拟通信系统相比，虽然数字通信系统要复杂得多，但由此带来的好处远远超过其不足。正是有了数字通信技术的发展，人类才有可能站在今天的高度来看待信息传输的问题。因此今天我们讨论的通信系统，基本上都是数字通信系统。数字通信除了调制解调之外，还涉及信源编码（解码）、信道编码（解码）、同步和加密等多个环节。数字通信的一般原理和技术在有关通信原理的书籍中都有详尽的介绍，本书不再赘述。本节主要介绍几种已经比较成熟并被广泛应用的数字通信新技术的基本原理，目的是帮助大家能够更好地阅读和理解后续各章节的内容。

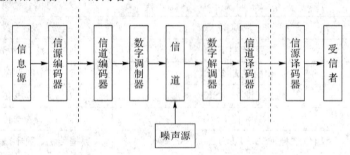

图 1.3.1　一般数字通信系统的组成框图

1.3.1　扩频通信技术

1. 扩频通信的原理

将待传输的信号先经过特定的扩频处理后，再在信道上进行传输的通信系统称为扩频通信系统。扩频有 3 种基本方式：直接序列扩频系统（DSSS）、跳频扩频系统（FHSS）和跳时扩频系统（THSS）。此外，还有一些以上述基本方式为基础的组合方式，如跳频与直接序列扩频方式的组合（FH/DS）等。

直接序列扩频通常以已调制信号与扩频码相乘的方式进行扩频。信息信号为窄带信号，假定传输速率为 R_b，带宽为 B_b；而扩频码为高速率宽带的伪随机码序列，码率为 R_c，带宽为 B_c。若扩频码序列长度为 N，则 $R_c = NR_b$，$B_c = NB_b$，信号在频谱上被大大地扩展了。

如图 1.3.2 所示为二相调制（BPSK）直接序列扩频系统的框图。信息数据流 $d(t)$（其速率为 R_b）经过相位调制后，信号带宽为 B_b（图中的 A 点）。扩频码 $c(t)$ 的取值为 ± 1，速率为 R_c，带宽为 B_c。因此扩频以后的信号带宽已经从 B_b 扩展为 B_c（图中的 B 点）。扩频信号通过信道传输时将引入噪声 $n(t)$，在接收端以本地扩频码 $c(t - t_d)$ 与接收信号相乘而进行解扩，从而恢复出与本地扩频码相关的窄带信息信号（图中的 D 点），而噪声以及其他干扰信号仍然是宽带信号，经带通滤波后被去除，因此恢复的信息信号将有较高的信噪比。

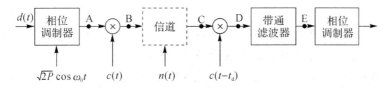

图 1.3.2　BPSK 直接序列扩频系统

　　扩频后的信号在信道传输过程中，除了受到信道噪声的干扰外，同时还受到信道中存在的其他地址码的宽带扩频信号的多址干扰，以及来自多径信道分量的干扰和其他同频干扰。因此，在解扩输入端（图中的 C 点），除了信号外，要加进噪声和干扰。接收机解扩器产生与发射机扩频码相同的本地扩频码，完成对收到的有用信号的相干解扩，恢复出与发端 A 点相同的调相信号频谱，带宽还原为 B_b。这时，由于信道噪声和干扰与本地码不相关，在解扩器仍具有宽的功率谱。图 1.3.3 展示出了解扩器输出的有用信号、噪声和干扰的频谱特性。可以看出，利用带宽为 B_b 的带通滤波器在提取有用信号的同时，将大大抑制噪声和其他宽带干扰信号。

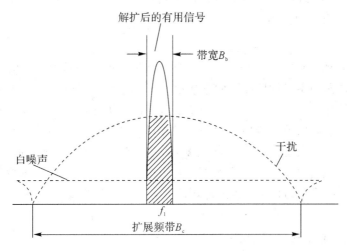

图 1.3.3　解扩器输出功率谱示意图

　　由于扩频信号的带宽为 B_c，信道要提供与之相适应的带宽进行传输，因此对来自信道的噪声干扰而言，解扩器输入端的噪声谱宽度也为 B_c，而解扩以后滤波器输出的噪声带宽仅为 B_b，这样，解扩器的输出信噪比（S/N）将是输入信噪比的 B_c/B_b 倍，我们将 B_c/B_b 称为扩频系统的扩频处理增益，即

$$G = \frac{(S/N)_0}{(S/N)_i} = \frac{B_c}{B_b} = \frac{R_c}{R_b} \qquad (1-3-1)$$

　　扩频处理增益反映了扩频系统的抗干扰能力的大小，扩频处理增益越高，系统的抗干扰能力就越强。

2. 扩频通信的主要特点

　　由于扩频通信在发信端用扩频码序列进行扩频调制，大大扩展了信号的频谱，在收信端用相关解调技术进行解扩，使它具有了一系列为其他通信方式所不及的优良性能，主要表现在以下几个方面。

1）抗干扰性强

在通信过程中，各种干扰和噪声将随传输的有用信号一起进入接收机，对有用信号产生破坏作用。对于扩频通信系统，因为在信道上传输的是已经经过扩频的宽带信号，在接收端经过相干解扩（相关检测或匹配滤波），能使信噪比得到较大的提高，实际上就是提高了通信系统的抗干扰能力。扩展的频谱越宽，处理增益越高，抗干扰性能就越强。所以，扩频通信能把信号从噪声淹没中提取出来。

此外，对于单频及多频载波信号的干扰、其他伪随机调制信号的干扰，以及正弦脉冲信号的干扰等，扩频系统都有抑制作用，并能够提高输出信噪比。特别是在对抗敌方人为干扰方面，其效果很突出。简单地说，如果信号频带展宽 10 倍，干扰方就需要在更宽的频带上进行干扰，从而分散了干扰功率。在总功率不变的条件下，其干扰强度只有原来的 1/10。如要保持原有的干扰强度，则必须将干扰总功率提高为原来的 10 倍，这在实际的战场条件下是很难实现的。

另外，由于在接收端采用了扩频码序列进行相关检测，且因为不同码序列之间具有不同的相关性，对方即使采用同类型信号进行干扰，只要不能检测出有用信号的码序列，这种干扰也是起不了太大的作用的。

2）隐蔽性好

由于信号被扩展在很宽的频带上，因此单位频带内的功率很小，即信号的功率谱密度很低。所以应用扩频码序列扩展频谱的直接序列扩频系统，可以在信道噪声和热噪声的背景下，在很低的信号功率谱密度上进行通信。由于信号被淹没在噪声里，因此敌方很不容易发现有信号的存在，想进一步检测出信号的参数就更困难了。因此，扩频信号具有很低的被截获概率，这在军事通信上是十分有用的，可以通过扩频实现所谓的隐蔽通信。

由于扩频信号具有很低的功率谱密度，因此它对目前使用的其他各种窄带通信系统的干扰很小。近年来在民用通信上，各国都在研究如何在原有窄带通信的频带内同时进行扩频通信，以达到提高频带利用率的目的。

3）可以实现码分多址通信

扩频通信提高了抗干扰性能，但付出了占用频带宽的代价。如果在扩频通信系统中采用一组相互正交的扩频码序列来作为系统的可用扩频码，将这些不同的扩频码分配给不同的用户，在接收端利用相关检测技术进行解扩，就可以区分出不同用户的信号，提取出各自有用的信号，实现在某一宽频带上多对用户同时通话而互不干扰。它与利用频带分割或时间分割的方法实现多址通信的概念类似，利用了不同的码型来进行分割，所以称为码分多址。虽然码分多址方式要占用较宽的频带，但只要用户数量多，按平均每个用户占用的频带来计算，频带利用率并不低。最近的研究表明，在数字蜂窝移动通信中，采用扩频码分多址技术，可以将容量提高 20 倍。除此之外，采用码分多址，还有利于组网、进行选呼、增加保密隐私性解决新用户随时入网等问题。因此在短波通信中，扩频通信方式也被经常使用。

4）抗多径干扰

在无线电通信的各个频段（短波、超短波、微波和光波）中还大量存在各种类型的多径干扰。长期以来，抗多径干扰问题始终是通信中一个难以解决的问题之一。一般的抗多径干扰方案是排除干扰或变害为利。

排除干扰是设法把最强的有用信号分离出来，而排除从其他路径来的干扰信号，这就是分集技术的基本思路。变害为利是设法把不同路径来的不同延迟时间的信号在接收端从时间上对齐相加，合并成较强的有用信号。这两种基本方法在扩频通信中都是容易实现的。我们可以利用扩频码序列之间的相关性，在接收端采用相关技术从多径信号中提取和分离出最强的有用信号，也可以把多个路径来的同一码序列的波形相加合成。

在接下来要介绍的跳频扩频通信系统中，由于其使用多个频率的信号传送同一信息，实际上还起到了频率分集的作用。因此，在目前民用数字蜂窝移动通信及现有的军用通信设备中，都经常采用简单的跳频技术作为抗多径干扰的一种手段。

5) 能精确定时和测距

电磁波在空间中的传播速度是固定不变的光速，如果能够精确测量电磁波在两个物体之间传播的时间，也就等于测量出了两个物体之间的距离。在扩频通信中，扩展频谱很宽，也就意味着所采用的扩频码速率很高，这时每个码片占用的时间就很短。如果在发射出去的扩频信号被被测物体反射回来后，在接收端解调出这个扩频序列，则通过比较收、发两个码序列的相位之差，就可以精确地测出扩频信号往返的时间，从而算出二者之间的距离。测量的精度取决于码片的宽度，码片越窄，精度也就越高。人们曾经利用月球表面的反射信号，采用扩频信号精确地测量出地球与月球之间的距离。目前广泛应用的全球定位系统，也是利用扩频信号的这一特点来精确定位和定时的。因此，除通信外，在导航、雷达、定位系统中，扩频技术也是非常有用的技术。

1.3.2 正交频分多路调制(OFDM)技术

近年来，数字信号处理技术和集成电路制造技术取得了显著的进步，在这些成果的推动下，通信技术拥有巨大的发展空间。无论是在易实现性上还是在数据传输能力上，通信领域的新技术都显示出更多的优势。多载波调制技术便是其中的一种。

多载波调制实际上就是把信道分割成多个正交的、独立的子信道，让数据通过这些彼此独立的子信道并行传输的一种信号调制与传输技术。应用在有线传输环境中的多载波技术通常被称为数字多音调制(Digital Multi-Tone，DMT)。在无线传输环境中，多载波技术的典型代表是正交频分多路调制(Orthogonal Frequency Division Multiplexing，OFDM)。

OFDM 技术的特点是网络结构高度可扩展，具有良好的抗噪声性能和抗多信道干扰能力，可以提供技术质量更高(速率高，时延小)、服务和性能价格比更好的通信服务。因此，在无线局域网(WLAN)、数字音频广播(DAB)、数字电视(DVB)、无线宽带接入(WiMAX)、4G LTE 等多个领域，都采用了 OFDM 技术。

OFDM 的基本原理早在 20 世纪 60 年代就已经被提出来了，由于受到当时技术条件的限制，主要是半导体器件工艺水平的限制，并没有马上得到广泛的应用。现在，用于高速数据传输的更为复杂的 OFDM 系统在技术上已经可以实现了，因此，这一技术重新引起了人们的重视，并得到了广泛深入的研究和开发。OFDM 技术的最大优势就是其抗时延扩展性和抗多径衰落，可以很好地应用于频率选择性无线信道环境中。正如本章第 1.1 节所说，由于无线信道的时延扩展，当信号带宽大于信道的相干带宽或当码元间隔小于信道的时延扩展时，将产生频率选择性衰落，造成接收信号的前后码元的交叠，引起符号间干扰(ISI)。这时，如采用单载波时分多址(TDMA)系统，就必须构造抽头数量足够大、训练符号足够多、训练时间足够长的均衡系统，使均衡算法的复杂度大大增加。而对于窄带码分多址(CDMA)系统来说，在保证相同带宽的前提下，高速数据流的扩频增益就不能太高，这样会大大降低码分多址系统的抗噪声干扰的能力。如果采用 OFDM 技术，就可以将高速串行数据流变成多载波并行传输，大大降低码元速率，从而解决因为频率选择性衰落造成的符号间干扰(ISI)的问题。

在经典的频分多路调制(FDM)系统中，各路窄带信号必须独立产生，然后指配给不同的频率点并行传，子信号频谱之间必须留有一定的保护间隔，在接收端再通过滤波器分离出来，频谱利用率不高。新的 OFDM 系统则与之不同，各路子信号通过快速傅里叶变换(FFT)同时生成，各个子信号的频谱可以相互交叠。因此，OFDM 还具有信号产生比较简单、系统频谱利用率高的优点。

目前，OFDM 已经被推荐为无线宽带接入网和第四代移动通信系统的重要技术之一。

1. OFDM 系统简介

OFDM 的基本思想是将信号流划分成多路子数据流，再进行并行调制多路载波。其子载波的频谱虽然重叠，但保持了良好的正交性。

OFDM 的发射与接收系统模型如图 1.3.4 和图 1.3.5 所示。

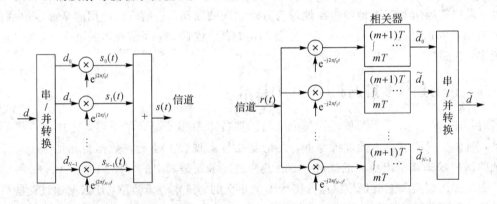

图 1.3.4　OFDM 系统的调制模型　　　　图 1.3.5　OFDM 系统的解调模型

假设一个正交频分复用符号是由 N 个承载了相移键控(PSK)或正交幅度调制(QAM)信号的子载波叠加构成的，在一个符号周期内，调制后输出的正交频分复用信号的等效复基带信号可以表示为

$$s(t) = \sum_{i=0}^{N-1} s_i(t) = \sum_{i=0}^{N-1} d_i \exp(j2\pi f_i t) \qquad (1-3-2)$$

其中，$s_i(t)$ 是第 $i(i=0, 1, 2, \cdots, N-1)$ 个子载波上调制后的信号；频率 $f_i = f_c + i\Delta f$，f_c 是第 0 个子载波的载波频率，$\Delta f = 1/T$ 为子载波间的频率间隔，T 为正交频分复用符号的持续时间；d_i 是第 i 个子载波经过星座映射后的复信号。

形成 OFDM 信号的信号源一般采用相移键控(PSK)或者正交幅度调制(QAM)，因此信号可表示为同相分量和正交分量两部分。将串行输入的数据流拆分成 N 路并行信号，用每一路子信号调制一路子载波。最后，将 N 路调制信号叠加起来发送出去。

接收的步骤基本上是发射的逆过程。

随着数字信号处理技术和集成电路技术的成熟发展，OFDM 使用快速傅里叶反变换 IFFT 来实现图 1.3.4 和图 1.3.5 中的多载波调制解调方案。

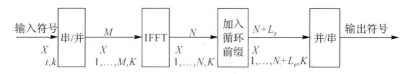

图 1.3.6　OFDM 信号实现方式

图 1.3.6 中的 IFFT 模块可以看做是一个多载波调制器。

从图 1.3.6 中可以看出，如果串行输入的用户数据的码元速率是 R baud/s，经过串/并变换之后，用户数据被分成 M 路并行数据，因此码元速率降为 R/M baud/s。这 M 路子数据流经过快速傅里叶反变换(IFFT)，得到 N 个时域离散信号。也就是说，将输入数据当做频域信号，通过 IFFT 转换为时域信号。图中，循环前缀(Cyclic Prefix，CP)是长度为 L_p 的周期性前缀(即保护时间)，加在 N 点脉冲信号之前。通常，取 N 点脉冲信号的后 L_p 位数据作为周期性前缀(CP)。比如，假设 $N=6$，$L_p=2$，N 点离散信号是 $\{1,2,3,4,5,6\}$，则 CP 是 $\{5,6\}$。所以，在插入 CP 后的信号是 $\{5,6,1,2,3,4,5,6\}$，长度变为 $N+L_p=8$。加入周期性前缀的目的之一是使 OFDM 信号码元更具有周期性。最后，这样的 OFDM 码元经过串/并转换，再经过适当的滤波和调制后发送出去。发送的 OFDM 信号经过信道传输到达接收端。发送的信号无疑会受到信道的影响(如多径、时延、多普勒频移等，这相当于发送信号与信道的冲激响应的卷积)。连续时间信号的卷积等效于信号的频谱的乘积(这个定理在离散情况下，当序列长度 N 无限大或信号中至少有一个是周期信号时也是成立的)。故接收端得到的信号是 OFDM 信号的频域响应乘以传输信道的频域响应。而 OFDM 信号的频域形式恰好是图 1.3.6 中 IFFT 变换以前的信号，即串/并变换之后的用户数据。这样，传输信道对信号的影响可以看做是信号的复增益。实际上，这一复增益就是传输信道在相应频率点上的离散傅里叶变换(DFT)值。由于 DFT 可以通过 FFT 快速、方便地用硬件实现，因此 OFDM 接收机的实现比较简单。

OFDM 接收机的简单框图如图 1.3.7 所示。经过串/并变换之后的接收信号是一个时域信号。当然，由于信道的影响使它产生了失真。接着，还要进行 CP 的移除(将 OFDM 码元的长度从 $N+L_p$ 恢复到 N)，只要保护时间大于信道的时延，就能够消除码间干扰。然后对信号进行 FFT 变换，得到信号的频域形式。这样，由于周期性前缀的引入，时域信号与信道的冲激响应的卷积相当于信号的频谱与信道频域响应的乘积。因此，接收信号可以表示为

$$Y=CX+n \qquad\qquad (1-3-3)$$

式中，Y 为接收信号的频域响应；C 为信道的频域响应；n 为噪声；X 为信号的频域形式。

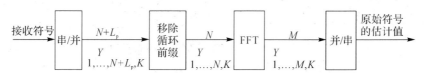

图 1.3.7　OFDM 接收机的简单原理框图

可见，信道的影响相当于将信号的频谱乘以一个复增益。可以根据信道的离散傅里叶变换对信号进行划分和均衡，表示如下：

$$Y_{\text{equalized}} = X + \frac{n}{c} \qquad (1-3-4)$$

最后，对信号进行并/串变换即得到原始信号。在实际应用时还要配合相位补偿、编码、交织、均衡等技术才能得到比较满意的效果。

2. 正交频分复用原理

OFDM 建立在 FDM（频分多路调制）原理的基础上，子载波集采用两两正交的正弦或余弦函数集。函数集 $\{\cos n\omega t\}$、$\{\sin n\omega t\}$（$n, m = 0, 1, 2, \cdots$）的正交性是指在区间 $(t_0, t_0 + T)$ 内，有

$$\int_{t_0}^{t_0+T} \cos n\omega t \cos n\omega t \, \mathrm{d}t = \begin{cases} 0 & n \neq m \\ T/2 & n = m \\ T & n = m = 0 \end{cases} \qquad (1-3-5)$$

式中，$T = \dfrac{2\pi}{\omega}$。

正弦函数同理。

根据上述理论，令 N 个子信道载波频率为 $f_0, \cdots, f_{N-1}$，并使其满足下面的关系：$f_k = f_0 + k/T_N$，$k = 0, 1, \cdots, N-1$。其中，T_N 为单元码持续时间。单个子载波信号为

$$f_k(t) = \begin{cases} \cos(2\pi f_k t) & 0 \leqslant t \leqslant T_N \\ 0 & \text{else} \end{cases} \qquad (1-3-6)$$

由正交性可知：

$$\int f_n(t) * f_m(t) \, \mathrm{d}t = \begin{cases} T_N & m = n \\ 0 & m \neq n \end{cases} \qquad (1-3-7)$$

由式（1-3-7）可知，子载波是两两正交的。这样一来只要信号严格同步，调制出的信号将严格正交，理论上，接收端就可以利用正交性进行解调。

图 1.3.8 给出了一个 4 个子载波的正交频分复用符号的实例。

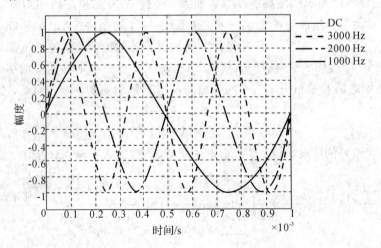

图 1.3.8　包含 4 个子载波的正交频分复用符号

可以看出，每个子载波在一个符号周期内都包含整数倍个载波周期，而且相邻子载波之间都相差一个周期，这样就保证了子载波之间的正交特性。图中假设了 4 个子载波都具有相同的幅值和相位，但在实际通信过程中没有那么简单，往往每个子载波都会有不同的调制方式，因此幅度和相位也各不相同。

正交频分复用解调利用了复正弦信号的周期积分的特性，由一组相关器组成，每个相关器对应一个子载波，当对第 k 路子载波进行解调时，由于子载波之间的正交性，相乘结果中与其他非 k 路子载波的乘积均为零，最后仅输出本载波所包含的符号。

从频域上来看，正交频分复用符号的频谱就是 $\mathrm{sinc}(fT)$ 函数和一组位于各个子载波频率上的 $\delta(f)$ 函数的卷积，也就是 $\mathrm{sinc}(fT)$ 函数的移位之和。因为 $\mathrm{sinc}(fT)$ 函数的零点位于 $f=1/T$ 的整数倍处，最大值处于 $f=0$ 处。

这种现象可以用图 1.3.9 来解释。图 1.3.9 给出了相互覆盖的各个子信道内经过矩形波形成形得到的符号的 sinc 函数频谱。由于每个子载波的频率间隔为 $1/T$，因此在每个子载波的频率处其自身的频谱幅度最大，而其他子载波的频谱幅度正好为零。在正交频分复用符号解调过程中，需要计算这些点上所对应的每个子载波频率的最大值，可以从多个相互重叠的子载波符号中提取，而不会受到其他子载波的干扰。

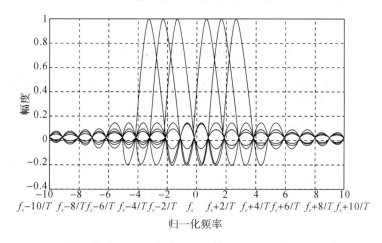

图 1.3.9　正交频分复用符号的频谱

3. 循环前缀、加窗和子载波数的选择

1）循环前缀

为了最大限度地消除符号间干扰，需要在相邻的正交频分复用符号间插入保护间隔（Guard Interval，GI），保护间隔的长度要大于无线信道中的最大时延扩展，从而使前一个正交频分复用符号的延时分量不会对下一个符号造成干扰。这段保护间隔内可以不插入任何信号，是一个空白的传输时段。但是如果这样的话，这个空白的保护间隔在进入解调时的 FFT 积分时间内会导致积分时间内不能包含完整的整数个波形，这样会造成相邻子载波周期个数之差不再是整数，使子载波之间的正交性被破坏，造成载波间干扰（Inter - Carrier Interference，ICI）。如图 1.3.10 所示，插入空白保护间隔的载波 1 由于延迟造成周期数不完整，将对载波 1 产生 ICI，同时，载波 1 对载波 2 也会产生 ICI。

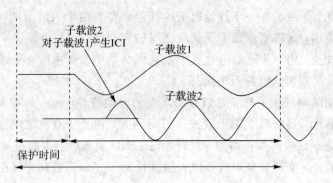

图 1.3.10　载波间干扰(ICI)的产生

为了解决这个问题，可以将正交频分复用的最后 T_g 时间内的数据复制到正交频分复用符号前端的保护间隔内，形成一个循环前缀(Cyclic Prefix，CP)，如图 1.3.11 所示。这样，正交频分复用符号总长度变成 $T=T_g+T_{FFT}$，其中 T_{FFT} 为快速傅里叶反变换产生的无保护间隔的正交频分复用符号长度。只要 T_g 大于最大多径时延扩展，就可以克服相邻正交频分复用符号之间的符号间干扰的影响，同时，在快速傅里叶变换的周期内，正交频分复用符号的时延副本所包含的波形的周期数仍是整数，也就不会在解调过程中产生载波间干扰。

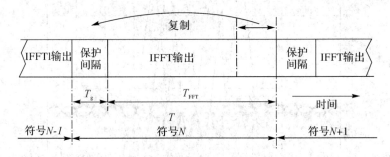

图 1.3.11　带循环前缀(CP)的正交频分复用符号结构

2) 加窗

根据式(1-3-2)可以得到功率归一化的正交频分复用信号的复包络为

$$s(t)=\frac{1}{\sqrt{N}}\sum_{i=0}^{N-1}d_i\text{rect}\left(t-\frac{T}{2}\right)\exp(\text{j}2\pi f_i t) \qquad (1-3-8)$$

其中，$\dfrac{1}{\sqrt{N}}$ 是功率归一化因子。正交频分复用符号的功率谱密度 $|S(f)|^2$ 为 N 个子载波信号上的信号的功率谱密度之和：

$$|S(f)|^2=\frac{1}{\sqrt{N}}\sum_{i=0}^{N-1}\left|d_i T\frac{\sin\left[\pi(f-f_i)T\right]}{\pi(f-f_i)T}\right|^2 \qquad (1-3-9)$$

如图 1.3.12(a)所示为一个 $N=200$，采用 16QAM 调制的正交频分复用信号的功率谱密度，纵坐标为归一化的功率谱密度。

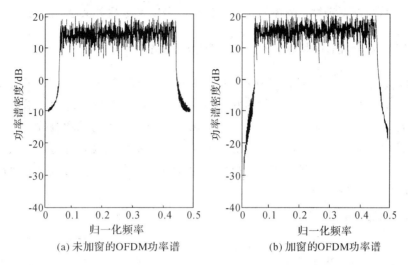

(a) 未加窗的OFDM功率谱　　　　(b) 加窗的OFDM功率谱

图 1.3.12　正交频分复用信号功率谱加窗前后的比较

由图 1.3.12(a)可以看出，正交频分复用信号的带外功率谱密度的衰减速度比较慢，从而引起较大的带外辐射功率泄漏。随着子载波数的增加，带外功率泄露的衰减会加快，但仍然不理想。为了加快其带外衰减，需要对正交频分复用符号进行"加窗"处理，如图 1.3.12(b)所示，采用滚降系数为 0.03 的升余弦函数的窗函数处理后，功率谱密度的带外衰减速度明显加快。

3）子载波数的选择

由于循环前缀占用了一定的传输时间和发射功率，因此会降低系统的传输效率。为了减小这个影响，正交频分复用系统就要尽可能多地增加子载波个数 N。但是对于给定的信道带宽，随着子载波数的增加，子载波间的频率间隔相对减小，这又会使得子载波容易受到载波间干扰的破坏。因此，子载波数 N 必须在一个合理的范围内。假定一个正交频分复用符号的 N 个子载波占用带宽为 B，信道的相干时间是 T_c，相干带宽为 f_c，为了保证在传输过程中每个子信道是慢衰落的，应该满足 $N/B \ll T_c$；同时，为了保证信道是平坦衰落的，又必须满足 $B/N \ll f_c$。在实际应用中，由于正交频分复用信号一般需要 10% 的保护带宽，因此在确定了子载波间隔之后，就可以确定子载波个数。比如，配置频谱宽度为 5 MHz 时，正交频分复用带宽只能是 4.5 MHz 左右，如果子载波间隔为 15 kHz，与 5 MHz 带宽相对应的子载波个数应为 300 左右。

4. OFDM 的同步、调制与解调

对同步误差非常敏感是 OFDM 系统的一个主要缺点。和单载波技术相比，OFDM 多载波技术对定时误差和频率误差要敏感得多，频率漂移还会造成信号幅度降低并带来载波间干扰。因此，OFDM 系统在实现过程中存在着一系列难点，其中很关键的一个问题就是系统对同步的要求很高。

目前，OFDM 系统的同步主要有三种方法：基于导频、周期性前缀或盲估计。

基于导频方案的通常做法是：发送端通过保留一些子信道来发送已知相位和幅度的数据（零数据组或训练脉冲串），接收端使用最大似然估计的方法来实现同步。分步进行同步可以降低同步系统的复杂度。具体的实现算法读者可以参考相关文献，此处不再给出。

1.3.3　多输入多输出(MIMO)与空时处理技术

随着通信技术的迅猛发展和用户需求的不断增长，新一代无线通信除了需要支持传统的语音业务外，还要能够提供丰富的多媒体数据业务，这对通信系统的频谱效率和服务质量(QoS)提出了更高的要求。多输入-多输出(MIMO)技术在发射端和接收端分别采用多个独立天线，从而能够在不增加带宽的情况下成倍提高系统的数据传输速率和传输质量，是无线通信领域的一个重大突破。多天线技术作为提高通信系统容量的重要途径已成为新一代无线通信的一个研究热点。

1. MIMO 系统简介

多入多出(Multiple - Input Multiple - Output，MIMO)或多发多收天线(MTMRA)技术是无线移动通信领域智能天线技术的重大突破。该技术能在不增加带宽的情况下成倍地提高通信系统的容量和频谱利用率，因此 MIMO 技术被普遍认为是新一代移动通信系统必须采用的关键技术之一。

MIMO 技术由来已久，早在 1908 年马可尼就提出用它来抗衰落。在 20 世纪 70 年代有人提出将 MIMO 技术用于通信系统，对无线移动通信系统的 MIMO 技术产生巨大推动的奠基性工作则是 20 世纪 90 年代由 AT&T 贝尔实验室的学者完成的。1995 年 Teladar 给出了在衰落情况下的 MIMO 容量；1996 年 Foshinia 给出了一种 MIMO 处理算法——对角-贝尔实验室分层空时(D - BLAST)算法；1998 年 Tarokh 等人讨论了用于多入多出的空时码；1998 年 Wolniansky 等人采用垂直-贝尔实验室分层空时(V - BLAST)算法建立了一个 MIMO 实验系统，在室内试验中达到了 20 b/(s・Hz)以上的频谱利用率，这一频谱利用率在普通系统中极难实现。这些工作受到各国学者的极大注意，并使得多入多出的研究工作得到了迅速发展。

总而言之，MIMO 系统就是利用多天线来实现空域复用的。根据收发两端的天线数量，相对于普通的 SISO(Single - Input Single - Output)系统，MIMO 还可以包括 SIMO(Single - Input Multi - Output)系统和 MISO(Multiple - Input Single - Output)系统。

通常，多径传输会引起衰落，因而被视为有害因素。然而研究结果表明，对于 MIMO 系统来说，多径可以作为一个有利因素而加以利用。MIMO 系统在发射端和接收端均采用多天线(或阵列天线)和多通道，MIMO 的多入多出是针对多径无线信道来说的。如图 1.3.13所示为 MIMO 系统的原理图。传输信息流 $s(k)$ 经过空时编码形成 N 个信息子流 $c_i(k)$，$i=1$，…，N。这 N 个子流由 N 个天线发射出去，经空间信道后由 M 个接收天线接收。多天线接收机利用先进的空时编码处理能够分开并解码这些数据子流，从而实现最佳的处理。

需要指出的是，这 N 个子流同时发送到信道，各发射信号占用同一频带，因而并未增加带宽。若各发射和接收天线间的通道响应独立，则多入多出系统可以创造多个并行空间信道。通过这些并行空间信道独立地传输信息，数据率必然可以提高。

MIMO 将多径无线信道与发射、接收视为一个整体进行优化，从而实现高的通信容量和频谱利用率。这是一种近于最优的空域时域联合的分集和干扰对消处理手段。

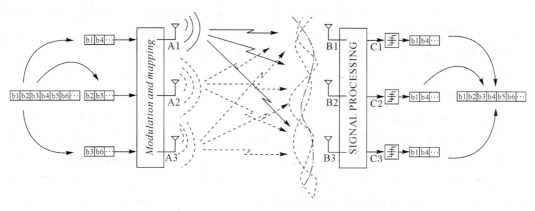

图 1.3.13 多入多出(MIMO)系统原理

系统容量是表征通信系统的最重要的标志之一,它表示了通信系统的最大传输率。对于发射天线数为 N,接收天线数为 M 的多入多出(MIMO)系统,假定信道为独立的瑞利衰落信道,并设 N、M 很大,则可以根据香农定理求出信道容量 C 近似为

$$C = \left[\min(M, N)\right]B\log_2\left(\frac{\rho}{2}\right) \tag{1-3-10}$$

式中,B 为信号带宽,ρ 为接收端平均信噪比,$\min(M, N)$ 为取 M、N 的较小者。式(1-3-10)表明,功率和带宽固定时,多入多出系统的最大容量或容量上限随最小天线数的增加而线性增加。而在同样条件下,在接收端或发射端采用多天线或天线阵列的普通智能天线系统,其容量仅随天线数的对数增加而增加。相对而言,多入多出对于提高无线通信系统的容量具有极大的潜力。

可以看出,此时的信道容量随着天线数量的增大而线性增大。也就是说,可以利用MIMO信道成倍地提高无线信道容量,在不增加带宽和天线发送功率的情况下,频谱利用率可以成倍地提高。利用 MIMO 技术可以提高信道的容量,同时也可以提高信道的可靠性,降低误码率。

目前 MIMO 技术领域的另一个研究热点就是空时编码。常见的空时码有空时网格编码和空时分组编码。空时码的主要思想是利用空间和时间上的编码实现一定的空间分集和时间分集,从而降低信道误码率。

贝尔实验室的 BLAST 系统是最早研制的 MIMO 实验系统。该系统的工作频率为1.9 GHz,发射 8 天线,接收 12 天线,采用 D-BLAST 算法。频谱利用率达到了25.9 b/(s·Hz)。BLAST 技术就其原理而言,是利用每对发送和接收天线上信号特有的"空间标识",在接收端对其进行"恢复"。利用 BLAST 技术,如同在原有频段上建立了多个互不干扰、并行的子信道,并利用先进的多用户检测技术,同时准确高效地传送用户数据,其结果是极大地提高了前向和反向链路容量。BLAST 技术证明,在天线发送和接收端同时采用多天线阵,更能够充分利用多径传播,达到"变废为宝"的效果,提高系统容量。理论研究也已证明,采用 BLAST 技术,系统频谱效率可以随天线个数成线性增长,也就是说,只要允许增加天线个数,系统容量就能够得到不断提升。这也充分证明了 BLAST 技术有着非常大的潜力。鉴于对于无线通信理论的突出贡献,BLAST 技术获得了 2002 年度美国爱迪生(Thomas Edison)发明奖。

2002 年 10 月，世界上第一颗 BLAST 芯片在朗讯公司贝尔实验室问世，贝尔实验室研究小组设计小组宣布推出了业内第一款结合了贝尔实验室 Layered Space Time（BLAST）MIMO 技术的芯片，这一芯片支持最高 4×4 的天线布局，可处理的最高数据速率达到 19.2 Mb/s。该技术用于移动通信，BLAST 芯片使终端能够在 3G 移动网络中接收每秒 19.2 Mb 的数据。

2003 年 8 月，Airgo Networks 推出了 AGN100 Wi-Fi 芯片组，并称其是世界上第一款集成了 MIMO 技术的批量上市产品。AGN100 使用该公司的多天线传输和接收技术，将 Wi-Fi 速率提高到每信道 108 Mb/s，同时保持与所有常用 Wi-Fi 标准的兼容性。该产品集成两片芯片，包括一片 Baseband/MAC 芯片（AGN100BB）和一片 RF 芯片（AGN100RF），采用一种可伸缩结构，使制造商可以只使用一片 RF 芯片实现单天线系统，或增加其他 RF 芯片以提升性能。该芯片支持所有的 802.11 a，b 和 g 模式，使用三个 5 GHz 和三个 2.4 GHz 天线，使用 Airgo 芯片组的无线设备可以和以前的 802.11 设备通信，甚至可以在以 54 Mb/s 的速度与 802.11a 设备通信的同时还可以以 108 Mb/s 的速度与 Airgo 的设备通信。

2. MIMO 信道模型

由于无线信道的问题比较复杂，在此我们对其仅作简单介绍。我们考虑一个由 M_T 个发射天线和 M_R 个接收天线构成的 MIMO 系统的信道模型。在第 j 个发射天线到第 i 个接收天线之间的时变信道脉冲响应为 $h_{i,j}(\tau, t)$。

整个 MIMO 系统的信道响应由 $M_R \times M_T$ 的矩阵构成：

$$\boldsymbol{H}(\tau, t) = \begin{bmatrix} h_{1,1}(\tau, t) & h_{1,2}(\tau, t) & \cdots & h_{1,M_T}(\tau, t) \\ h_{2,1}(\tau, t) & h_{2,2}(\tau, t) & \cdots & h_{2,M_T}(\tau, t) \\ \vdots & \vdots & & \vdots \\ h_{M_R,1}(\tau, t) & h_{M_R,2}(\tau, t) & \cdots & h_{M_R,M_T}(\tau, t) \end{bmatrix} \quad (1-3-11)$$

矢量 $[h_{1,j}(\tau, t), h_{2,j}(\tau, t), \cdots, h_{M_R,j}(\tau, t)]^T$ 是第 j 个发射天线在接收端的响应。若信号 $s_j(t)$ 由第 j 个天线发射，则在第 i 个接收天线收到的信号为

$$y_i(t) = \sum_{j=1}^{M_T} h_{i,j}(\tau, t) * s_j(t) + n_i(t) \quad i = 1, 2, \cdots, M_R \quad (1-3-12)$$

其中，$n_i(t)$ 为接收端的加性噪声。

以下简单介绍两种 MIMO 信道模型。

1）通过物理散射模型来构建的 MIMO 信道

为方便起见，一般可以规定信道是时不变的，同时使用窄带阵列天线。考虑一个如图1.3.14 所示的模型：信号 $\omega(t)$ 从方向角 θ 入射到一个有两个阵元的天线阵列，阵元的间距为 d。

假设入射信号的带宽为 B，信号表示为 $\omega(t) = \beta(t)e^{jv_ct}$。其中 $\beta(t)$ 为信号复包络，v_c 为弧度表示的载波频率。在窄带信号假设下，我们认为带宽 B 远小于波阵面通过天线阵列的

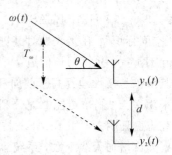

图 1.3.14 波阵面入射图

时间 T_ω 的倒数，即 $B \ll 1/T_\omega$。天线 1 接收到的信号为 $y_1(t)$，天线 2 接收的信号为

$$y_2(t) = y_1(t)\mathrm{e}^{-\mathrm{j}2\pi\sin(\theta)(d/\lambda_\omega)} \qquad (1-3-13)$$

式中，λ_ω 为信号波长。

由式(1-3-13)可见，两个天线阵元接收到的信号是相同的，只是存在一个相位差，这个相位差取决于天线阵列的几何结构和信号波阵面的到达角度。显然，这个结果可以拓展到多阵元阵列天线的情况。需要强调的是，窄带信号的假设并不意味着信道是平坦衰落的。

以下我们根据窄带的假设来构建 MIMO 信道。为简化起见，考虑如图 1.3.15 的情况。

在这种情况下，$M_\mathrm{R} \times M_\mathrm{T}$ 的 MIMO 信道脉冲响应为

$$\boldsymbol{H}(\tau) = \int_{-\pi}^{\pi}\int_0^{\tau_{\max}} s(\theta, \tau')\boldsymbol{a}(\theta)\,\boldsymbol{b}^\mathrm{T}(\varphi)g(\tau-\tau')\mathrm{d}\tau'\tau\mathrm{d}\theta$$
$$(1-3-14)$$

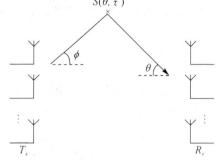

图 1.3.15　单反射模型

式中：$\tau_{\max}$ 为信道的最大时延扩展，$g(\tau)$ 为发射端脉冲成形和接收端匹配滤波的组合响应，$\boldsymbol{a}(\theta)$ 和 $\boldsymbol{b}(\varphi)$ 分别为接收端和发射端的阵列矢量。

实际上，上面的基于单散射的模型有许多缺陷，不能充分地模拟所有观察到的实际信道特性。一种比较通用的模型是假设有多个散射，能量从发射端到达接收端中间有超过一个的散射体。在这种情况下，式(1-3-14)中的 θ、φ、τ 就不是互相独立的。

2）平坦瑞利衰落 MIMO 的信道模型

假设信号的时延扩展远小于信号带宽，即 $\tau_{\max} \ll 1/B$，我们就可以将式(1-3-14)写成：

$$\boldsymbol{H}(\tau) = \left(\int_{-\pi}^{\pi}\int_0^{\tau_{\max}} S(\theta, \tau')\boldsymbol{a}(\theta)\,\boldsymbol{b}^\mathrm{T}(\varphi)\mathrm{d}\tau'\mathrm{d}\theta\right)g(\tau)' = \boldsymbol{H}g(\tau) \qquad (1-3-15)$$

而且，我们可以将 $g(\tau)$ 看成理想的，即 $g(\tau) = \delta(\tau)$，因此我们主要研究 $\boldsymbol{H}$。合适地选择天线各个单元的波束和阵列的几何形状，同时使用双散射模型，矩阵 $\boldsymbol{H}$ 的元素可以认为是相互独立的零均值、单位方差循环对称复高斯随机变量。如：

$$[\boldsymbol{H}]_{i,j}(i=1, 2, \cdots, M_\mathrm{R}, j=1, 2, \cdots, M_\mathrm{T}) \qquad (1-3-16)$$

研究表明，对于非直视（NLOS）环境，当存在丰富的散射并且发送和接收端的天线阵元具有足够间距和理想极化的时候，平坦瑞利衰落 MIMO 信道具有较好的准确性。

3. MIMO 系统容量

通信信道的 Shannon 容量是由信道决定的最大渐进表达式。在此，我们简单介绍 MIMO 信道的容量问题。

1）离散输入-输出

为简化起见，我们假设信道是平坦衰落信道，在一个符号周期内单载波调制信号的输入输出关系可以表示为

$$\boldsymbol{y} = \sqrt{\frac{E_\mathrm{s}}{M_\mathrm{T}}}\boldsymbol{H}s + n \qquad (1-3-17)$$

式中：y 是 M_R 维接收信号矢量；s 是 M_T 维发射信号矢量；H 是 $M_R \times M_T$ 的 MIMO 信道矩阵；n 是加性高斯白噪声；且其自相关特性满足 $\varepsilon\{nn^H\} = N_0 I_{M_R}$；$E_s$ 是在一个符号周期内的发送端的平均能量。

为了说明 MIMO 系统中空间信道能够增加系统容量，在此考虑一个简单情况，即 Q 个无互耦的传输通道，如果只有一个传输通道用于传输数据，则 Shannon 信道容量为

$$C_1 = \text{lb}(1 + \rho) \tag{1-3-18}$$

其中，ρ 是接收端信噪比。如果传输功率平均分配到每一个通道，则式(1-3-18)的信道容量变为

$$C_Q = \sum_{q=1}^{Q} \text{lb}\left(1 + \frac{\rho}{Q}\right) = Q\text{lb}\left(1 + \frac{\rho}{Q}\right) \tag{1-3-19}$$

在此我们假设接收端的噪声功率相同。从数学角度看，同时在 log 外面乘以一个数和在 log 里面除以同一个数可以使得总的结果增大。

对于一个如式(1-3-11)描述的 MIMO 系统，假定噪声具有独立高斯分布特性，且均值相同。对于传输信号，满足复高斯随机变量特性，则系统的容量可以表示为

$$C = \max_{R_x: Tr(R_x) \leqslant P_t} \text{lbdet}\left(I + \frac{H R_x H^H}{\sigma^2}\right) = \max_{R_x: Tr(R_x) \leqslant P_t} \sum_i \text{lb}\left(I + \frac{\Lambda_{ii}}{\sigma^2}\right) \tag{1-3-20}$$

其中：det 表示矩阵行列式的值；Tr 表示矩阵的迹，约束条件表示了总的功率规定值；I 是单位矩阵；$H R_x H^H = \xi \Lambda \xi^H$ 是本征值分解；$R_x = E\{x x^H\}$ 是发送信号自相关矩阵。

2）确定性 MIMO 信道模型下的系统容量

以下假设 H 在接收端是已知的（接收端可以通过训练序列或者跟踪的方法获得信道的知识）。虽然 H 是随机的，我们仍然首先研究一个采样实现的信道的容量。

$$I = \text{lbdet}\left(I_{M_R} + \frac{E_s}{M_T N_0} H R_{ss} H^H\right) \tag{1-3-21}$$

MIMO 信道的容量可以表示为

$$C = \max_{R_{ss}} \text{lbdet}\left(I_{M_R} + \frac{E_s}{M_T N_0} H R_{ss} H^H\right) \tag{1-3-22}$$

具体的公式推导可以参见相关文献，限于篇幅，其他信道模型下的系统容量在这里也就不给出了。

4. MIMO 系统中的空时编码

多入多出通过天线发射多数据流并由多天线接收实现最佳处理，可以实现很高的容量。这种最佳处理是通过空时编码和解码实现的。目前已经提出了不少多入多出空时码，其中包括空时网格编码、空时分组码、空时分层码。在此介绍一种简单的空时分组码。

为了实现分集，接收机首先应将各独立信道分开，然后再实现最优结合。同样的，为了实现多入多出处理，各接收机也必须将收到的各发射机发来的子流分开再进行处理。对于两副天线情况，可以采用一种特殊的发射编码使接收机能实现这种分开。

1998 年 Alamouti 提出了一种简单的两支路发射分集方案。当使用 2 副发射天线、1 副接收天线时，这种发射分集方案所获得的分集增益与使用 1 个发射天线、2 个接收天线的最大比值合并（MRC）所获得的分集增益相同。这种发射分集方案也很容易推广到两个发射

天线、M 副接收天线的情况，可以获得的分集增益为 $2M$。

下面我们给出典型的 2 个发射天线、1 个接收天线的 Alamouti 发射分集方案。如图 1.3.16 所示为发射分集方案的编译码结构图。

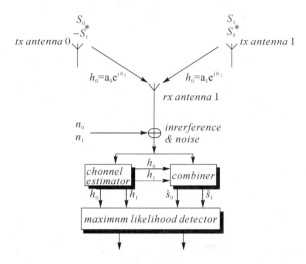

图 1.3.16　Alamouti 发射分集方案的编译码结构图

在某一时刻 t，从两个发射天线上同时发射两个信号，天线 0 发射信号 s_0，天线 1 发射信号 s_1；假设符号周期为 T，在下一时刻 $t+T$ 处，天线 0 发射信号 $-s_1^*$，天线 1 发射信号 s_0^*。

在时刻 t，发射天线 0 与接收天线之间的信道增益用复数 $h_0(t)$ 表示，发射天线 1 与接收天线之间的信道增益用复数 $h_1(t)$ 表示。假设在两个连续的符号周期内衰落保持不变，即

$$h_0(t) = h_0(t+T) = h_0 = \alpha_0 e^{j\theta_0} \tag{1-3-23}$$

在时刻 t 和时刻 $t+T$ 接收到的信号可以分别表示为

$$r_0 = r(t) = h_0 s_0 + h_1 s_1 + n_0 \tag{1-3-24a}$$

$$r_1 = r(t+T) = -h_0 s_1^* + h_1 s_0^* + n_1 \tag{1-3-24b}$$

其中，n_0、n_1 表示接收端的噪声和干扰。

图 1.3.16 中接收端的合并器将以下两个组合信号送入最大似然检测器：

$$\tilde{s}_0 = h_0^* r_0 + h_1 r_1^* \tag{1-3-25a}$$

$$\tilde{s}_1 = h_1^* r_0 - h_0 r_1^* \tag{1-3-25b}$$

经过简单的数学处理，得

$$\tilde{s}_0 = h_0^* r_0 + h_1 r_1^* = (\alpha_0^2 + \alpha_1^2)s_0 + h_0^* n_0 + h_1 n_1^* \tag{1-3-26a}$$

$$\tilde{s}_1 = h_1^* r_0 - h_0 r_1^* = (\alpha_0^2 + \alpha_1^2)s_1 - h_0^* n_1 + h_1^* n_0 \tag{1-3-26b}$$

由式(1-3-26a)和式(1-3-26b)可以看出，除了噪声分量的相位不同以外，组合信号 $\tilde{s}_i$ 与采用 2 个接收天线的最大比值合并(MRC)的组合信号是相同的，不会影响实际的信噪比。因此，这种 2 发 1 收发射分集方案所获得的分集增益与两支路最大比值合并所获得的分集增益相同。

在接收端可以利用最大似然准则进行判决。假设判决信号分别为 s_{0i} 和 s_{1i}，当且仅当：

21

$$d^2(r_0, h_0 s_{0i} + h_1 s_{1i}) + d^2(r_1, -h_0 s_{1i}^* + h_1 s_{0i}^*)$$

$$\leqslant d^2(r_0, h_0 s_{0k} + h_1 s_{1k}) + d^2(r_1, -h_0 s_{1k}^* + h_1 s_{0k}^*) \quad i \neq k \qquad (1-3-27)$$

这里：

$$d^2(x, y) = (x-y)(x-y)^* \qquad (1-3-28)$$

等价为

$$(\alpha_0^2 + \alpha_1^2 - 1)|s_{0i}|^2 + d^2(\tilde{s}_0, s_{0i}) \leqslant (\alpha_0^2 + \alpha_1^2 - 1)|s_{0k}|^2 + d^2(\tilde{s}_0, s_{0k}) \ \forall i \neq k$$

$$(1-3-29a)$$

$$(\alpha_0^2 + \alpha_1^2 - 1)|s_{1i}|^2 + d^2(\tilde{s}_1, s_{1i}) \leqslant (\alpha_0^2 + \alpha_1^2 - 1)|s_{1k}|^2 + d^2(\tilde{s}_1, s_{1k}) \ \forall i \neq k$$

$$(1-3-29b)$$

对于 PSK 信号，$|s_i|^2 = |s_k|^2$，$\forall i, k$，因此，当且仅当式(1-3-30)成立时将 s_0 和 s_1 判决为 s_{0i} 和 s_{1i}：

$$d^2(\tilde{s}_0, s_{0i}) \leqslant d^2(\tilde{s}_0, s_{0k}) \qquad \forall i \neq k \qquad (1-3-30)$$

这种 2 发 1 收发射分集方案也很容易推广到 2 个发射天线、M 个接收天线的情况，此时的分集阶数为 $2M$。Alamouti 分集发射方法不需要从接收端到发射端的信息反馈，它的计算复杂度与 MRC 相近。如果总的发射功率相同，则由于 Alamouti 法将能量分配到 2 个发射天线上，与 MRC 相比，会有 3 dB 的性能损失。

1.3.4　超宽带(UWB)技术

超宽带技术(Ultra WideBand，UWB)，是一种使用数赫兹到数 G 赫兹的超宽带宽，通过微弱的脉冲信号进行通信的无线技术。UWB 技术有望广泛应用于短距离范围内的高速无线数据通信，实现移动终端及便携设备间的无线连接。

1. UWB 系统简介

广义的超宽带(UWB)指以极窄脉冲方式进行无线发射和接收的特种技术。其特殊之处在于完全摆脱了一般无线收发中必须采用载波调制的传统手段，成为在时域中直接操作的无线技术。它的另一奇妙之处是能够同时获得宽带高速、低成本、低功耗的好处，这在传统无线技术中一直是只能折中取舍的两难问题。

与传统的窄带系统相比，超宽带无线通信系统有两大显著不同：

(1) 带宽远远大于当前通信系统所用的带宽。根据 FCC 的定义，超宽带指信号带宽大于 1.5 GHz，或者信号带宽与中心频率之比大于 25% 的情况。而信号带宽与中心频率之比在 1%～25% 之间为宽带，小于 1% 为窄带。

(2) 典型的 UWB 系统以一种无载波的方式实现。传统的通信系统将基带信号频谱搬移到射频载波进行发射，而 UWB 直接调制非常尖锐的冲击脉冲，发射器直接用脉冲波形激励天线。因此，也可以将 UWB 称为基带信号、无载波信号或脉冲无线电。

下面我们从速度、距离、功耗、电磁兼容、传输可靠性等方面来对 UWB 技术进行说明。

速度：理论上，一个宽度为 0 的脉冲具有无限的带宽，因此，脉冲信号要想发射出去必须有足够带宽、足够陡峭的上升/下降沿和足够窄的宽度。UWB 的脉冲宽度用于军事雷达系统时，最短在皮秒级水平，但在民用上，一般在纳秒级。纳秒为一秒的十亿分之一，这意味着，如果一个脉冲代表一个 bit，那么 UWB 有能力在一秒内传送 10 亿个 bit，即达到 1 Gb/s 的速率。若脉冲宽度降至 0.1 ns，则速率可达 10 Gb/s。目前，厂家演示的实验速度在 100～480 Mb/s 之间，但理论上有达到 1 Gb/s 以上的潜力。

距离：虽然我们只讨论 UWB 在 10 m 以下的短距离应用，但实际上，发射距离过短并不是 UWB 本身的技术缺陷，而是 FCC 规定的低功率指标(1 mW 以下)所限制的，其目的是避免对其他设备的干扰。

功耗：UWB 因为不使用载波，仅在发射窄脉冲时消耗少量能量，从而省略了发射连续载波的大量能耗。这一特色还使 UWB 可通过缩窄脉冲宽度实现在提高带宽的同时并不增加功耗，这打破了过去任何一项传输技术的功耗和带宽都成正比的定律。针对手持应用，UWB 还可通过大幅降低脉冲的占空比使功耗大幅度降低(当然这会降低速度的升级潜力)。一般认为 UWB 无线链路的功耗可低至普通无线链路的 1/100，这样原来一次充电只能使用数天的电池供电设备采用 UWB 之后可用数个月。

不过，虽然 UWB 的发射功率被限制在 1 mW 以下，但实际上采用芯片实现后的整体电路能耗目前在 300 mW 左右。

成本：由于 UWB 不需要对载波信号进行调制和解调，所以不需要混频器、过滤器、RF/IF 转换器及本地振荡器等复杂元件，同时更容易集成到 CMOS 电路中。Intel 的技术官员曾表示，即使是使用 10 GHz 附近的高频带区域，UWB 也可以全部通过 CMOS 技术来实现，这无疑降低了成本。实现规模应用后一片集成了 UWB 物理层和 USB 或 1394 协议层的芯片至少可以做到 10 美元以下。

电磁兼容性：由于 UWB 具有宽频脉冲性质，因此人们担心它对其他电子设备可能形成强大的干扰。美国曾有航空和移动电话等行业以此为由极力反对 UWB 的民用化。但理论上，由于 UWB 脉冲极窄，频带极宽，其带宽相当于 1000 个电视频道或 3 万个 FM 广播频道，因此单位频宽内的功率密度相当低。加上 FCC 对它的发射功率做了严格限制，其功率密度甚至低于一般的噪声水平，比如低于一部笔记本电脑的辐射。因此 UWB 对其他设备的影响微乎其微，实际上，标准的制订者们反过来担心的是其他设备对 UWB 设备以及多部 UWB 设备同时工作时相互间的干扰，这也是选择标准的重要指标之一。

传输可靠性：与相同速率的其他无线技术相比，UWB 可达到极低的信号占空比，从而具有极强的抗多径干扰的能力，因此适合室内等复杂环境下的高速传输。UWB 采用数 GHz 的频段，因此有随距离增加信号强度急剧下降的缺点，尤其在穿越水分子含量高的物质时衰减最大。但在 10 m 以下的短距离应用中，这一缺陷并不是致命的。

所有的 UWB 设备的发射功率都必须在 FCC 所规定的功率范围以内，以免干扰其他的电子设备和通信系统的正常工作。当前，对 UWB 的研究在世界各国都得到了广泛的重视，并由此开始制定通信标准和相关协议。

2. UWB 物理层协议

UWB 无线物理层协议由 IEEE 802 LAN/MAN 标准委员会开发。这个委员会涉及局域网和城域网的标准。下面简单介绍三种 UWB 的方案，我们仅仅从技术角度分析，并不涉及标准的更多内容。

1) OFDM 方案的 UWB

OFDM 已经广泛地应用于许多无线和有线通信系统中，关于 OFDM 的具体技术细节，前面已做介绍，在此不再重复。

用于 UWB 的 OFDM 方案通过使用由 QPSK 星座调制的 128 个载波来符合 500 MHz 带宽的要求。合成的信号占用一个 528 MHz 频谱宽度的信道。OFDM 载波可以由 FFT 产生，合成信号在一个信道上的时间为 242.42 ns 的信息长度加上 60.61 ns 的周期性前缀时间，然后在 9.5 ns 的保护时间内转到另一个信道。

OFDM 系统的系统参数如表 1-3-1 所示。

表 1-3-1　用于 UWB 的 OFDM 系统参数

信息速率/(Mb/s)	110	200	480
调制方式	OFDM/QPSK	OFDM/QPSK	OFDM/QPSK
FFT 点数	128	128	128
编码率	11/32	5/8	3/4
扩频速率	2	2	1
信息品质	50	50	100
数据品质	100	100	100
信息长度/ns	242.42	242.42	242.42
周期性前缀/ns	32/528＝60.61	60.61	60.61
保护间隔/ns	5/528＝9.47	9.47	9.47
码元间隔/ns	312.5	312.5	312.5
信道比特率/(Mb/s)	640	640	640
码元周期/ns	937.5	937.5	937.5

系统至少支持三种数据速率：110 Mb/s、200 Mb/s 和 480 Mb/s。QPSK 调制用于 OFDM 子频带，一个 128 点傅里叶变换产生 OFDM 子频带。不同的数据速率是由纠错码速率的不同组合、承载数据子频带的数量以及每一个子频带的扩展速率来实现的。

2) DS-UWB 方案的 UWB

直接序列扩频(DSSS)主要应用于安全保密和军事通信系统。同样，它还在 IEEE 802.11b WLAN 标准中出现。

在 DS-UWB 的应用中，直接序列方案使用了 3.1～5.15 GHz 范围内至少 1.5 GHz 的带宽，5.8～10.6 GHz 范围内占用了 3.7 GHz 的带宽。不同于传统的基于载波的 DSSS 系统，这个 UWB 方案为了有效地利用所占用的频谱，使用了非正弦小波。

这两个频带可以独立使用，也可以同时使用，给系统配置提供了一个选择的范围。根据数据速率，这个系统使用多级正交键控调制(M-BOK)或者将 M-BOK 与 QPSK 结合起来使用。

UWB 带宽扩展主要通过以 1.368 Gc/s 的码片速率发送小波来实现，对于小波序列的调制将频谱白噪声化，这意味着它破坏了产生频谱线的规则性。M-BOK 调制由长度为 24 和 32 的三重正交序列（−1，0，＋1）所构成，形成小波符号。每一个码字符号可以以 1、2、3 和 6 比特进行发送。例如，一个 64-BOK 调制所形成一个符号时每次需要 6 个比特。长度为 24 的三重码使用 2-BOK、4-BOK 和 8-BOK 调制，而长度为 32 的码使用 64-BOK 调制。M-BOK 调制有一个特性，当 M 无限增大，调制效率会趋于−1.59 dB 的 Shanon 极限。

表 1-3-2 给出了 3.1~5 GHz 频段的 DS-UWB 系统的一种可能的参数集。

表 1-3-2　DS-UWB 系统参数

信息数据速率/(Mb/s)	112	224	448
调制	64-BOK	QPSK/64-BOK	QPSK/64-BOK
码元速率(Ms/s)	42.75	42.75	42.75
码率	0.44	0.44	0.87
码长(c/s)	32	32	32
信道码片速率(Gc/s)	1.3668	1.3668	1.3668

符号传输速率为 42.75 Ms/s，根据其调制方式可以计算出一个信道的比特率为 256.5 Mb/s。数据经过码率为 0.44 的纠错码编码后得到了 112 Mb/s 的信息速率。第二组是以一种类似于基于载波无线系统中 QPSK 的方式在原小波上发送的。对于 QPSK，每个符号最多有 12 bit。这样一来，信息数据速率变为原来的两倍，为 224 Mb/s。在第三组中，一个码率为 0.87 的纠错码与 QPSK 一起使用，达到了 448 Mb/s 的信息速率。许多其他调制深度的组合和编码速率也是可能的。

3. UWB 应用前景

随着 UWB 技术商业化的开始，这种技术在短距离通信系统中的潜能日益突出，特别是在开发个人无线应用领域的高速数据应用和低速嵌入式智能设备中。符合 FCC 规范的 UWB 无线系统若使用简单的调制技术和适当的编码方案，可以在短距离范围内以超过 100 Mb/s 的速率传输数据，这种模式定义为 HDR(High Data Rate)。另外，UWB 可以通过降低数据传输率来提高连接距离，还可以提供准确的定位跟踪能力，这种模式为 LDR/LT(Low Date Rate and Location Tracking)。

（1）高速无线个人区域网(High Data Rate Wireless Personal Area Network，HR-WPAN)。HDR-WPAN 是指在 1~10 m 的范围内，有超过 10 个终端，且每个终端的传输速率都达到 100~500 Mb/s 的网络。HDR-WPAN 一般都基于点对点的拓扑结构，使用无线或者电缆(光缆)连接到外部的网络。这样的系统需要对于网络的空中接口进行严格的定义，因为外部的网络可能只能够提供较低的传输速率。

（2）无线以太网接口(Wireless Ethernet Interface Link，WEIL)。WEIL 是将 HDR 的传输速率提高到如 1 Gb/s 或 2.5 Gb/s 的情况下的系统。由于传输距离一般只有几米，所以 WEIL 仅能够满足某些特殊的应用需求，如计算机到以太网接口、消费类电子产品对于高质量无线视频传送等。后者是当前研究的一个热点问题，许多研究者都在研究在当前的传输功率限制下系统的可行性。

(3) 智能无线区域网(Intelligent Wireless Area Network，IWAN)。IWAN 主要应用于办公环境中，覆盖的距离大于 30 m，主要为低成本、低功率的设备提供服务。

(4) 室外对等网络(Outdoor Peer – To – Peer Network)。室外对等网络是 UWB 技术在室外通信中的应用，主要是为 PDA 提供上行通信、信息交换服务及其他便携式数字设备的快速数据下载服务等。

(5) 传感器、定位、辨识网络(Sensor，Positioning，and Identification Network，SPIN)。SPIN 是一种高密度(每一个楼层约有几百个)、低速率(几十 kb/s)、结合定位信息(误差小于 1m)的系统。SPIN 的主从设备的工作距离为 100 m 左右。由于工业应用需要较高的可靠性，因此对于系统的自适应能力提出了较高的要求。

由于 UWB 技术拥有定位能力，因此其应用相当广泛。使用 UWB 技术可以使定位误差在 2 cm 以内，优于 GPS 定位技术。

1.4　数据通信与网络

随着计算机的普及和通信手段的进步，人们已不再仅仅满足于话音通信，而希望将通信的范围从单一的语音扩大到文字、图片甚至视频图像，只要能用编码的方法形成二进制代码的多媒体信息，都将成为通信的信息对象。我们把这些信息对象统称为数据。

目前，计算机的输入和输出都是数据信号，因此数据通信是电子计算机和通信相结合而产生的一种通信方式。具体地说，数据通信可理解为用通信线路(包括通信设备)将远地的数据终端设备与主计算机连接起来所进行的信息处理过程。

1.4.1　数据通信的特殊性

数据通信和话音通信都以传送信息为通信目的，但二者具有明显的不同之处。

(1) 通信对象不同。数据通信实现的是计算机和计算机之间或人和计算机之间的通信，计算机之间的通信过程需要定义严格的通信协议和标准，而电话通信则无需这么复杂。

(2) 对可靠性的要求不同。数据信号使用二进制数字 0 和 1 的组合编码来表示，如果一个码组中的某个比特在传输中发生错误，则在接收端可能被理解成为完全不同的含义。特别是对于银行、军事和医学等关键部门，发生毫厘之差都会造成巨大的损失。一般而言，数据通信的传输差错率必须控制在 10^{-8} 以下，而话音通信的传输差错率可高达 10^{-3}。

(3) 通信的持续时间不同。统计资料显示，99.5% 以上的数据通信持续时间短于电话平均通话时间。由此确定数据通信的信道建立时间也要短，通常应该在 1.5 s 左右，而相应的电话通信过程的建立时间一般在 15 s 左右。

(4) 通信中的信息特性不同。统计资料表明，电话通信中双方讲话的时间平均每人一半，一般不会出现长时间信道中没有信息传输的情况。而在进行计算机通信时，若双方处于不同的工作状态，那么传输速率是相当不同的，慢的在 30 b/s 以下，快的则高达 1 Mb/s。

由此可见，为了满足数据通信的要求，必须构造专门的数据通信网络，才能满足高速传输数据的要求。

1.4.2 数据通信系统的组成

数据通信的基本构成如图 1.4.1 所示。按功能划分，数据通信系统大致由计算机中心、数据终端设备以及数据链路三个子系统组成。

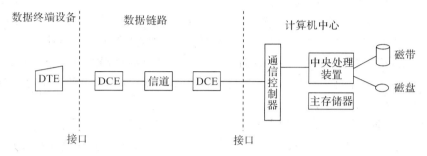

图 1.4.1 数据通信系统组成框图

1. 计算机中心

计算机中心的主要功能是进行数据的收集与处理。它包括三部分，第一部分是通信控制器，其首要任务是使数据终端计算和处理数据的速率与通信链路传输数据的速率相匹配，同时完成数据信号的串/并或并/串转换；第二部分是中央处理装置，主要用于收集和处理由数据终端传来的数据；第三部分是存储器，主存储器用于存放处理数据所需要的程序和数据，辅助存储器(如磁带、磁盘等)则用于临时存储程序和数据。

2. 数据终端设备(DTE)

数据终端设备的作用是将来自信道的电信号转换为数据信号，或者相反。根据数据通信业务的不同，终端设备可分为多种类别。典型的终端设备有键盘、打印机、传真机和显示器等。

3. 数据链路

数据链路的功能是把多台数据终端设备与计算机中心连接起来进行数据传输，其组成包括传输信道和数据终接设备(DCE)两部分。

如果传输信道属于模拟信道，DCE 的作用就是把 DTE 送来的数据信号变换为模拟信号后再送往信道，或者反过来把信道送来的模拟信号变换成数据信号后再送到 DTE；如果信道是数字的，则 DCE 的作用就是实现信号码型与电平的变换、信道特性的均衡、定时供给等。

1.4.3 数据通信的信息交换方式

1. 交换技术

交换是通信网的一个基本概念，也称转接，它承担着将各用户点来的信息转接到其他用户点去的任务。用户的网络拓扑结构通常分为有交换的拓扑结构和无交换的拓扑结构两种。当用户点数较大时，采用交换可节约线路建设费用，提高线路利用率。

在数据通信中，最常见的有以下 3 种交换方式：

1）电路交换（Circuit Switching）

电路交换就是在通信双方之间建立一条实际的物理链路，在整个通信过程中信息交换的双方始终占用该条链路，并且不允许其他方使用该条链路。电路交换适用于话音传输等实时性的信息交换，最常见的实例就是电话网。用电路交换的方法虽然也能够传输数据，但效率低，数据的传输速率不高，传输质量差。

2）报文交换（Message Switching）

进行报文交换的数据以报文的形式传送。当报文（即数据）到达交换机时先存入该机的存储器内，直到所需要的通信线路空闲时，再将该报文向接收端或下一个交换机转发。传统的电报网采用的就是这种交换方式，因此叫做报文交换。它的基本思想就是"存储转发"。

3）分组交换（Packet Switching）

分组交换是将用户发送的一整段报文分割成若干个固定长度的数据块（也叫"分组"），让这些分组以"存储转发"的方式在网内传输。每个分组都载有接收地址和发送地址的标识，传送时，不需要在整个通信网中建立通路，只需寻找一条到下个节点的空闲电路，就可以将信息发送出去，以分组为单位在各节点间分段传送，到目的地后再将各分组依序组装起来。

分组交换在线路上采用动态复用的概念传送各分组，所以线路的利用率高，它是"存储转发"方式的变种，兼有电路交换和报文交换两者的优点，是数据交换的理想交换方式，特别适合计算机通信，因此已被普遍采用。

2. 数据报与虚电路

数据报（Datagram）和虚电路（Virtual Circuit，VC）是分组交换的两种具体形式。在计算机网络中有时也把数据报称为无连接（Connectionless）服务，把虚电路称为面向连接的（Connection Oriented）服务。

1）数据报

在数据报分组交换方式中，数据报单独处理每一个分组。现以图1.4.2为例来说明数据报是如何实现传送的。

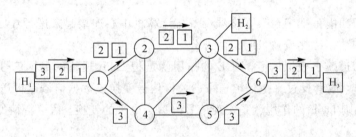

图 1.4.2　数据报分组交换方式

图1.4.2中，假定 H_1 站有3个分组要送到 H_3 站。它将分组1、2、3一连串地发给1号节点。1号节点需对每个分组作出路由选择。在1号分组来到1号节点后，得知2号节点的分组队列短于4号节点，于是它将1号分组排入到2号节点的队列，2号分组也是如此。但是对于3号分组，1号节点发现此时到4号节点的队列最短，因此将3号分组排在去4号节点的队列中。在以后通往 H_3 站路径的其他各节点上，都进行类似的判断和处理。这样，各个分组虽然具有同样的目的地址，但并不遵循同一路由。在本例中，3号分组可能先于2号分组到达6号节点。因此，这些分组在到达 H_3 后还需要重新进行排列，以恢复它们原来的

顺序。

2）虚电路

在虚电路分组交换方式中，在送出一个分组之前先要建立一个逻辑连接（虚电路）。如图 1.4.3 所示为虚电路交换方式的传送原理。

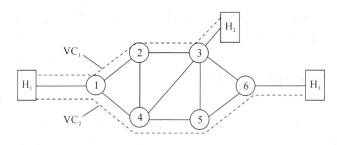

图 1.4.3　虚电路交换方式的传送原理

假定 H_1 有一个或多个分组要送到 H_2，它首先发送一个"呼叫请求"分组到节点 1，要求建立到 H_2 的连接。节点 1 决定将该分组发到节点 2，节点 2 又决定将该分组发到节点 3，节点 3 最终将"呼叫请求"分组投送到 H_2。如果 H_2 准备接受这个连接，它就发出一个"呼叫接受"分组到节点 3。这个分组通过节点 2 和节点 1 送回到 H_1。现在，H_1 站和 H_2 站之间就可以经由这条已建立的虚电路 VC_1 来交换数据了。此后 H_1 和 H_2 发出的每个分组都包括数据和一个 VC_1 虚电路标识符。于是，在这条已经建立起来的虚电路上的每个节点都知道向什么地方发送这些分组，因此就不再需要决定路由了。来自 H_1 的每个数据分组穿过节点 1、2、3，而来自 H_2 的每个数据分组穿过节点 3、2、1。当其中一个站发出一个"清除请求"分组后，这一虚电路才被拆除。在任何时刻，每个站可以与多个站有虚电路，也可以与一个站拥有不止一条虚电路。

利用虚电路技术进行通信可分为呼叫建立、通信和拆线 3 个阶段，这一点和电路交换很相似，但这并不意味着有像电路交换中那样的专用路径。每个分组还是要在每个节点上缓冲存储并排在一个链路的队列中等候输出，虚电路与数据报方法的区别是节点不必为每一分组做路由选择决定。在虚电路方式中，这种决定对于每个连接来说只做一次。

3）两种方法的比较

数据报和虚电路各有优缺点。如果两个站希望进行长时间的数据交换，虚电路就具有一定的优越性，因为它减少了站和节点间的不必要的通信处理功能。在其他情况下，数据报具有更多的优点。虚电路的可靠性和实时性较好，而数据报的灵活性更强，遇到拥塞时可以绕开。

1.4.4　数据通信的网络体系结构与协议

1. 网络通信协议的概念

为网络中数据通信而建立的规则、标准或约定，称为网络协议。网络协议含有三个要素：

（1）语义：指构成协议的协议元素的含义。这里的协议元素是指控制信息或命令及应答。

（2）语法：是指数据或控制信息的数据结构形式或格式。

（3）时序：即事件的执行顺序。

所以，网络通信协议实质上是计算机间通信时所使用的一种语言。

2. 网络体系层次结构

由于不同系统中的各实体之间的通信任务十分复杂，相互不能作为一个整体去处理，否则，任何一个地方的改变都可能造成整个系统的修改，因此，计算机网络协议一般都采用结构化的设计和实现技术，即采用分层或层次结构的协议集合来实现。计算机通信网的各层及其协议的集合，称为网络的体系结构。

1）OSI 模型

国际标准化组织(ISO)下设的一个专门研究网络通信的体系结构的技术委员会于 1978 年提出的开放系统互联(Open System Interconnection)参考模型简称为 OSI。1982 年 OSI 被定为国际标准草案，成为其他计算机网络系统结构靠拢的标准（见图 1.4.4）。

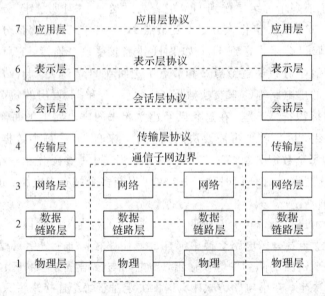

图 1.4.4　OSI 七层模型

（1）物理层(Physlcal Layer)。物理层是 OSI 模型的最底层，其任务是实现互联系统间物理上的数据比特流的透明传输。这一层实现系统间的物理通信，而其余各层都是虚拟通信。该层关心的是：当发送"1"（或"0"）时对方是否正确接收到"1"（或"0"）；对"1"和"0"的电平，每一比特持续多少时间；通信是否可在两个方向上进行；双方如何建立连接和拆除连接；接插件的体积、引线的数目和每条引线的意义。这一层的设计还会遇到有关计算机和通信设备连接的机械、电气和程序接口等问题。

（2）数据链路层(Data Llnk Layer)。该层的基本功能是在两个数据链路层之间建立和维持一条或多条数据链路，从网络层看，它提供了无差错的通信服务。该层的具体工作是：接收来自上层的数据（报文分组），按一定格式形成帧，从物理通道上发送出去；处理接收方发来的应答，重传出错帧和丢失帧；保证按发送次序把帧正确地传给对方。为了保证正确发送，该层还应有流量控制功能。该层使用的标准之一是面向比特的 HDLC(High-level Data Link Control)协议。

（3）网络层。该层的基本工作是接收来自传输层的报文（message）分段，把它们转换成报文分组（Packet）后送到指定的目的机。对存储转发子网来说，该层的主要问题是确定报文分组传送的路径（称为路由选择），在每个结点中都要存放一张出境线路表，指出该结点通往每个目的结点的所有可能的线路及有关信息，供路由选择算法使用。

网络层用网络地址唯一地标识其逻辑通道。在源机与目的机之间进行数据交换时，应建立网络地址之间的连接。在同一对网络地址之间可以建立多个网络连接。网络层是通信子网的边界，它决定主机与子网接口的主要特征，也就是传输层与网络层接口的特点。

国际标准化组织（ISO）已建立了物理层、数据链路层和网络层的国际标准。

（4）传输层。传输层又称为主机–主机（Host to Host）协议或端–端（End to End）协议。它的任务是提供一种独立于通信子网的数据传输服务，即对高层隐藏通信子网的结构，尽管实际的连接要复杂得多，但由于传输层的存在使源机和目的机之间的连接就像简单的点对点的连接。该层的具体工作是为会话层提供服务，接收会话层送来的报文，必要时把它分成若干较短的报文分组，保证每一分组都能正确到达，并按它们发送的顺序在目的机中重新装配起来。传输层使用传输地址建立传输连接，在同一对传输地址之间可以建立多个传输连接。为了使两台主机的处理速度匹配，就要有某种流量控制机构；为了优化子网资源的使用，为上层用户提供不同质量要求的服务，可能要把几个传输连接映射到一个网络连接，或者把一个传输连接映射到多个网络连接。

（5）会话层。会话层的任务是为两个表示层进程建立会话连接，并管理它们在该连接上的对话。开始会话是一项复杂的工作：首先要证实会话双方的身份并检查其会话权限，以及通信方式是否一致；为了实现双方的数据传输，必须把会话连接映射到传输连接上，当前的 OSI 规定这种映射是一一对应的，但对某传输连接而言，在使用它的会话连接结束后，又可用于另一个会话连接。

（6）表示层。表示层为应用层提供有关信息表示的服务。该层提供的具体服务有：文本压缩、代码转换、数据加密与解密、文件格式变换、信息格式变换、终端属性转换等。

（7）应用层。它是 OSI 的最高层，负责开放系统中两个应用进程间的信息交换。

2）TCP/IP

Internet 是世界上最大的计算机网络。在 Internet 使用的网络协议中，最核心和最著名的两个协议为传输控制协议（Transmission Control Protocol，TCP）和网际协议（Internet Protocol，IP），简称为 TCP/IP 协议或 TCP/IP 协议族。

从体系结构看，TCP/IP 是 OSI 七层模型的简化，主要分为应用层、传输层、网络层和物理层四层。

TCP/IP 是因特网上使用的网络协议，由一套通信协议簇组成，包括 IP、ARP、RARP、ICMP、IGMP、TCP、UDP 等。其中最著名的是传输控制协议（TCP）和因特网协议 IP。

TCP/IP 参考模型并非严格按照 OSI 的参考模型进行分层。TCP/IP 承认功能分层管理的重要性，但同时对 OSI 参考模型进行简化，使网络设计者有更多的灵活性，用它可以在任何交互连接的网络之间通信。图 1.4.5 给出了 TCP/IP 协议及其与 OSI 参考模型的对应关系。

如图 1.4.5 所示，TCP/IP 主要包括 4 层结构，即物理接口层、网络层（IP 层）、传输控制层（TCP/UDP 层）和应用层。

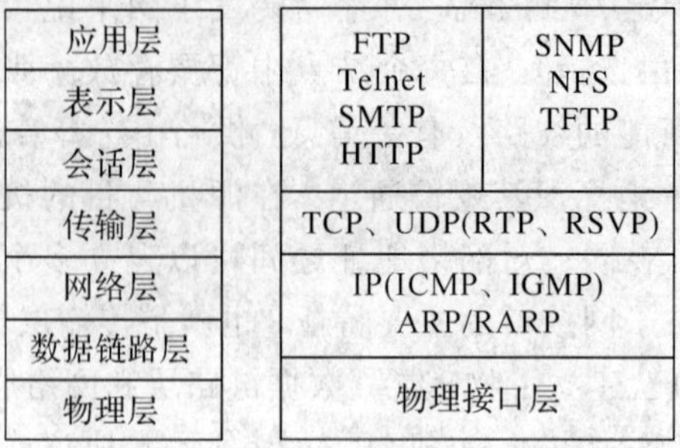

应用层	FTP Telnet SMTP HTTP	SNMP NFS TFTP
表示层		
会话层		
传输层	TCP、UDP(RTP、RSVP)	
网络层	IP(ICMP、IGMP) ARP/RARP	
数据链路层		
物理层	物理接口层	

图 1.4.5　TCP/IP 协议族及其分层结构

（1）物理接口层。TCP/IP 的物理接口层包括 OSI 参考模型中物理层和部分数据链路层的功能，提供各种硬件所需的所有控制协议，以及从介质接入到逻辑链路分配的所有功能。

（2）网络层。网络层对应于 OSI 的网络层和部分数据链路层的功能，其主要协议是 IP。TCP/IP 协议是为包含多种物理网技术而设计的，这种包容性主要体现在 IP 层当中。各种网络技术的帧格式、地址格式等上层协议差别很大，设置 IP 层的重要思想之一就是通过 IP 数据报和 IP 地址将它们统一起来，达到屏蔽低层细节、提供一致性向上接口的目的。IP 协议向上层提供统一的 IP 数据报，使得各种下层网络的物理帧的差异性对上层协议不复存在。

IP 层的协议还包括 ARP(地址解析协议)、RARP(反向地址解析协议)、ICMP(差错控制报文协议)、IGMP(组广播群组管理协议)等。

（3）传输控制层。传输控制层包括 TCP 层和 UDP 层。RTP、RSVP 是传输控制层的另外两个重要协议。RTP(实时传输协议)工作在 UDP 之上，是为支持多媒体通信而设计的传输层协议，它包括 RTP 数据传送协议和 RTCP 控制协议两部分。RSVP(资源预留协议)安装在终端和路由器上，用来确保端到端的传输带宽，保证连续的多媒体通信。

（4）应用层。TCP/IP 簇的应用层在 TCP 和 UDP 上分别定义了多种不同的因特网应用协议。其中，TCP 之上的协议包括 FTP(文件传输协议)、Telnet(远程登录)、SMTP(简单邮件传输协议)、HTTP(超文本传输协议)等；UDP 之上的协议包括 SNMP(简单网络管理协议)、NFS(网络文件系统)、TFTP(普通文件传输协议)等。

第 2 章　移动通信系统

2.1　概　　述

2.1.1　移动通信的发展历史

移动通信是通信技术发展过程中最重要的应用领域。20 世纪 20 年代，美国底特律市警察使用的车载无线电系统，可以算是最早的专用移动通信系统，该系统使用无线电短波频率波段。从此以后，公用移动通信业务开始发展起来。1946 年，根据美国联邦通信委员会(FCC)的计划，贝尔系统在圣路易斯城建立了世界上第一个公用汽车电话网——"城市系统"。当时使用三个频道，间隔为 120 kHz，通信方式为单工。随后，前西德(1950 年)、法国(1956 年)、英国(1959 年)等国研制的公用移动电话系统相继问世。这一阶段移动通信的特点是使用 150 MHz 和 450 MHz 频段，采用大区制、中小容量，实现了无线频道的自动选择并能够自动接续到公用电话网。

随着公用移动通信用户数量的增加，大区制所能提供的容量很快就饱和了，迫使人们去探索新的移动通信体制。贝尔实验室在 20 世纪 70 年代提出了蜂窝网的思想，将只有一个大功率基站的大区划分成一个一个小功率基站的小区，从而实现频率再用，大大提高了系统容量。1978 年底，贝尔实验室成功研制出了先进移动电话系统(Advanced Mobile Phone System，AMPS)，建成了蜂窝移动通信网。1983 年该系统首次在芝加哥投入商用，同年 12 月，在华盛顿也开始启用。之后，服务区域在美国逐渐扩大，直至 1985 年 3 月已扩展到 47 个地区约 10 万移动用户。这期间，其他工业化国家也相继开发出蜂窝式公用移动通信网，英国成功研制了 TACS(Total Access Communication System)系统。蜂窝概念解决了公用移动通信系统要求容量大与频率资源有限的矛盾，蜂窝状移动通信网成为被世界各国普遍接受的实用系统。

以 AMPS 和 TACS 为代表的第一代模拟蜂窝网虽然取得了很大的成功，但也暴露出许多缺点和问题。频谱利用率低，移动设备复杂、费用昂贵，通信业务种类受限制以及通话的保密性差等都是制约模拟蜂窝网继续发展的致命弱点，而且模拟蜂窝网的容量已不能满足日益增长的移动用户的需求。解决这一矛盾的唯一出路就是数字化。人们期望新一代数字系统的容量至少应是 AMPS 的 10 倍，通信质量必须等于或优于 AMPS 系统，成本较低并且与已有的模拟系统兼容(双模式)，以便实现从模拟向数字的平稳过渡。

20 世纪 80 年代中期，欧洲首先推出了泛欧数字移动通信网(GSM)的体系。随后，美国和日本也制定了各自的数字移动通信体制。GSM 系统于 1991 年 7 月开始投入商用，很快就遍布欧洲。由于数字无线传输的频谱利用率高，大大提高了通信系统的容量。同时，数字网还能提供语音、数据等多种业务服务，并与 ISDN 等兼容，移动通信从模拟转向数字已成必然。我国从 1997 年开始引进 GSM，不到 5 年功夫，GSM 系统已遍及大江南北，用户数超过 1 亿。

与此同时，美国则从另一个角度研究新的系统，高通公司成功开发了 CDMA 数字蜂窝移动通信系统，经过几次局部的现场测试，证明这种蜂窝系统不仅全面地满足新一代移动通信的要求——容量大，而且还具有软容量、软切换等突出优点，因而备受人们的关注。1993 年 7 月该体制被采纳为北美数字蜂窝网标准，定名为 IS-95。IS-95 的载波频带宽度为 1.25 MHz，每个载频含有 64 个信道，它能支持声码器话音和话带内的数据传输，又称为窄带码分多址(N-CDMA)蜂窝网通信系统。

后来，又有公司提出了一种宽带码分多址(B-CDMA)蜂窝通信系统，载波带宽分为 5 MHz、10 MHz 和 15 MHz 三种方案，信息传输速率可达 144 kb/s。这一系统也于 1991 年进入实验阶段，我们一般将其纳入第三代移动通信系统。

目前，世界各国的移动通信应用已普遍进入了第三代(3G)乃至第四代(4G)。我国在移动通信的研究上虽然起步较晚，但近年来成绩卓著，市场发展非常快，研究开发的移动通信标准 TD-SCDMA 被国际电联(ITU)接受，成为世界上为数不多的拥有独立的第三代移动通信自主技术的国家之一。在 4G 的推广与应用中，中国的 TD-LTE 更显示出我国通信技术后来居上的良好发展势头。相信在称为未来的移动通信技术——5G 的研究开发中，我国科学家和通信工程师可以和世界上的发达国家并驾齐驱，共同为全人类在通信与信息技术的繁荣发展做出卓越的贡献。

2.1.2　移动通信的特点

移动通信是指通信的双方或至少一方处在运动状态中进行的信息交换。这里所说的信息是广义的，它不仅仅只是语音通信，还包括数据、传真、图像和多媒体信息等业务。随着社会生产力的发展，人类的活动范围越来越大，活动频率也越来越高，人们需要随时随地进行信息的交流和沟通，由此促进了移动通信的发展。

由于通信双方处在不断的运动状态，传统的有线通信已无法满足需要，这就使无线通信有了广阔的用武之地。移动通信使一度沉寂的无线电通信技术焕发出了新生，使无线通信和光纤通信并驾齐驱，成为现代通信技术的两大重要支柱之一。

和其他无线通信形式相比，移动通信有其自身的特点和特殊的要求，主要表现在以下这几个方面。

1. 电波传播条件恶劣

由于移动台(移动中的通信方)来往于地面的建筑群和各种障碍物之间，这些障碍物会使无线电波发生直射、折射、绕射等多种情况，从而使电波传播的路径不是单一的，在接收端收到的信号是这些不同路径信号的合成波，形成所谓的多径传播。在多径传播的情况下，移动台在不同位置接收到的来自各个不同方向电波的合成波信号强度会有很大的起伏，在数米的距离内，信号强度的起伏甚至可达 30 dB 以上，它严重地影响了通信的可靠性和通话的质量。我们平时在用室内天线收看电视时发现，有的位置图像清晰，有的位置雪花点严重，有的位置图像模糊不清，有的位置会出现许多重影等，就是因为电波通过传播到达室内天线时，已经经过了电波的直射、折射，到家庭中时，又经过了房屋四壁的反射，这些不同强度、不同相位的无线电波的叠加造成了上面的各种现象，这些现象统称为多径衰落。

因此，在移动通信中，必须采用各种抗多径衰落的技术，克服由于多径传播带来的对通信信号的不良影响。

2．环境噪声、干扰和多普勒频移影响严重

移动通信，特别是地面移动通信的电波在地面传播时会受到许多噪声的影响和干扰，这些噪声的来源大多是人为的。比如汽车点火、电机启动、开关闭合和断开产生的电火花、各种发动机的噪声等都能成为无线电通信的干扰源。移动通信本身发射的电磁波也会相互干扰，由于在不同小区内的频率复用，会形成互调干扰、同频干扰、多路干扰、邻频道干扰等。另外，还有雷达等其他能发射高频电磁波的设备、装置都会形成对移动通信信号的干扰。

当移动台运动达到一定速度（比如行驶的汽车）时，设备接收到的载波频率将会随运动速度变化而产生明显的频移，即多普勒频移。多普勒频移是无线电波在移动接收中必须考虑的特殊问题，移动速度越快，这个问题就越严重。

移动通信必须妥善地解决这些噪声、干扰和多普勒频移对通信的影响。

3．组网技术比固定通信复杂

移动通信的特殊性就在于移动，为了实现移动通信，必须解决几个关键问题。由于移动台在整个通信区域内可以自由移动，移动交换中心必须随时知道并跟踪移动台的位置；在小区制组网中，移动台从一个小区移动到附近另一个小区时，要进行越区切换；移动台除了能在本地交换局管辖区中进行通信之外，还要能在外地移动交换局管辖区内正常通信，即具有所谓的漫游功能；许多移动通信的业务都要进入市话网，比如移动终端和固定电话通话。但移动通信进入市话网时，并不是从用户终端直接进入的，而是经过移动通信网的专门线路进入市话网的，因此，移动通信不仅要在本网内联通，还要和固定通信网联通。这些都使得移动通信的组网比固定的有线网通信要复杂得多。

此外，由于移动终端电源开、关的随意性以及电池更换等原因，更增加了呼叫、接续的复杂度。所以，移动通信网的信号设计要考虑的因素很多，技术复杂，也因此造成了移动通信设备价格的昂贵。

4．频率资源有限和用户增加的矛盾突出

每个移动用户在通信时都要占用一定的频率资源，无线通信中频率的使用必须遵守国际和国内的频率分配规定，而无线电频率资源是有限的，分配给移动通信的频带是比较窄的，随着移动通信用户数和业务量的快速增长，现有的规定的移动通信频率段已经非常拥挤。如何在有限的频段内满足更大数目的用户的通信需求是移动通信必须解决的一个重要任务。现如今我们已经采用了多种方法来扩大移动通信的信道容量，如采用多信道共用、频率复用、小区或微小区制；采用窄带调制技术；发展数字移动通信等。在必要时，必须开辟使用新的更高的频率段，满足日益增长的移动通信需求。

2.1.3　移动通信系统的电波传播

移动通信系统的性能与电波在无线信道中的传播关系十分密切。由于发射机与接收机之间的传播路径复杂，除了视距传播以外，在传播过程中还可能由于受到建筑物、山脉、树木的遮挡而产生反射、折射、绕射和散射，因此移动通信系统的信道传播特性具有很大的随机性。随着发射机和接收机之间距离的增加，电波的衰减将剧增。另外，移动台相对于发射台移动的方向和速度也会对接收信号产生直接影响。因此，我们首先对移动通信中电波的传播情况作一个大概的分析。

1. 自由空间传播

尽管地面移动通信的实际电波传播条件比自由空间传播差得多，但当接收机和发射机之间是完全无阻挡的视距路径时，我们仍可以以自由空间的电波传播模型为参考，估算移动通信中的电波传播损耗，预测接收信号的场强。

自由空间中距发射机 d 处接收天线的接收功率，可以由下面公式给出：

$$P_r(d) = \frac{G_t G_r \lambda^2 P_t}{(4\pi)^2 d^2 L} \qquad (2-1-1)$$

式中，P_t 为发射机发射功率，G_t 为发射天线增益，G_r 为接收天线增益；d 是发射机与接收机之间的距离，单位为 m；L 是综合损耗因子，通常归因于传输线衰减、滤波损耗和天线损耗；λ 为波长，单位为 m。

从式（2-1-1）可以看出，接收功率和发射机与接收机之间的距离的平方成反比，距离越远，接收到的信号功率将急剧下降。

2. 平坦表面的传播

如果传播路径的表面是平坦的，则实际到达接收天线的电波应该是直射波与地面反射波的叠加，如图 2.1.1 所示。精确计算接收点的接收功率，需要求出反射波与直射波之间的路径差，在一般情况下，由于路径差

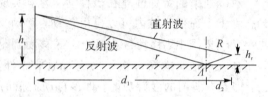

图 2.1.1　平坦表面传播时的直射波与反射波

很小，因此对电波振幅的影响可以忽略不计，主要影响是造成了反射波与直射波之间的相位差，从而影响接收点的合成电场强度，由于计算比较复杂，这里不作详细的推导。一般，我们可以用下式估算接收点的接收功率：

$$P_r = P_t G_t G_r \left(\frac{h_t h_r}{d^2}\right)^2 \qquad (2-1-2)$$

在式（2-1-2）中，h_t 和 h_r 分别是发射天线和接收天线的高度，$d = d_1 + d_2$ 为接收点与发射机之间的水平距离，这里没有考虑综合损耗因子 L。

3. 多径效应

在地面移动通信中，由于移动终端的天线高度一般很低，电波在传播过程中，总会遇到各种建筑物、树木、起伏的地形等障碍。到达接收点的无线电波除了直射波之外，还有反射波、绕射波和散射波，它们通过不同的途径传播，因此传播环境非常复杂，传播机理多种多样，这就造成了所谓的多径效应。这是地面移动通信不同于一般微波中继通信的一个显著特征。

在对移动通信中电波传播进行理论研究和大量的实验数据分析以后，由多径效应造成的信号衰落可分为大尺度衰落和小尺度衰落两种。

1）大尺度衰落

大多数传播模型是通过分析和实验相结合而获得的，实验方法依赖于测试数据的曲线

或解析式拟合。根据对数距离损耗模型，平均大尺度路径损耗可表示为

$$\overline{PL} = \overline{PL}(d_0) + 10n\lg\left(\frac{d}{d_0}\right) \qquad (2-1-3)$$

在式(2-1-3)中，$\overline{PL}$ 的单位为 dB；n 为路径损耗指数，依赖于特定的传播环境；d_0 为近地参考距离；d 为发射机和接收机之间的距离，式中的 PL 上的横线表示给定值 d 的所有可能路径损耗的综合平均。在宏蜂窝系统中，经常使用 1 km 的参考距离，而在微蜂窝中，经常使用较小的参考距离(如 100 m 或 1 m)。表 2-1-1 中列出了不同环境下的路径损耗指数。

表 2-1-1　不同环境下的路径损耗指数

环境	路径损耗指数 n	环境	路径损耗指数 n
自由空间	2	建筑物内视距传播	1.6～1.8
市区蜂窝	2.6～3.5	被建筑物遮挡	4～6
市区蜂窝阴影	3～5	被工厂阻挡	2～3

测试表明，对任意 d 值，特定位置的路径损耗 $PL(d)$ 为随机对数正态分布，即有

$$PL(d) = \overline{PL}(d) + X_\sigma = \overline{PL}(d_0) + 10\lg\left(\frac{d}{d_0}\right) + X_\sigma \qquad (2-1-4)$$

接收功率与路径损耗和发射功率的关系可以表示为

$$P_r(d) = P_t - PL(d) \qquad (2-1-5)$$

式中 X_σ 是均值为 0、标准偏差为 σ 的高斯分布随机变量，$PL(d)$、$P_r(d)$ 及 P_t 的单位为 dBm。

2) 小尺度衰落

小尺度衰落是指无线电信号在经过短时间或短距离传播以后其幅度快速衰落，以致大尺度路径损耗的影响可以忽略不计时的情况。影响小尺度衰落的因素包括多径传播、移动台的移动速度、环境物体的移动速度、信号的传输带宽等。

小尺度衰落效应有三个表现：

(1) 经过短距离或短时间传播以后信号强度发生急剧变化；

(2) 在不同多径信号上，存在着时变的多普勒频移引起的随机频率调制。多普勒频移与移动台运动速度、移动台运动方向以及无线电波入射方向的夹角有关。若移动台朝入射波方向运动，则多普勒频移为正，即接收频率上升；若移动台朝背向入射波的方向运动，则多普勒频移为负，即接收频率下降。信号经不同方向传播，其多径分量造成接收信号的多普勒频谱扩展，因而增加了信号带宽。

(3) 多径传播延时引起的扩展。

2.2　蜂窝数字移动通信网

2.2.1　蜂窝形小区制区域覆盖原理

移动通信网的服务区体制可分为大区制和小区制两种。

早期的公用移动电话系统采用大区制工作方式。所谓大区制，就是用一个基站覆盖整个服务区。它的特点是，基站只有一个天线，架设高、功率大，覆盖半径也大，服务区半径通常为 20～50 km。采用这种方式虽然设备较简单，投资少，见效快，但容纳的用户数有限，通常只有几百用户。人们很快发现，对这种体制进行扩容非常困难，随着移动用户数量的急剧增加，这种覆盖方式显然无法满足实际需要。

为了解决有限频率资源与大量用户的矛盾，可以采取小区制的覆盖方式。小区制就是将整个服务区划分为若干个小区，在各小区中分别设置基站（每个基站的覆盖区称为一个小区），负责本小区移动通信的联络和控制。另外设立移动交换中心，负责与各基站之间的联络和对系统的集中控制管理。多个基站在移动交换中心的统一管理和控制下，实现对整个服务区的无缝覆盖。

在甚高频段和超高频段，无线电波在地球表面以直线传播为主，传播损耗随距离的增大而增大。因此，在小区制中，可以应用频率复用技术，即在相邻小区中使用不同的载波频率，而在非相邻且距离较远的小区中使用相同的载波频率。由于相距较远，基站功率有限，使用相同的频率不会造成明显的同频干扰，这样就提高了频带利用率。从理论上讲，小区越小，小区数目越多，整个通信系统的容量就越大。

但小区制比大区制在技术上要复杂得多。移动交换中心要随时知道每个移动台正处于哪个小区中，才能进行通信联络，因此必须对每一个移动台进行位置登记；移动台从一个小区进入另一小区要进行越区切换等复杂的操作；移动交换中心要与服务区中每一个小区的基站相连接，传送控制信号。完成通信业务有一系列技术问题要解决，因此采用小区制的设备和技术投资相对比较大。但是，小区制的优点远远超过了它的缺点，而且随着电子技术和计算机技术的发展，复杂的控制和电路设备都已经可以实现，因此，地面公用移动通信网选用小区制是无可争议的。

1. 小区形状的选择

小区制的服务区有带状服务区和面状服务区两种，面状服务区是地面移动通信服务区的主要形式。一个全向天线辐射的覆盖区是个圆形，为了不留空隙地覆盖一个面状服务区，一个个圆形辐射区之间一定会有很多的重叠区域。去除重叠之后，每个辐射区的有效覆盖区是一个多边形。如图 2.2.1 所示，若每个小区相间 120°，设置三个邻区，则有效覆盖区为正三角形；若每个小区相间 90°，设置四个邻区，则有效覆盖区为正方形；若每个小区相间 60°，设置六个邻区，则有效覆盖区为正六边形。

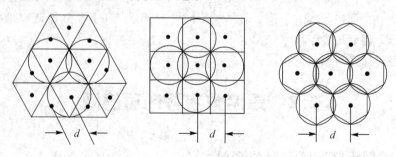

图 2.2.1　面状服务区的小区形状

要组成一个面状服务区,究竟采用哪种形状最合适,一般从以下几方面考虑问题:

邻接小区中心间距 d 越大越好,间隔大则干扰小;单位小区的有效面积越大越好,面积大则使一个区域中的小区个数少,使用频率数少;重叠区域面积越小越好,重叠的地方少使得同频干扰减小;重叠距离要小,使移动通信便于跟踪交接;所需无线电频率个数越少越好。

在辐射半径 r 相同的条件下,可计算出三种形状小区的邻区距离、小区面积、交叠区宽度和交叠区面积,如表 2-2-1 所示。

表 2-2-1　不同形状小区的参数比较

	正三角形	正方形	正六边形
邻区距离	r	$\sqrt{2} r^2$	$\sqrt{3} r$
小区面积	$1.3r^2$	$2r^2$	$2.6r^2$
交叠区宽度	r	$0.59r$	$0.27r$
交叠区面积	$1.2\pi r^2$	$0.73\pi r^2$	$0.35\pi r^2$

综合以上这几方面的考虑,采用正六边形小区邻接的形状最接近理想的圆形,用来覆盖整个服务区所需的基站数最少,最经济,是构成面状服务区最好的选择。因此,世界各国在发展移动通信时,无一例外地都采用了这种电波覆盖区域形式,这种面状服务区的形状很像蜂窝,所以称为蜂窝式移动通信网。

2. 区群的形成

为了防止同频干扰,相邻小区显然不能使用相同的频率。而且,为了保证同频率区群的组成小区之间保持足够的距离,附近的若干小区都不能使用相同的频率。这些不同频率的小区组成了一个区群,只有不同区群的小区才能进行频率再用。

区群的组成应满足两个条件:一是区群之间可以邻接,且无空隙无重叠地进行覆盖;二是邻接之后的区群应保证各个相邻同信道小区之间的距离相等。满足上述条件的区群形状和区群内的小区数不是任意的。可以证明,区群内的小区数 N 应满足下式:

$$N = a^2 + b^2 + ab \qquad (2-2-1)$$

式中,a,b 为不能同时为零的正整数。由此可算出 N 的可能取值如表 2-2-2 所示。

表 2-2-2　一个区群内的小区数目 N 的可能取值

N	3	4	7	9	12	13	16	19	21	25	27	28
a	1	0	1	0	2	1	0	2	1	0	3	2
b	1	2	2	3	2	3	4	3	4	5	3	4

N 取 3、4、7 时相应的区群形状如图 2.2.2 所示。

现代通信新技术

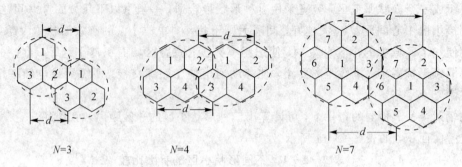

N=3　　　　N=4　　　　N=7

图 2.2.2　不同小区数 N 构成的区群形状

3. 同频小区的距离

在区群内小区数不同的情况下，可用下面的方法来确定同频小区的位置和距离。如图 2.2.3 所示，自某一小区 A 出发，先沿边的垂线方向跨 a 个小区，再向左（或向右）转 60°，再跨 b 个小区，这样就到达同频小区 A。在正六边形的六个方向上，可以找到六个相邻同信道小区，所有 A 小区之间的距离都相等。

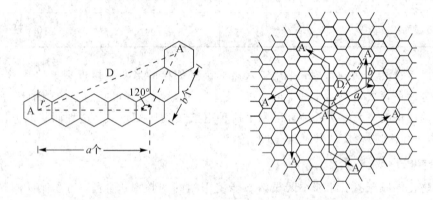

图 2.2.3　同频小区的最近距离和频率复用

设小区的辐射半径（即正六边形外接圆的半径）为 r，则从图 2.2.3 可以算出同信道小区中心之间的距离为

$$D = r\sqrt{3(a^2 + b^2 + ab)} \qquad (2-2-2)$$

4. 同频干扰和载干比

在蜂窝系统中由于有多个使用相同频率的小区，因此可能会发生同频干扰。一般用载干比（C/I）来描述同频干扰的大小。由于电波传播损耗随距离增大而迅速增大，计算 C/I 只要考虑从最临近的同频复用小区来的干扰。以基站发射机产生的同频干扰为例，当移动台处于小区边缘（正六边形顶点）时，有用信号功率最弱，这时移动台与基站的距离为小区半径 r。在整个蜂窝系统中，最临近的同频复用小区最多有 6 个，这 6 个小区的基站与移动台的距离随移动台在小区中的位置变化而变化，为简化分析，可取本小区与这 6 个小区的中心距 D 为平均距离，假设设备基站的发射功率相同，电波传播的损耗与距离的 4 次方成正比，则移动台处于小区边缘时的载干比近似为

$$\frac{C}{I} = \frac{1}{6}\left(\frac{D}{r}\right)^4 \qquad (2-2-3)$$

由式(2-2-2)和式(2-2-1)可知，上式可表示为

$$\frac{C}{I} = \frac{3}{2}N^2 \qquad\qquad (2-2-4)$$

一个区群中的最少小区数与系统允许的载干比门限值有关，对于模拟蜂窝通信系统，载干比门限值一般为 18 dB，因此 N 不能小于 7；对于数字蜂窝系统，载干比允许降低到 10～12 dB，因此可以采用 3 小区或 4 小区区群的蜂窝结构。一个区群中的小区数越小，频率复用率就越高，通信容量就越大，可见，数字蜂窝移动通信系统的容量要比模拟蜂窝系统大很多。

5. 小区的分裂

在整个服务区中每个小区的大小可以是相同的，但这只能适应用户密度均匀的情况。事实上，服务区内的用户密度是不均匀的，例如城市中心商业区的用户密度高，居民区和市郊区的用户密度低。为了适应这种情况，在用户密度高的市中心区可使小区的面积小一些，在用户密度低的市郊区可使小区的面积大一些。另外，对于已建好的蜂窝通信网，随着城市建设的发展，原来的低用户密度区可能变成高用户密度区，这时应相应地在该地区设置新的基站，将小区面积划小，可采用小区分裂的方法解决这个问题。如图 2.2.4 所示，以 120°扇形辐射的顶点激励为例，在原小区内分设三个发射功率更小一些的新基站，就可以形成几个面积更小些的正六边形小区，如图中虚线所示。

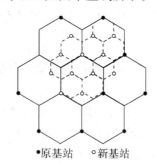

•原基站　○新基站

图 2.2.4　小区的分裂

2.2.2　蜂窝移动通信网的组网技术

移动通信用户的移动性和无线信道的开放性，使得移动通信组网比固定的有线通信组网要复杂得多，大致涉及以下几个方面的问题。

首先是频率资源的管理与信道分配问题。要利用无线电波进行通信，必须要占用一定的频率资源，频率是人类共有的一种特殊资源，它虽然不是消耗性的资源，但也并非取之不尽、用之不竭。在一定的时间里、一定的范围内，一定的频率只能分配给某几个用户去使用，并且必须进行严格的管理和合理的分配，否则就会因为相互干扰而使通信无法进行。

其次是有关区域覆盖和网络结构方面的问题。随着移动通信服务区域的扩大，需要有一个合理的方法对全服务区进行划分并组成相应的网络，不同的业务需求，应采用不同的网络结构。

此外，为了保证全网用户有序地进行通信，还必须对网内的设备实施各种控制，这些控制信号的总体称为信令系统。在信令的控制之下适时地将主叫用户与被叫用户的线路(有线和无线链

路)连接起来,这就是网络的交换。因此,信令系统是通信网的重要组成部分。

1. 频率管理

早期我国分配给民用移动通信的频段主要在 150 MHz、450 MHz、900 MHz 频段和 1800 MHz 频段,各项具体业务如专用对讲电话、单频组网话机、双频组网话机、无线电寻呼、无绳电话、无中心组网、无线话筒和蜂窝移动电话网等等的使用频率均有具体的明确规定。双工移动通信网,规定工作在 VHF 频段的收发频差为 4.7 MHz,工作在 UHF 450 MHz频段的为 10 MHz,工作在 UHF 900 MHz 频段的为 45 MHz,工作在 UHF 1800 MHz频段的为 95 MHz,并规定基站对移动台(下行链路)为发射频率高接收频率低,反之,移动台对基站(上行链路)为发射频率低接收频率高。

移动台在指配的频率上工作时,先将其发射载波调节到这个频率上,为发送信息还必须用基带信号对载波进行调制。不论采用何种调制方式,已调信号必然占有一定的带宽,这就要求相邻信道之间必须有足够的间隔。无线信道频率间隔的大小取决于所采用的调制方式和设备的技术性能。在 VHF/UHF 频段,各国所采用的移动通信信道间隔为 10~40 kHz不等。我国规定在 25~1000 MHz 的全频段内均为 25 kHz,这符合国际无线电咨询委员会(CCIR)的推荐标准规定,与国际上大多数国家的制式相一致。为了进一步提高移动通信的频率资源利用率,各国都在研究采用各种新的窄带调制制式,如超窄带调频、导频振幅压扩单边带、各种窄带数字调制等,以便进一步减小信道间隔,提高频带利用率。

2. 信道的分配与选取控制

移动通信的基站都采用多信道共用方式,为了使一个小区内可以容纳更多的用户,必须以一定的形式划分信道并分配给用户使用。由于移动通信可用的信道有限,通常采用按需分配的方式,在用户发出呼叫时才分配空闲信道给它使用。这种从多个无线信道中捕获某信道用于通信的方法,称为"多信道选取"。为了提高信道的利用率,平均多少用户使用一对信道才算最合理,要看用户使用电话的频繁程度。为了定量计算,就必须引入话务量、呼损率等概念。为使用户有效地捕获信道,需采用一定的信道选取控制方式。选取方式可以是"争用"——当移动台选取要求发生冲突时,通过一定的控制方式让其中某一台选取;也可以是"询问"——基站顺序地呼叫移动台,了解其是否要求发呼。

1) 信道配置

不论是大区制还是小区制的移动通信网,只要基站为多信道工作,都需研究信道配置的问题。大区制单基站的通信网,根据用户业务量的多少,需设置若干个信道,这些信道之间应有一定的关系,以避免干扰。小区制多基站的通信网,对信道的配置有更为严格的限制。每一基站由若干信道组成一个信道组,由多个基站组成一个区群时,就需要多个信道组,这些信道是不能重用的。因此,信道分配中要解决三个问题,即信道组的数目(即群内小区数)、每组(即每个小区)的信道数目和信道的频率指配。

信道的分配方法主要有两种:一是分区分组配置法,二是等额距配置法。

分区分组配置法所遵循的原则是:总的所占频段窄,以提高频段的利用率;同一区群内不能使用相同的信道,以避免同频干扰;小区内采用无三阶互调的相容信道组,以避免互调干扰。

等频距配置法是按等频率间隔来配置信道的，只要频距选得足够大，就可有效地避免邻道干扰。这样的频率配置当然可能正好满足产生互调的频率关系，但因为频距大，干扰易于被滤除而不易作用到非线性器件上，也就避免了互调的产生。

2）信道选择

在多信道共用的移动通信系统中，无论是主叫还是被叫，每个移动台在通信时都要选择一条信道，具体占有哪一条信道由系统自动处理。信道选择方式可分为专用控制信道方式和非专用控制信道方式两大类。专用控制信道方式是指在多条共用信道中，专门指定一条信道用于处理用户的呼叫接续（包含信道选择），这一信道不能用于通话。在非专用控制信道方式中，共用信道中的每一条信道都可用于通话。

（1）专用控制信道方式。在系统所使用的信道中，设置专用控制信道，呼叫和被叫都在专用控制信道上进行。基站根据通话信道的空闲情况，通过呼叫向摘机的移动用户送出信道指令。移动台根据指令转入指定的信道，再拨号通话。这种方式处理呼叫的速度快，适合信道较多的系统，当信道数较少的时候，控制信道不能被充分利用，造成频率使用上的不经济，日本的 800MHz 汽车电话就采用这种方式，它设有呼入专用和呼出专用两种控制信道。

（2）非专用控制信道方式。非专用控制信道方式有若干种信道选择方法：

① 循环定位。在这种方式中，选择呼叫与通话是在同一信道上进行的。基站仅在一个信道上发出空闲信号，所有未通话的移动台都自动对所有信道扫描搜索，一旦在哪个信道上收到空闲信号，就停在该信道上，处于待呼或主叫状态。一旦该信道被占用，则所有未通话的移动台将自动地切换到新的有空闲信号的信道上去。如果基站的全部信道都被占用，基站发不出空闲信号，所有未通话的移动台就不停地在各信道间扫描，直到收到基站发来的空闲信号为止。这种方式不设专用呼叫信道，全部信道都可用于通话，能充分利用信道。同时，各移动台平时都已停在一个空闲信道上，不论主叫还是被叫都能立即进行，故接续速度快。但是，由于全部未通话的移动台都停在同一个空闲信道上，争抢概率（同时起呼的概率）较大，容易出现冲突。但当用户较少时，争抢概率不大，因此，这种方式适用于小容量系统。

② 循环不定位方式。采用这种方式时，基站在所有不通话的空闲信道上都发送空闲信号，网内不通话的移动台始终处于搜索扫描状态，移动台呼叫时随机地停留在就近空闲信道上发出呼叫，呼叫成功后就在该信道上通话。由于在所有空闲信道上都可能发起呼叫，因此移动台争抢同一空闲信道的概率大大减小，这是循环不定位方式的主要优点。基站呼叫时，必须先选一条空闲信道发出一个足够长的指令信号，使循环扫描的各移动台都锁定在该信道上，再发出选呼号码，选出所需的移动台，在该信道上通话。因此这种方式的缺点是呼叫接续时间长，共用信道数越多，接续时间越长，不宜用在信道数多的系统。此外，由于基站的所有信道的发射机是常开的，浪费了功率，增加了干扰。

③ 循环分散定位方式。这种方式是以上两种循环方式的改进，即移动台和不定位方式一样，不需要摘机就能预先停在空闲信道上。由于基站在所有未占用的信道上都发送空闲信号，所以移动台不会集中停止在一个信道上。故这种方式兼有上面两种循环方式的优点，但是在基站呼叫移动台时，必须在所有空闲信道同时发出选择性呼叫，才能呼出被叫移动台。

3．系统组成结构

蜂窝移动通信系统一般由移动台（MS）、基站（BS）及移动交换中心（MSC）三大部分组成。

移动交换中心（MSC）由专用的数字程控交换机组成，它不仅具有普通程控交换机所具有的交换控制功能，而且还具有适应移动通信特点的移动性管理功能（如越区切换、漫游等），以完成移动用户主叫或被呼、建立通信路由等所必需的控制和管理功能。因此，MSC是蜂窝网的控制中心，它与公用电话交换网（PSTN）或综合业务数字网（ISDN）以及所辖的基站相连，其连接方式通常有电缆、光缆或数字微波线路等，它们之间都有相应的接口标准。大容量的移动通信系统可以有若干个交换中心。

基站（BS）的任务是完成与移动台的双向通信，由多部信道机组成，信道机的数量由通信容量需求来决定，允许多个移动用户同时与基站进行双向的无线通信。信道机由发射机、接收机和天线组成。此外，基站还配有定位接收机，用于监测移动台的位置。

移动台（MS）可以是装载在汽车上的电台，也可以是手持式电台（简称手机）。它由发射机、接收机、逻辑控制单元、按键式电话拨号盘和送受话器等组成。随着微电子技术和计算机技术的突飞猛进，现在的手机体积已经可以做得很小，这也是移动通信得到迅速发展的重要原因之一。

4．信令系统

在移动通信网中，除了传送话音信号之外，为使全网有序地工作，还必须在正常通话的前后传输很多非话音信号，诸如一般电话网中必不可少的摘机、挂机、空闲音、忙音、振铃、回铃以及无线通信网中所需的信道选择、选呼、应答、状态监测、越区信道切换、发射机功率控制等等，这些非语音信号统称为信令。移动通信中的信令大致有这样几种：移动台位置登记信令；有关通话开始的信令（包括移动台主叫和被叫）；通话中的各种信令以及有关通话结束的信令。传输这些信令的方式有专用控制信道和共用话音信道两种方式。前者适用于大容量的公用通信网，后者适用于小容量的专用网络。因为在通信过程中需对状态进行检测以便进行越区切换，通话结束时要发出终止的信令等，所以即便是设置了专用控制信道，有些信令还必须由话音信道传输。在具体的移动网，尤其是大容量的公用通信网中，都有一个完整而又十分复杂的信令系统，设有多种专用控制信令，各网的信令系统各有特色，不尽相同。

2.3　移动通信的主要关键技术

2.3.1　多址方式

在蜂窝移动通信系统中，众多用户同时通过一个基站和其他用户进行通信，系统必须对不同的用户和基站发出的信号赋予不同的特征，这样基站才能区分不同用户的信号，而各个用户也能识别出基站发出的信号中哪一个是发给自己的。因此，多址技术或者多址方式是移动通信的基本技术之一。

多址技术的基础是信号特征上的差异，这种差异可以表现在信号的不同参数上，比如信号的工作频率、信号的出现时间以及信号所具有的特定波形等。为了能够区分不同用户的信号，就要求各用户信号相互正交（独立），或者说任意两个信号之间的互相关函数等于或接近于零。

目前，在移动通信中所采用的多址方式主要有频分多址、时分多址和码分多址三种。实际系统中还可能用到其他多址方式，包括这 3 种基本多址方式的混合多址方式，如时分/频分多址、码分/频分多址等。除此以外，还可能用到空分多址，通过不同的空域来区分信号。多址方式的选择取决于通信系统的应用环境和要求。

1. 频分多址（FDMA）

频分多址方式将通信系统的总频段划分为若干个等间隔的频道分配给不同的用户使用，这些频道互不交叠。移动台发出的信息被调制到不同频率的载频上，基站可以根据载波频率的不同来识别发射地址，从而完成多址连接。通常在两个相邻频道之间还要留有一段保护频带，防止同一部电台的发射机对接收机产生干扰。若某一基站的发射机在高频段的某一频道工作，则其接收机必须在低频段的某一频道工作；与此对应，移动台的接收机要在高频段相应的频道中接收来自基站的信号，而其发射机要在低频段相应的频道中发射要发往基站的信号。

频分多址（FDMA）是以频率来区分信道的，因此，频道就是信道。模拟信号和数字信号都可采用频分多址方式传输，早期的模拟蜂窝移动通信就是采用这种多址方式的，现代数字移动通信一般不单独采用这种方式，而更多的是将这种方式与其他多址方式结合在一起运用。

频分多址方式具有以下特点：

（1）每路一个载频。每个频道只传送一路业务信息，载频间隔必须满足业务信息传输带宽的要求。

（2）连续传输。系统分配一个 FDMA 频道以后，移动台和基站之间连续不断地传输信息，直到通话结束系统才收回信道。

（3）FDMA 蜂窝移动通信系统是频道受限和干扰受限的系统，主要干扰有邻道干扰、互调干扰和同频干扰。

（4）系统需要周密的频率计划，频率分配工作复杂。

（5）由于需要留出保护频带，因此频带利用率较低、系统容量小。

2. 时分多址（TDMA）

时分多址（TDMA）方式将时间分割成周期性的帧，每一帧再分割成若干个时隙（帧或时隙都互不交叠），然后根据一定的时隙分配原则，使各个移动台在每帧内按指定的时隙向基站发送信号，在满足定时和同步的条件下，基站可以分别在各时隙中接收各移动台的信号而互不混扰。基站发向各个移动台的信号都按顺序安排在预定的时隙中传输，各移动台只要在指定的时隙内接收，就能在合路的信号中将发给它的信号区分出来。

时分多址以时隙（时间间隔）来区分信道。因此，各移动台信号在频率轴上可以重叠，此时，信道一词的含义为"时隙"。时分多址只能传送数字信息，话音必须先进行模数变换，再送到调制器对载波进行调制，然后以突发信号的形式发送出去。

时分多址方式具有以下特点：

(1) 以每一时隙为一个话路的数字信号传输。

(2) 各移动台发送的是周期性信号，而基站发送的是时分复用(FDM)信号，发射信号的速率随复用路数的增大而提高。

(3) TDMA 蜂窝移动通信系统是时隙受限和干扰受限的系统。

(4) 定时和同步是 TDMA 系统正常工作的前提，因为通信双方只允许在规定的时隙中收发信号，因而必须在严格的帧同步、时隙同步和比特(位)同步的条件下进行工作。

(5) 抗干扰能力强，频率利用率高，系统容量大。

(6) 基站设备成本低。N 个时分信道共用一个载波，占据相同带宽，只需一部发射机。

3. 码分多址(CDMA)

码分多址(CDMA)方式基于码型来分割信道。不同用户传输信息所用的信号不是靠频率不同或时间不同来进行区分，而是用各不相同的编码序列来区分。无论从频域还是从时域看，多个 CDMA 信号都是互相重叠的。此时，信道一词的含义为"码型"。

CDMA 的特征是代表各信源信息的发射信号在波型结构上各不相同，并且各自的地址码具有正交性。要实现码分多址方式数字移动通信必须具备以下 3 个条件：

(1) 要有数量足够多、相关性能足够好的地址码，使系统能通过不同的地址码建立足够多的信道。所谓好的相关性，是指有强的自相关性和弱的互相关性。

(2) 必须用地址码对发射信号进行扩频调制，使发送的已调波频谱极大地展宽(几百倍以上)，使功率谱密度降低。

(3) 在接收端，必须具有与发送端完全一致的本地地址码。用本地地址码对收到的全部信号进行相关检测，才能从中选出所需要的信号。

在实际应用中经常采用码分多址与直扩技术结合的方法来实现直扩 CDMA 移动通信。

直扩码分多址方式具有以下特点：

(1) 抗干扰能力强。这主要得益于扩频通信的扩频增益。从扩频的频谱变换图可以看出，扩频引入了频谱冗余度，降低了发送谱密度。若扩频发送谱在传输过程中受到窄带干扰，接收端的解扩处理使有用信号恢复成窄带谱，而其他地址码信道的扩频信号不能被解扩，窄带干扰经解扩变成宽带谱。在接收端可以借助于解调后的滤波器去除带外无用信号，使带内的信噪比大大提高。

(2) 系统容量大。CDMA 蜂窝移动通信系统是一个干扰受限系统，降低干扰可直接提高系统容量，还可以利用话音激活技术、扇区划分技术等提高系统通信容量。如果用无线容量(信道/小区)来比较，CDMA 的系统容量大约为 FDMA 系统容量的 20 倍左右。

(3) 可与窄带系统共存。许多码分信道共用一个载波频率，扩频传输的抗干扰能力可使 CDMA 系统在相邻小区重复使用该频率，这不仅可使频率分配和管理更简单，而且甚至可以与窄带 FDMA、TDMA 系统共享频带，相互影响很小。

(4) 具有软切换功能。当移动台跨越小区或扇区时，因为两区的工作频率可以相同，这时的切换是先切换后中断(指与原基站中断)。

(5) 具有软容量和小区呼吸功能。CDMA 系统容量取决于系统总干扰量，增加一些通话用户只会使系统背景干扰稍微增加，不会影响正常通话。也就是说，同时进行通话的用户数的变化余地比较大，这称为软容量。小区呼吸功能指的是负荷量动态控制：重负荷小区可以通过降低导频信号功率来缩小覆盖范围；而轻负荷小区可以适当扩大覆盖范围，以此实现动态覆盖，提高系统服务质量。

（6）保密性好、设备简单、电池使用寿命长。

（7）存在多址干扰和远近效应。由于各用户的地址不可能完全正交，任何一个信道都将受到其他不同地址码的干扰，这种多址干扰直接限制系统容量的扩大。远近效应的原因也是由于地址码之间的不完全正交性，距离远的移动台所发送来的信号有可能被距基站近的移动台所发射的信号完全淹没，需要通过功率控制来减轻其影响。

2.3.2　系统容量

可以用不同的表征方法来度量通信系统的容量。对于点对点通信来说，系统的容量由给定频段所能提供的最大信道数目来衡量，数目越大，意味着系统的通信容量也越大。对于蜂窝通信网络而言，信道的分配涉及频率再用和由此产生的同信道干扰问题，因而可用每小区的可用信道数来度量系统的通信容量，这个值越大，则系统的通信容量越大。

移动通信系统的设计必需满足话音质量的要求，要达到此目的，接收信号功率与干扰信号功率的比值必须大于一定的门限值。通常用载干比（信号的载波功率与干扰功率的比值 C/I）来反映这个门限值。

蜂窝通信系统由若干个小区构成，通过频率再用技术，可以提高系统的容量。

1. TDMA 系统的容量

模拟蜂窝系统只能采用 FDMA 体制，数字蜂窝系统可以采用 FDMA、TDMA 或 CDMA 中任何一种体制。

对于 FDMA 体制，无论是数字的还是模拟的，其通信容量由下式决定：

$$N = \frac{W}{KB} \leqslant \frac{W}{B\sqrt{\frac{2}{3}\left(\frac{C}{I}\right)}} = \frac{M}{\sqrt{\frac{2}{3}\left(\frac{C}{I}\right)}} \tag{2-3-1}$$

其中，W 为总频段宽度，B 为频道宽度，M 为总频道数，K 为区群小区数，C/I 为载干比门限值。

对于 TDMA 体制，也可以用式（2-3-1）计算通信容量，但式中的信道宽度应该是等效信道宽度。将总频段 W 划分成若干个频道，然后在每一频道上再划分成若干个时隙，用户使用的信道是在某一频道上的某一时隙。如果 TDMA 系统的频道宽度为 B_0，每一频道包含 n 个时隙，则等效信道宽度为 B_0/n，相应的信道总数为 $M=Wn/B_0$。

尽管数字 TDMA 通信系统在每一频道上可以分成 n 个时隙，但不能说明其等效信道总数比数字 FDMA 系统的信道总数大 n 倍。因为话音编码速率确定以后，传输一路话音所需要的频带也是确定的，TDMA 系统在一个频道上用 n 个时隙传输 n 路话音，它所占用的频道宽度必然比 FDMA 系统传输一路话音所需要的频道宽度大 n 倍。从原理上讲，在系统总频段相同的条件下，数字 TDMA 系统的等效信道总数和数字 FDMA 系统是一样的。从式（4-3-1）可以看出，在系统总频段相同的条件下，若二者所要求的载干比 C/I 相同，则二者的通信容量一样。

2. CDMA 系统的容量

CDMA 系统不同于 FDMA 和 TDMA 系统。FDMA、TDMA 系统的容量主要受带宽的限制，而 CDMA 系统的容量主要受背景干扰的限制。背景干扰包括多址干扰和高斯白噪声，是由系统自身产生的，只要能减小这种背景干扰，就可以提高系统的容量。

常见的减少干扰的方法有以下几种：

（1）使用定向天线，使用户从空间上加以隔离。定向天线只从一部分用户接收信号，因此减少了干扰。

（2）利用话音激活技术，在话音静默期压制或停止传输，可以减小背景干扰。

（3）小区扇区化。将一个蜂窝小区分成几个扇区，由于扇区的空间隔离也能减小背景干扰。

（4）功率控制。在保证通信质量的前提下，尽可能降低发射功率，以减少对其他用户的干扰。

除此以外，还可以通过频率再用技术提高系统的容量。频率再用的距离受所需载干比的限制，现有模拟蜂窝通信系统只能做到 1/7 的小区共用相同的频道。数字蜂窝系统采用了语音编码、信道编码等技术，在话音质量相同的条件下，每区群的小区数可以减少到 4，即 1/4 的小区共用相同的频道，因此数字蜂窝系统的容量大于模拟蜂窝系统的容量。

理论计算和实际应用证明，CDMA 系统的容量可以达到现有 FDMA 模拟系统的 20 倍，达到数字 TDMA 和 FDMA 系统的 4～6 倍。

2.3.3 功率控制

功率控制是指系统为了平衡所有通信链路的信干比，在各通信链路达到要求的信干比时，控制发射端的发射功率，从而减少小区间的干扰，提高系统容量。功率控制可以克服 CDMA 系统中的"边缘问题"和"远近效应"。功率控制有助于延长用户的电池寿命，还可以显著减小系统反向信道的信噪比。

功率控制的主要参数有：步长、功率控制速率、功率控制门限和发射功率的动态调整范围等。发射功率控制算法是使用一些测量信息，在一些参数给定的情况下决定发射功率。

功率控制要遵循功率平衡的原则，即接收到的有用信号功率相等。对上行链路，要求各个移动台到达基站的信号功率相等，即信干比相等；对下行链路，要求各个移动台接收到基站的信号功率相等。功率平衡包括信干比平衡准则和 BER/FER 平衡准则，分别要求接收到的信干比和误码率相等。

1. 功率控制分类

功率控制分为前向（又称下行）链路和反向（又称上行）链路的功率控制，前向功率控制是一个慢速的基于接收机的误帧率消息，对基站的某一个信道的发射功率进行调整。反向功率控制由开环、闭环和外环功率控制共同完成。开环功率控制是根据用户接收功率与发射功率之积为常数的原则，先测量接收功率的大小，再确定发射功率的大小。开环功率控制可以确定用户的初始发射功率以及用户接收功率发生突变时的发射功率。由于上、下行信道的非对称性，开环功率控制不够精确。闭环功率控制通过对比接收功率的测量值与信干比门限值，来确定功率控制比特信息，并将该信息传送到发射端，据此来调节发射功率的大小。外环功率控制是通过接收误帧率来确定闭环功率控制所需的信干比门限。

功率控制算法有基于距离测量的、基于接收信号强度测量的、基于通信链路传输质量

(信干比、误比特率)的、基于随机推论的可用测量信息的。由于基于信干比测量的功率控制算法可以达到比较好的效果，因而被广泛采用。

2. 开环功率控制

移动台和基站都可以采用开环功率控制。移动台的开环功率控制是指移动台根据接收到的基站信号强度来调节发射功率的过程，而基站的开环功率控制(前向链路功率控制)是指基站根据接收的每个移动台传送的信号质量信息来调节基站业务信道发射功率的过程。在前向和反向链路之间与衰落有关的地方，开环功率控制用于补偿慢变化和阴影衰落。由于上行和下行链路的频率不同，开环功率控制太慢，不足以补偿瑞利快衰落。

移动台的开环功率控制是一种快速响应的功率控制，响应时间为几微秒，开环功控的动态范围为 85 dB，移动台的发射功率是基于对开环输出功率的估计。

基站的开环功率控制使所有移动台在保证通信质量的前提下，基站的发射功率最小。由于前向链路功率控制影响范围大，因此每次功率调节量很小，仅为 0.5 dB；调节的动态范围也有限，为标称功率的±6dB；调节速率也较低，为每次 15～20 ms。

3. 闭环功率控制

在开环功率控制中，移动台发射功率的调节基于前向信道的信号强度。当前向和反向信道的衰落特性不相关时，基于前向信道的信号测量不能反映反向信道传播特性。要估算出瑞利衰落信道下对移动台发射功率的调节量，需要采用闭环功率控制。

闭环功率控制是指移动台根据基站发送的功控指令(功率控制比特携带的信息)来调节移动台的发射功率的过程。将基站测量所接收到的每一个移动台的信噪比与门限值进行比较，决定发给移动台的功率控制指令是增大还是减小发射功率。再将移动台将收到的功控指令与移动台的开环估算相结合，确定移动台闭环控制应发射的功率值。

2.3.4　切换技术

切换是小区制蜂窝移动通信不可避免的问题。为了满足移动用户大容量、高速率、多业务的需求，蜂窝小区的半径正在不断减小，这将造成移动用户越区切换的次数增多，因此，考虑较好的切换算法，减少不必要的切换次数，是蜂窝移动通信的一个研究热点。

按照发起方式的不同，可以把切换分为硬切换和软切换两种。硬切换指移动台先切断与旧基站的连接，再与新基站建立连接，移动台在同一时刻只能与一个基站通信；软切换指移动台先与新基站建立连接，再切断与旧基站的连接，移动台在同一时刻可以与不止一个基站通信。

目前研究提出的新的切换算法大致有以下几类，我们简单介绍一下这些算法的基本思想。

1. 基于移动环境的切换控制

1) 基于当前服务基站和下一小区基站信号强度联合预测的切换控制

未来的蜂窝移动通信系统将由宏小区向微小区、微微小区发展，这有两点好处：一是可以提高频谱利用率，二是可以降低移动终端的发射功率，建造体积更小、造价更低的基站。然而在用户密集的区域，若小区半径很小，则切换次数将大大增加，加重网络负担，导致切换呼叫的掉话率上升，影响系统的性能。如果能减少切换次数，将大大改善系统性能。移动台当前基站信号强度和下一小区基站信号强度的联合预测算法就是基于减少切换次数的思想。如果可提前决定一个候选基站，并预测从该基站到移动台的信号强度值，则平均切换次数将大大减少。切换到每一个基站的移动用户数要记录和刷新，综合考虑移动用户和各个小区过去的切换情况，给每个基站分配一个切换权值，优先选择切换权值最大的小区，并预测移动台在该小区的接收信号强度值，从而及时预测切换点。

2）基于移动方向的切换控制

该算法用于 CDMA 蜂窝移动通信系统中的软切换控制，当移动用户从邻近基站接收到的导频信号强度超过预定的门限值时，进入软切换区，邻近小区的基站对欲切换到其区域的移动用户进行判断，将信道分配给真正向该小区移动的用户，供切换使用。

2. 平衡式切换控制

平衡式切换控制的基本思想是最有效地利用无线资源，使系统吞吐量达到最大，既要保证移动用户的 QoS 要求，将切换失败概率降低到一个预定门限值之下，又不过多增加新呼叫的阻塞概率，并在二者之间保持一个平衡。该算法控制新呼叫的允许率，调整新呼叫和切换呼叫的信道共享率，保证系统有较高的 QoS 级别。

3. 具有优先权的切换控制

1）具有切换优先的呼叫接入控制

切换呼叫比新呼叫具有更高的优先权，为了减少切换失败的概率，将信道优先分配给切换呼叫。这类算法有：保护信道方案、切换排队方案和自适应 QoS 切换优先方案。保护信道方案是保留一定数量的信道供切换呼叫专用，但由于该方案是静态分配信道，会造成资源的浪费，降低总业务量。切换排队方案是将切换呼叫进行排队，一旦有空闲信道再分配给切换呼叫，这种方法有较长的延时，不适合于实时多媒体业务。自适应 QoS 切换优先方案是根据新呼叫阻塞概率和切换失败概率将信道分为全速率和半速率两种，当有新的切换请求到来，而小区内又没有空闲信道时，小区内的某些全速率信道可以临时分为两个半速率子信道，一个子信道用作切换，另一个子信道供当前已建立连接的呼叫使用。这种方法主要是针对话音业务，如果用户可以容忍话音质量的下降，则用半速率声码器替代全速率声码器。该方法也适合于多媒体业务。

2）具有切换优先和滞后控制的呼叫接入方案

在该方案中，对切换呼叫和发起呼叫分别设计了一个缓冲器，且都设置了按指数分布的超时器。切换率和发起呼叫的到达率是相关的，该算法是根据发起呼叫对缓冲器的占用情况，进行滞后控制，提高系统的吞吐量。

4. 动态分配资源的切换方案

该方案用于移动多媒体无线网络，在基于小区的无线网络中，用户从一个小区切换到另一个小区时，要保证服务的连续性和 QoS 要求。由于不同的业务有不同的带宽和 QoS 要求，要动态估计可能切换到邻近小区的不同业务所需带宽，从而分配不同数量的信道。

5. 基于信道借用的切换方案

该方案适用于 CDMA 系统的软切换，其思想是，将各个小区的呼叫分为静止呼叫和移动呼叫。当有切换请求到达而又无空闲信道时，可以向参与软切换的静止呼叫借用信道，以满足切换需求。该方案可以降低切换失败概率，减小切换延时。

6. 模糊逻辑在切换中的应用

1) 重叠蜂窝小区系统中使用模糊逻辑控制实现的自适应切换

在宏区和微区重叠的系统中，一个宏区可能覆盖多个微区，系统中的切换包括：从宏区到宏区的切换，从宏区到微区的切换，从微区到宏区的切换，从微区到微区的切换。蜂窝重叠系统中的切换比纯宏区或纯微区的系统复杂，传统固定参数的切换算法不能很好地反映复杂变化的重叠环境。采用模糊逻辑控制，在增加系统容量和减小系统成本之间达到平衡，从而可以改善系统的性能。

2) 模糊逻辑在微蜂窝系统切换中的应用

模糊逻辑用于微蜂窝系统的切换时，对系统性能有很大的改善。现在考虑两个模糊逻辑系统，移动台首先测量当前服务基站及其相邻基站的导频信号强度，并求出各自的平均值，然后求出前一时刻和当前时刻两个最佳基站的接收信号强度的差值，作为第一个模糊逻辑系统的输入。将当前基站的信干比、移动台速率以及业务量的变化(当前服务基站和相邻基站呼叫数之差)作为第二个模糊逻辑系统的输入。把两个模糊逻辑系统的输出进行综合，可得到接收信号强度门限值和切换滞后参数。结合当前接收信号强度，可以控制切换的发起和执行。另外，将接收信号功率电平、用户数、已占用带宽作为模糊逻辑系统的输入，其输出则是最佳候选小区标号。该切换算法可用于微小区和微微小区，使系统的负载达到均衡。

2.4　第二代移动通信系统(2G)

2.4.1　GSM 系统

第一代移动通信系统采用的还是传统的模拟通信技术，模拟通信存在许多固有的缺陷，通信容量小、保密性差、通信质量差是其最致命的缺点。这种模拟蜂窝移动通信系统开始运行以后，欧洲的电信运营部门很快就发觉他们的汽车电话远不如他们的高速公路那样畅通。于是，北欧四国向欧洲邮电行政大会(CEPT)提交了一份建议书，要求制定 900 MHz 频段的欧洲公共电信业务规范，建立全欧统一的蜂窝网移动通信系统，以解决欧洲各国由于采用多种不同模拟蜂窝系统造成的互不兼容、无法提供漫游服务的问题。于是，在 1982 年成立了一个移动特别小组(Group Special Mobile，GSM)，开始制订一种泛欧数字移动通信系统的技术规范。经过 6 年的研究、实验和比较，该小组于 1988 年确定了包括采用 TDMA技术在内的主要技术规范并且制定出实施计划。从 1991 年开始，这一系统在德国、英国和北欧许多国家投入试运行，建立了欧洲第一个 GSM 系统，并赋予 GSM 新的含义，将 GSM 正式更名为 Global System for Mobile communications，使 GSM 向着"全球移动通信系统"的宏伟目标迈进了一大步。

作为世界上采用最多的数字移动通信制式，GSM 系统很快被全球 130 多个国家采用，到 2000 年底，全世界 GSM 移动用户数已超过了 2.5 亿。

2.4.2　GSM 的网络系统结构

GSM 系统主要由网络交换子系统（NSS）、基站子系统（BSS）以及移动终端设备（MS）三大部分组成。图 2.4.1 是 GSM 系统的结构框图。

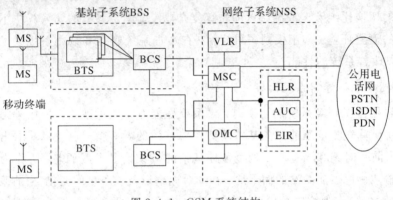

图 2.4.1　GSM 系统结构

1. 网络子系统（NSS）

移动交换中心（MSC）是网络交换子系统（NSS）的核心。MSC 可以从三种数据库（HLR、VLR 和 AUC）获取有关处理用户位置登记和呼叫请求等所需的全部数据，支持位置登记和更新、过区切换和漫游服务等项功能。对于容量比较大的移动通信网，一个网络交换子系统可包括若干个 MSC、VLR 和 HLR。

HLR、VLR、EIR 和 AUC 一般都设在一个物理体中。它们各自的作用与功能如下：

HLR——归属地用户位置数据库。它可以看做是 GSM 系统的中央数据库，存储该 HLR 管辖区的所有移动用户的有关数据。其中，静态数据有移动用户码、访问能力、用户类别和补充业务等。此外，HLR 还暂存移动用户漫游时的有关动态信息数据。首先，每个移动用户都要在原址 HLR 中进行位置注册登记。

VLR——外来用户位置数据库。VLR 可看做是一个动态用户的数据库，它存储进入其控制区域内的漫游移动用户的有关数据。这些数据是从该移动用户的本归属地位置数据库获取并进行暂存的，一旦移动用户离开该 VLR 的控制区域，则临时存储的该移动用户的数据就会被删除。

EIR——存储移动台设备参数的数据库。它主要完成对移动台的识别、监视、闭锁等功能。

AUC——鉴权中心。它是认证移动用户身份和产生相应鉴权参数的功能实体。

2. 基站子系统（BSS）

在移动通信系统中，基站是无线覆盖的基础设备，它是移动用户与移动交换中心的桥梁和纽带。GSM 系统的 BSS 由基站控制部分（BSC）和基站发射（BTS）两大部分组成。

3. 移动终端设备(MS)

移动终端设备包括车载电话和我们通常所说的手机,主要由三大功能部分组成。

1) 无线部分

无线部分包括高频系统(天线和发送、接收模块)、调制与解调器和振荡源等。

2) 基带信号处理和控制部分

基带信号处理部分涉及发送通道和接收通道。发送通道的信号处理包括了语音编码、信道编码、加密、TDMA 帧形成。其中,信道编码包括纠错编码、编码交织。接收通道的信号处理包括均衡、信道分离、解密、信道解码和语音解码等。

控制部分实现对移动台自身的控制管理,如定时、数字系统、无线系统控制以及跳频和人机接口的控制等。

3) 接口部分

接口部分主要包括语音接口、数字接口和人机接口,分别用以实现 A/D、D/A 变换、语音传输、数字终端的适配以及显示器和键盘接入等功能。

移动台的信息管理与控制是通过设备中的 SIM 卡来实现的。SIM 卡是移动用户的识别卡,它是带有微处理器的智能卡片,存储了该用户个人信息中与 GSM 网有关的管理数据。移动设备只有插入 SIM 卡后才能进网使用。

2.4.3 信号帧结构与信道分类

1. GSM 信号帧结构

GSM 系统是采用时分多址 TDMA 方式实现多用户通信的典型代表。TDMA 的基本思想是系统中一定数量的移动台可以使用同一载波频率,但占用不同的时隙来建立通信。通常,各移动台只在规定的时隙内以突发的形式发射信号,这些信号通过基站的控制在时间上依次排列、互不重叠;同样,各移动台只要在指定时隙内接收信号,就能从各路信号中把发给它的信号选择出来。

实际上,在 GSM 系统中不仅采用了 TDMA 技术,还采用了频分双工 FDD 和频分多址 FDMA 技术。无论上行(890~915 MHz)链路还是下行(935~960 MHz)链路,在 25 MHz 的频带范围内,以 0.2 MHz 的间隔将所给频带分成 125 个载波(实际可用 124 个载波),每个载波的使用带宽为 200 kHz。由于每个载波又分成 8 个时隙,每个时隙传送一路话音,则每个载波可以传送 8 路话音。因此,一般认为 GSM 移动通信大约有 1000 个用户可用信道。这种 TDMA/FDMA/FDD 混合技术,使 GSM 系统具有较高的频谱利用率。

GSM 信号的帧结构是这样的:每个载波的 8 个时隙构成一个 TDMA 帧,每时隙为 0.577 ms,帧长为 4.615 ms。由若干个 TDMA 帧构成复帧,其结构有两种:一种是由 26 帧组成的复帧,这种复帧长 120 ms,主要用于业务信息的传输,也称作业务复帧;另一种是由 51 帧组成的复帧,这种复帧长 235.365 ms,专用于传输控制信息,也称作控制复帧。由 51 个业务复帧或 26 个控制复帧均可组成一个超帧,超帧的周期为 1326 个 TDMA 帧,超帧长 $51 \times 26 \times 4.615 \times 10^{-3} = 6.12$ s。2048 个超帧组成一个超高帧,超高帧时间为:3 小时 28 分 53 秒 760 毫秒。对每一帧进行循环编号,循环长度为 2 715 648 帧。

2. GSM 系统的信道结构

前面讨论的是物理信道，如果按信道功能分类，我们称之为逻辑信道，若干个逻辑信道可以共用一条物理信道。GSM 将逻辑信道分为两类：业务信道（TCH）和控制信道（CCH）。前者用于传输用户话音数字信号和用户数据信号，后者用于传送信令信号。

业务信道（TCH）：按业务性质又可分为话音业务信道和数据业务信道。

控制信道（CCH）：控制信道主要用于传送信令，也可传输短消息业务数据。控制信道又分为 3 种：

广播控制信道（BCCH）：基站发向小区中所有移动台的单向信道。

公共控制信道（CCCH）：小区中的移动台共用信道。在下行方向上有寻呼信道和准予接入信道；上行方向只有随机接入信道（RACH），用于移动台随机发出入网申请。

专用控制信道（DCCH）：由某移动台专用，为双向控制信道。

2.4.4 从语音通信向数据通信的过渡——GPRS

未来是属于移动 Internet 的。随着 Internet 的发展，人们看到了数据通信的巨大的市场潜力，移动与数据的结合已经成为移动通信发展的必然趋势。到 2005 年，移动通信业务量中话音所占的比重已经降到 30%，其余 70% 是移动数据业务。因此，移动数据通信业务无论从市场需求还是从技术上来考虑，都已经到了成熟阶段。

什么是移动数据通信呢？可以这样理解，利用无线电波，通过空中进行信息传播的数据通信叫做无线数据通信，如果通信双方中至少有一方处于移动状态，就称这种通信之为移动数据通信。

现代无线通信的发展源自人们对移动数据通信的需求，马可尼在进行世界上第一次远距离无线通信实验时选择的就是电报。然而，后来长期以来得到持续发展的却是广播和移动电话。在移动通信诞生之后的大部分时间内，移动通信网络也还只有很弱的数据传输能力甚至不具备数据能力，直至移动电话发展到数字蜂窝通信时代，数据业务也只不过作为移动通信网络的附加业务而存在，这个有趣的现象，随着 GPRS 时代的到来而得到了终结。

通用分组无线业务（General Packet Radio Service，GPRS），由英国 BT Cellnet 公司最早在 1993 年提出，是 GSM Phase2＋规范定义实现的内容之一。它是一种基于 GSM 的面向用户提供移动分组的 IP 或者 X.25 连接的移动分组数据业务网。GPRS 并不取代 GSM 网络支持的 CSD（电路交换数据）和 SMS（短消息）等数据业务，而是对 GSM 网络进行补充。GPRS 是 GSM 向 3G 系统演进的重要一环，它既考虑了向第三代系统的过渡，同时又兼顾了现有的第二代系统，是第二代 GSM 系统过渡到第三代 WCDMA 系统的必经之路，所以 GPRS 又被称为"2.5G"。

GPRS 具有以下特点：

（1）GPRS 采用分组交换传输技术。分组交换的一大优点是可以灵活分配网络资源，用户只有在发送或接收数据期间才占用资源，这就意味着多个用户可以高效率地共享一条无线信道。这对频率资源十分宝贵的移动通信来讲，意义重大。比起 GSM 电路交换，GPRS 只在有数据传输时才分配无线资源，因此它的付费方式也将不同于电路交换的计时收费，将采取按传输的数据量计费或者按数据量和计时两者结合付费的方式，这将使用户受益。

（2）GPRS 能够提供比 GSM 网 9.6 kb/s 更高的数据传输速率，理论上可达 115 kb/s，最大可达 170 kb/s。巨大的吞吐量改变了以往单一面向文本的无线数据应用，使得包括图片、话音和视频在内的多媒体业务成为现实。

（3）GPRS 在不传输数据时并不与网络断开，只是把信道让出来。如要继续传输数据，接入时间小于 1 s，能提供快速即时的连接。用户访问互联网时，点击一个超级链接，手机就在无线信道上发送和接收数据，使用户感觉好像一直都在网上。

（4）GPRS 支持 Internet 上应用最为广泛的 IP 协议和 X.25 协议，可以与多种网络交互，促进了通信和数据网络的融合。

不过，GPRS 也存在不少局限性：

（1）GSM 网络资源有限。话音业务和 GPRS 数据业务共享 GSM 网络资源，如果其中一项业务占用过多的资源，则另一项业务可以使用的资源就会减少。

（2）实际数据传输速率比理论值低得多。GPRS 理论上的传输速率是 115 kb/s，但这只是一种理想的情况，受各种因素的限制，实际的数据传输速率为 20 kb/s 左右。

在 GPRS 上可以开展的业务有：移动互联网业务（Web 浏览、E-mail、FTP 和 Telnet 等）、移动办公、电子商务和电子银行、信息点播、家庭监视与控制、多媒体聊天、娱乐游戏等。

2.4.5　GPRS 网络的实现

GPRS 核心网采用基于分组交换模式的 IP 技术来传送不同速率的数据及信令。

GPRS 网络在 GSM 网络的基础上实现，对原有 GSM 网络的基站子系统（BSS）以及网络子系统（NSS）的设备及功能进行改进和增强，其中包括：

（1）在网络子系统中增加了两个网络节点：GPRS 服务支持结点（SGSN）和 GPRS 网关支持结点（GGSN）。

（2）对 HLR 和 VLR 的功能进行扩展，使之可以支持 GPRS 用户数据和路由信息，以实现对 GPRS 的移动性管理和路由管理。

（3）增强基站子系统的功能，以支持用户分组数据的传送；增加了业务信道和控制信道的种类，以支持 GPRS 的多种业务。

GPRS 和 GSM 一样，采用 FDMA 和 TDMA 的信道复用方式。邻近小区之间的频道复用采用 FDMA 方式，每个频道内采用 TDMA 方式。一个 TDMA 帧分为 8 个时隙，每个时隙对应一个无线物理信道。GSM 中，每个正在进行通话的用户必须独占一个时隙，而且只能占用一个时隙。而在 GPRS 中，8 个时隙中的每一个都可以被多个用户共享，而且每个用户最多可以用全部 8 条信道进行数据传输，采用 CS-4 编码方案时（每信道 14.4 kb/s 的净传输速率），如果用户占用全部 8 条信道进行传输，可实现 115 kb/s 的"净数据传输速率"。

将 GSM 网络升级到 GPRS 网络，最主要的改变是在网络内加入 SGSN 以及 GGSN 两个新的网络设备结点，如图 2.4.2 所示。GGSN 与 SGSN 如同因特网上的 IP 路由器，具备路由器的交换、过滤与传输数据分组等功能，也支持静态路由与动态路由。多个 SGSN 与一个 GGSN 构成电信网络内的一个 IP 网络，由 GGSN 与外部的因特网相连接。

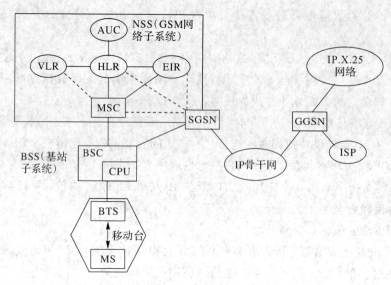

图 2.4.2　基于 GSM 的 GPRS 网络

1. GPRS 服务支持结点 SGSN

SGSN 主要负责传输 GPRS 网络内的数据分组，对移动终端进行鉴权和移动性管理，建立移动终端到 GGSN 的传输通道，接收从 BSS 传送来的移动终端分组数据，通过 GPRS 骨干网传送给 GGSN 或者将分组发送到同一服务区内的移动终端。除此之外，SGSN 还负责与数据传输有关的会话(session)管理、手机上的逻辑频道(logical channel)管理，以及统计传输数据量用于收费等功能。

2. GPRS 网关支持结点 GGSN

GGSN 是 GPRS 网络连接外部因特网的一个网关，负责 GPRS 网络与外部因特网的数据交换。在 GPRS 标准的定义内，GGSN 可以与外部网络的路由器、ISP 的 RADIUS 服务器或是企业公司的 Intranet 等 IP 网络相连接，也可以与 X.25 网络相连接。

从外部因特网的观点来看，GGSN 是 GPRS 网络对因特网的一个窗口，所有的手机用户都限制在电信营运商的 GPRS 网络内，因此 GGSN 还负责分配各个手机的 IP 地址，并扮演网络上的防火墙。

SGSN 和 GGSN 两节点可分可合，即它们的功能既可以由一个物理节点全部实现，也可以由不同的物理节点来实现。它们都具有 IP 路由功能，并能与 IP 路由器互连。

2.4.6　CDMA 系统

20 世纪 80 年代是第二代(2G)移动通信迅速发展的时期，在此期间两种重要的移动通信体制被提出，一种是 TDMA 体制，另一种是 CDMA 体制。1987 年，欧洲确立了以 TDMA 技术为基础的 GSM 系统，并在世界各地得到广泛应用。与此同时，CDMA 体制的研究也得到了长足的进步，以美国高通(Qualcomm)公司为代表，成功开发了窄带 CDMA 数字移动通信系统，使它的空中接口规范 IS-95 成为美国第二个数字蜂窝技术标准。CDMA 体制具有通信容量大，抗多径衰落性能好等诱人的优点，因此一直受到世界的关注，在第三代(3G)移动通信标准化进程中，CDMA 已成为主流技术，可以这样认为，3G 的时代就是 CDMA 技术大发展的时代。

如前所述，移动通信必须采用信道共用的技术，才能满足众多移动用户的通信需求。信道共用的技术，也就是所谓的多址技术，建立在信号可分割的基础上。不同的信号分割方法，导致了不同的多址技术。在频分多址（FDMA）情况下，频道和信道是一回事，频道就是信道，但在时分多址（TDMA）情况下，一个频道可以是多个信道，例如在 GSM 系统中，一个频道分成 8 个时隙，每个时隙就是一个信道。码分多址（CDMA）和前两种情况都不同，系统的所有用户可以使用相同的频率和相同的时间在同一地区通信，信道的区分不是依靠频率或时间，而是依靠不同的地址码。

CDMA 是一种以扩频通信为基础的调制和多址连接技术。在信号发送端用一自相关性很强而互相关为 0（或很小）的高速伪随机码作为地址码，与要传输的用户信息数据相乘，由于伪随机码的速率比用户信息数据的速率高得多，因而就扩展了传输信息的带宽，这个过程称为扩频。在接收端，以本地产生的与发送端相同的地址码与接收到的信号相乘，经过相关检测，就能将扩频信号解扩，将原始用户信息数据恢复出来。其基本原理如图 2.4.3 所示。

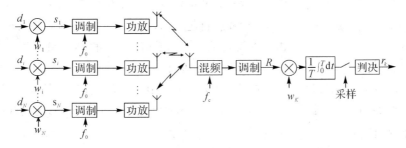

图 2.4.3　CDMA 蜂窝移动通信系统

图中，$d_1 \sim d_N$ 分别是 N 个用户的信息数据，其对应的地址码分别为 $w_1 \sim w_N$，用户信息数据与对应地址码相乘后的波形用 $S_1 \sim S_N$ 表示。$S_1 \sim S_N$ 信号混合传输，如果该系统处于同步状态（或者说在不考虑噪声影响情况下），在接收端接收到的是 $S_1 \sim S_N$ 的信号叠加波形。本地产生的地址码应与该用户的地址码相同，并且与解调出的叠加信号相乘，再送入积分电路，经过采样判决，就能形成原有的用户信息。

CDMA 是利用码型来区别用户的，要达到多路多用户，必须有足够多的地址码，这些地址码应互相正交，即有良好的自相关性和互相关特性，这是实现码分多址的基础。

2.4.7　CDMA 蜂窝移动通信的特点

与 TDMA 数字蜂窝移动通信系统相比，CDMA 蜂窝移动通信有以下优点。

1. 通信容量更大，频谱利用率更高

在 CDMA 系统中，利用话音激活技术和采用扇形小区来提高通信容量，比 TDMA 系统更为有效。话音激活技术就是使发射机在有话音时才有效发射，在话音停顿期间不发射或减小发射功率。据统计，人类话音激活时间（讲话时发声时间）约占全部通话时间的 35%。对于 CDMA，采用话音激活技术就意味着同小区的多址干扰可以减小到不采用话音激活技术时的 35%，从而使通信容量扩大将近 3 倍。如果基站采用 120° 扇形天线，也同样可以将多址干扰降低到 35%，使通信容量增大约 3 倍。同时采用这两项技术，对通信容量

的增大作用就非常明显。

在 TDMA 系统中虽然也可以采用这两项技术，但主要是从减小采用相同频率的小区之间的同频干扰出发考虑的，对系统容量的提高不是很明显。理论分析证明，1.25M 带宽的窄带 CDMA 系统的通信容量可以达到 TDMA 系统的 2～4 倍。

此外，在 CDMA 系统中还可以采用软容量技术。当小区中同时工作的用户数达到饱和时，可以以通信质量的适当下降来换取用户数的增加，但在 TDMA 和 FDMA 系统中，一旦分配给小区的全部信道被占满以后，就不可能再增加用户了。

2．抗干扰能力强，适合多径衰落信道传输

在 CDMA 系统中，由于采用了直接序列扩频，大大提高了系统抗加性干扰和抗多径干扰的能力，因此更适合移动通信。

3．可实现越区软切换

模拟的 FDMA 和数字 TDMA 蜂窝系统中的越区切换都是硬切换。所谓硬切换，就是在越区切换时，移动台先中断与原基站的通信，再建立与新基站的通信。这种切换方式容易产生掉话，影响通话质量。软切换是指移动台在进行越区切换时，不先断开和原基站的通信，而是在和新基站建立通信的一段时间里仍保持与原基站的通信，直到移动台和新基站建立了可靠的通信后才切断和原基站的通信。这种先转换再切断的软切换方式，大大减少了因为切换而造成的掉话可能，提高了通信质量。由于 CDMA 相邻小区可以使用相同频率（只要基站的地址码不同），因此可以方便地实现软切换，而 TDMA 和 FDMA 都无法做到这一点。

4．信道利用率高

在 TDMA 制式中，为了保证占用不同时隙的移动台发射的信号到达基站时不互相干扰，在时隙之间要留出保护时间，因而降低了有效信息传输率。FDMA 制式同样有这个问题，为防止邻频干扰，在频带划分时要留出保护频带。CDMA 制式不存在这个问题，因此信道利用率更高。

5．频率管理简单

在 CDMA 系统中，同一个射频频率可以容纳大量信道，整个系统只需要一个或少量几个频率，因此频率管理相对简单得多。

2.4.8 N－CDMA(IS－95)系统

美国电信工业协会 TIA 于 1993 年公布了代号为 IS－95 的窄带码分多址（N－CDMA）蜂窝移动通信标准，又称为"双模式宽带扩频蜂窝移动台——兼容标准"，世界上有许多国家都采用了此系统。

在窄带码分多址系统中，综合使用了频分和码分多址技术。这里的频分是把分配给 CDMA 系统的频段分成为 1.25 MHz 的子频道，它是 N－CDMA 系统小区的最小带宽。当用户不多时，一个蜂窝小区只配置一个这样的 CDMA 频道，当业务量大时，可以占有多个这样的 CDMA 频道，在同一小区内，各个基站用频分复用方式使用频道。

1．系统结构

N－CDMA 网路结构与 GSM 系统大体一致。如图 2.4.4 所示。

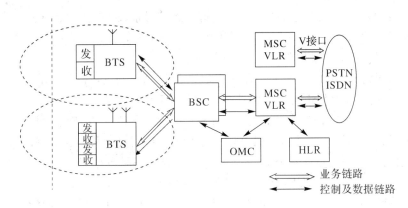

图 2.4.4 N-CDMA 系统结构

它由移动交换中心(MSC)、基站系统(BS)、移动台(MS)、管理维护中心(OMC)组成，并与市话网(PSTN)和综合业务数字网(ISDN)相连，也有 HLR、VLR、EIR 等寄存器(数据库)、AUC 鉴权中心等。这些部分的功能和用途与 GSM 系统中的一样，寄存器和移动交换中心 MSC 设在同一物理体内。它组成的业务网和信令网也与前面所述的 GSM 类似，业务网与信令网是分开的，信令网同样是 No.7 号公共无线信令网。

2. 地址码

在 IS-95 接口标准中，综合采用了三种地址码。

(1) 导引 PN 序列，是一种长度为 2^{15} 的 PN 码(伪随机序列)。它通过在长度为 $2^{15}-1$ 的 M 序列的 14 个连"0"输出后再加入一个"0"获得，用作区分不同基站的地址码。规定每个基站的 PN 码的相位偏移只能是 64 的整数倍，因而有 512 个值可被不同基站使用。使用相同序列、不同相位的 PN 序列作为地址码，便于搜索与同步。

(2) 长码，是一种长度为 $2^{42}-1$ 的 PN 序列。在 CDMA 反向信道中，用不同初相位的长码作为移动台的地址码。这样长的码有利于信号的保密，同时基站知道特定移动台的长码及其相位，因而不需要对它进行搜索与捕获。

(3) 64 阶沃尔什序列，是在 CDMA 正向信道中用作信道的地址码，因此在基站的一个载频上可以有 64 个正向 CDMA 信道。沃尔什序列的随机性不好，因此在经沃尔什序列扩频调制后，还要经过正交导引 PN 序列调制，再对载波进行正交调制。

3. 无线信道结构

N-CDMA 的无线信道分为正向传输信道(基站至移动台方向)和反向传输信道(移动台至基站方向)。

1) 正向信道

正向信道使用正交的沃尔什码来区分。用一对 PN 码进行扩频调制，再进行四相 QPSK 调制，各个基站使用同一码型的一对 PN 码，但是相位各不相同，移动台以此区别不同的基站信号。

正向信道主要由导频信道、同步信道、寻呼信道和正向业务信道等组成。

导频信道：基站始终发射扩频信号的信道。它不包含信息数据，且功率较大，便于移动台捕获和跟踪与基站相对应的扩频的 PN 码，它还可作为越区切换的一个基准。

同步信道：同步信道的信号比特率为 1.2 kb/s，其帧长为 26.666 ms。它以超帧(8 ms，由三个同步帧组成)为单位发送消息,同步信道发送信号前要经过卷积编码、符号重复、交织、扩频及调制后再发射。在基站覆盖区内处于开机状态的移动台,利用同步信道来获得初始时间同步,使移动台明确接入的是哪个基站。

寻呼信道:每个基站有多个寻呼信道。在呼叫时,基站通过寻呼信道传送控制信令给移动台。当需要时,寻呼信道可以转为业务信道,用于传输用户业务数据。寻呼信道传输的信号是经过卷积编码、码符号重复、交织、扰码、扩频后再调制的扩频信号,其发送速率一般为 9.6 kb/s 或 4.8 kb/s。基站使用寻呼信道发送系统消息和移动台寻呼消息。

正向业务信道:通过基站向移动用户传送用户语声编码数据或其他业务数据。语声编码采用可变速率声码器(QCELP),其可变速率为 9.6 kb/s、4.8 kb/s、2.4 kb/s、1.2 kb/s,其帧长为 20 ms。一个频道有 55 个以上的正向业务信道。在业务信道中,包含了一个功率控制信道,以控制移动台发射功率,并传输越区切换控制信息等。

2)反向信道

反向信道由接入信道和反向业务信道构成。同一个 CDMA 频道内的反向信道使用相同的频率和一对与基站相同码型的伪随机码以及与基站相对应的一个沃尔什码。传输的信息数据经过与用户码对应的 PN 码的变换序列调制后再传输,以使通信保密。

反向 CDMA 信道中,有多个接入信道和多个业务信道。

接入信道:在反向信道中至少有 1 个,最多可有 32 个接入信道。每个接入信道都要对应正向信道中的一个寻呼信道。移动台通过接入信道向基站进行登记,发起呼叫以及响应基站寻呼信道的呼叫等。当呼叫时,在移动台没有转入业务信道之前,移动台通过接入信道向基站传送控制信令。当需要时,接入信道可以变为反向业务信道,用于传输用户业务数据信息。接入信道的数据速率为 4.8 kb/s。

反向业务信道:反向业务信道用于在呼叫建立期间,传输用户信息和信令信息,是移动台向基站发送信息的信道。其信道结构、编码及调制等与正向业务信道基本相同。

2.4.9 第二代移动通信系统的主要特色技术

1. 语音编码技术

GSM 系统的数字语音编码采用规则脉冲激励长线性预测编码方式,又称为 RPE - LTP 的 LPC 编码方案。RPE - LTP 编码器是将波形编码和声码器两种技术综合运用的编码器,能以较低速率获得较高的话音质量。编码器每 20 ms 为一段组,每个段组编码为 260 比特,因此编码速率为 13 kb/s。编码器原理框图如图 2.4.5 所示。

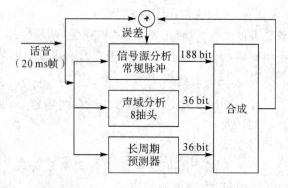

图 2.4.5 RPE - LTP 语音编码器框图

RPE - LTP 编码器共分三个部分,分别进行信号源分析、线性预测分析和长周期预测。信号源分析部分工作在 4 个 5 ms 子字组,每个字组为 47 比特,输出共 188 个比特的常规脉冲。

线性预测分析是一个具备 8 个声域比对数特性的声域分析 8 抽头滤波器,产生 36 比特。长周期预测器在 20 ms 字组内，评估间距和增益 4 次，以 5 ms 为间隔，每次产生 7 比特的滞后系数和 2 比特的增益系数，所以在 20 ms 时间内，长周期预测器产生 36 比特。以上三部分最后合成为 260 比特，按照 13 kb/s 的速率完成语音编码器，送入信息编码器。

2. 信道编码技术

信道编码是在数字信号进行调制之前的数字信号处理。在数字移动通信 GSM 系统中，信道编码的目的是为了在接收端能够检出或纠正信道中各种干扰引起的差错，主要由纠错编码、交织编码及加密等部分组成。

GSM 系统的纠错编码分为外编码和内编码。外编码采用分组循环码，建立信息比特加奇偶校验比特构成的码字，进行重排，以生成多项式为 $g(x)=x^3+x+1$ 的循环编码。内编码采用生成多项式为 $g(x)=x^4+x^3+1$ 的卷积编码，使输出为 20 ms 的 456 bit 的数字码流进行交织编码处理。

交织编码是为了解决通信过程中的突发干扰。GSM 交织编码将两帧 40 ms 的 912 bit 按每 8 位码写入，而按列读出，分成 8 列，即 8 帧，每帧为 114 bit。这一交织帧与无线信道的业务帧中的每一时隙的突发脉冲相对应，即为两个 57 bit 的加密信息比特。在收端进行反交织还原为纠错编码信号，经信道解码和信源解码还原为话音。GSM 系统针对时变、衰落、多径信道的特点，采用了信道编码与交织技术的有机结合，达到了有效降低信道误码率和提高移动通信可靠性的目的。

3. 话音激活技术

对人类通话时的话音统计分析表明，话音停顿以及听对方讲话等待的时间大约占整个通话时间的 65% 以上。如果采用相应的编码和功率调整技术，使用户发射机的发射功率随用户话音大小、强弱、有无来调整发射机输出功率，就可以使多址干扰减少 65%，这就是所谓的话音激活技术。话音激活技术采用一种自适应门限话音检测算法。当发端判断出通话者暂停通话时，立即关闭发射饥，暂停传输；在接收端检测出无话音时，在相应空闲帧中填上轻微的"舒适噪声"，以免给收听者造成通信中断的错觉。

GSM 系统采用一种话音激活的间断传输技术，它的基本思想是只在有话音时才打开发射机，这样可以减小干扰，提高系统容量。这种间断传输技术，对移动台来说很有意义，因为在无信息传输时立即关闭发射机，可以减少电源消耗，并且使系统容量增加约 3 倍。

CDMA 系统同样采用了话音激活技术。从码分多址系统的特点中我们已经知道，在同一小区内的所有用户使用同一载波，占用相同带宽，共同享用一个无线频道进行通信。这就难免会出现任意一个用户对其他用户的干扰，这种干扰称为多址干扰。用户越多，干扰越严重，这就限制了小区用户的发展。采用话音激活技术可以降低多址干扰，提高 CDMA 系统的容量。

4. CDMA 的软容量、软切换技术

1) 软容量

在模拟频分和数字时分的移动通信中，每个小区的信道数是固定的，很难改变。当没有空闲信道时，系统会出现忙音，移动用户既不能再呼叫也不能接收其他用户的呼叫。而在码分多址 CDMA 系统中，在一频道内的多用户是靠码型来区分的，其标准信道数以一定的输入、输出信噪比为条件，只要接收机在允许最小信噪比条件下，增加一个用户或几个用户只会使信噪比略有下降，不会因为没有信道而不能通话。

这种在一个扇区或小区内信道数可扩容的现象称为软容量。当然，这种软容量是以话音质量降低为代价换来的，而且不允许信噪比降低到极限值以下。

2）软切换

移动通话时，移动用户从一个小区到另一个小区，从一个基区到另一个基区都要进行切换。在各种移动通信中都涉及切换（交接）的技术。

在 FDMA 系统中，需测试该区有空闲信道时才能切换，而且切换时收、发频率都要做相应的改变，需先切断原来频道，再转换到新的频道上。TDMA 系统也同样如此，要切断原来频道和时隙，再转换到新的频道和新时隙中去。这种先断后通的切换，叫做硬切换。这种切换方式有时会带来噪声（乒乓噪声），还会引起通信的短暂中断等现象。

在 CDMA 系统中，由于在小区或扇区内可以使用相同的频率，不同信道以码型来区别。当移动用户要切换时，不需要首先进行收、发频率切换，只需在码序列上作相应调整，然后再与原来的通话链路断开。这种先通后断的切换方式，称为软切换。软切换方式的切换时间短，不会中断话音，也不会出现硬切换时的"乒乓噪声"。

5．功率控制技术

在 CDMA 系统中，功率控制技术是所有关键技术的核心。前面我们讲到的话音激活技术，就是属于功率控制的一种类型。这里主要讲述无线信道中因存在"远近效益"问题而采用的功率控制技术。

所谓远近效应，是指如果小区中各用户均以同等功率发送信号，靠近基站的移动台信号强，而远离基站的移动台信号到达基站时很弱，这就会导致强信号掩盖弱信号的现象发生。远近效应会发生自干扰。为了减少远近效应的影响，可以采用功率控制技术。

（1）正向功率控制。基站根据移动台提供的信号功率测量结果，调整基站对每个移动台发射的功率。它又可分为两种：一种为开环控制，基站利用接收移动台功率，估算正向信道传输损耗，从而控制基站业务信道发送功率大小；另一种为闭环控制，是基站与移动台相结合进行的动态功率控制。

（2）反向功率控制。反向功率控制也分为开环功率控制和闭环功率控制两种。反向开环功率控制是移动台根据在小区中所接收功率的变化，迅速调节移动台发射功率。

开环功率控制的目的是使所有移动台（不管远、近情况）发出的信号在到达基站时都有相同的标称功率。它是一种移动台自己的功率控制。

闭环功率控制的目的是使基站对移动台的开环功率进行迅速估算或纠正，并使移动台始终保持最理想的发射功率。这解决了正向链路和反向链路间增益容许度和传输损耗不一致的问题，保证了基站收到的每个移动台的信号功率足够大，同时对其他移动台的干扰又最小。

6．分集技术

我们在开始讲述移动通信时，就谈到了移动通信电波传播条件恶劣，又在强干扰条件下工作，这给通信带来了极其不利的影响。因此人们采用多种技术来克服和尽量消除这些不利的影响。其中，采用分集技术尤为重要。

分集技术大体分为两大类：显分集和隐分集。

（1）显分集主要是指在频域、时域或空间进行分集，采用的分集方式是显而易见的。如空间分集、频率分集、时间分集、极化分集、路径分集等。

空间分集：利用空间的多副天线来实现。在发端采用一副天线，在接收端采用多副天线接收。

极化分集：指在移动通信中，在同一点极化方向相互正交的两个天线，发出的信号呈现互不相关的衰落特性，可使干扰减小。

角度分集：指在移动通信中，移动台接收端信号来自不同方向，接收端利用天线的方向性，接收不同方向信号，使其收到的信号互不相关。

频率分集：与前面讲的频分多址类似。

时间分集：与前面讲的时分多址类似。

路径分集：由于移动通信中，信号到达接收端都会产生多径衰落现象，对 N - CDMA 系统，可以把各路信号分离出来，通过相关接收，分别进行处理，然后进行合并，从而克服多径效应的影响，等效于增加了接收功率，变不利因素为有利因素。这就是 CDMA 系统特有的路径分集技术。

（2）隐分集主要是指把分集作用隐蔽在传输信号之中，如交织编码、纠错编码、自适应均衡等技术。

习题与思考题

1. 移动通信有哪些特殊问题必须解决？移动通信的主要特点是什么？

2. 发射机的发射功率为 30 W，假设发射天线和接收天线都是单位增益天线，设综合损耗为 1，载波频率为 2000 MHz，求在自由空间里距离发射机 500 m 处的接收功率。

3. 为什么移动通信要采用小区制？小区制与大区制相比有什么优点？

4. 在蜂窝系统中，如何防止同频干扰的产生？一个区群中允许的最少小区数取决于什么因素？

5. 试计算一个区群中的小区数分别为 $N=4，12，21$ 时的同频干扰载干比。

6. 在移动通信系统中信道控制和信道分配采用哪些基本方法？

7. 一个蜂窝移动通信系统主要由哪几大部分组成？简述各部分的主要功能。

8. 在移动通信中，为什么要进行功率控制？如何进行功率控制？

9. 在移动通信中，什么叫做越区切换？常用的切换控制方式有哪几种？

10. 移动通信为什么需要多址技术？常用的多址方式有哪几种？简述它们各自的特点。

11. 为什么 CDMA 系统能取得比 TDMA 系统更大的系统容量？

12. 简述 GSM 的信号帧结构。

13. 简述 GSM 移动通信系统的通信管理与控制过程。

14. CDMA 系统的基本特点是什么？与 GSM 系统相比，CDMA 有哪些优势？

第3章 移动互联网时代

蜂窝移动通信系统基本上每十年就会更新换代一次，在第2章中已经介绍了从模拟移动通信到数字移动通信演变和发展的技术脉络。但是，人类永远不会满足已有的成绩，通信领域同样如此。就在新世纪到来的前夜，移动通信的第三次革命成为了人们最关注的焦点，这就是3G。我们之所以要另起一章来叙述这一延续前一章而来的移动通信技术，是因为这不是一次简单的移动通信技术的更新换代，而是一场改变人类生活和生产方式的革命，通信技术和网络联姻，标志着一个新的时代的到来，因此我们把本章的标题命名为移动互联网时代。

3.1 第三代移动通信技术(3G)

随着信息技术的迅速发展，笔记本电脑、掌上电脑、平板电脑等便携式计算机大量涌现，移动手机也从单纯的语音终端发展为带有显示屏幕、可以收/发数据的语音/数据终端。尤其是随着IP业务爆炸式的拓展，使数据业务呈现出指数增长的态势。人们迫切希望在移动状态下，通过便携式计算机或移动手机也能进行数据通信和接入因特网，形成了移动通信网向第三代发展的新趋势。

具有宽带数据通信和多媒体通信能力是第三代移动通信(3G)的主要特征。另外，支持全球漫游特性也是第三代移动通信系统所追求的目标。目前人类已进入了移动互联网时代。

3.1.1 全球性的3G无线传输标准

早在1985年，国际电信联盟(ITU)就提出了第三代移动通信系统的概念，当时称其为未来公共陆地移动通信系统(FPLMTS)，后考虑到该系统预计在2000年左右商用，且工作于2000 MHz频段，故1996年更名为国际移动电信系统IMT - 2000(International Mobile Telecommunication - 2000)。其主要特征是：

(1) 全球化。IMT - 2000是一个全球性的系统，它包括多种系统，在设计上具有高度的通用性，该系统中的业务以及它与固定网之间的业务可以兼容，能提供全球漫游等多种业务。

(2) 综合化。能把现存的各类移动通信系统综合在统一的系统中，以提供多种服务。

(3) 智能化。智能化主要表现在智能网的引入，移动终端和基站采用软件无线电技术。

(4) 个人化。用户可用唯一个人电信号码(PTN)在终端上获取所需的电信业务，超越了传统的终端移动性，真正实现个人移动性。

总之，业界一致认为，IMT - 2000 应该能够提供各种不同的业务，适应各种不同的营运机制。考虑到目前世界上流行的网络基础设施标准各不相同，而在向第三代系统发展的过程中，为保护运营商同时也保护用户的利益，应尽量从现有的二代系统逐步向第三代过渡。其中，最紧迫的任务是无线传输技术(RTT)的选择和评估，于是，国际电信联盟(ITU)从已经提交的比较成熟的候选方案中选取了几种，涉及的国家和地区有美国、欧洲各国、日本和中国等，主要有 WCDMA、CDMA 2000 和 TD - SCDMA 三种方案。

3.1.2 三种代表性 3G 系统制式的主要特点

1. WCDMA

WCDMA 又称宽带 CDMA 或 UTRA TDD，主要由欧洲 ETSI 提出，代表性厂商有爱立信、诺基亚和 NTT 等。系统的核心网基于 GSM - MAP，同时通过网络扩展方式提供在基于 ANSI - 41 的核心网上运行的能力。

WCDMA 采用 DS - CDMA 多址方式，码片速率是 3.84 Mc/s，载波带宽为 5 MHz。系统不采用 GPS 精确定时，不同基站可选择同步和不同步两种方式，可以不受 GPS 系统的限制。在反向信道上，采用导频符号相干 RAKE 接收的方式，解决了 CDMA 中反向信道容量受限的问题。

WCDMA 采用不同的长码进行扩频。前向链路专用物理信道(DPCH)的扩频调制采用的是对称 QPSK 调制，同相(I)和正交(Q)数据用相同的信道标识码(Channelization Code)和扰频码(Scrambing Code)来扩频。同一小区的不同物理信道用不同信道标识码来区分。信道标识码采用的是正交可变扩频参数 OYSF 码。

对 WCDMA 系统业务信道而言，较低速率的数据采用单码扩频，较高速率的数据采用多码扩频；同一连接的多业务在正常情况下采用时分复用的方式。WCDMA 中信道编码采用卷积码和级联码，对要求 BER = 10^{-3} 的业务采用约束长度为 9 的卷积编码，卷积率在 1/2～1/4 之间。对要求 BER = 10^{-6} 的业务，采用级联编码和外部 R - S 编码。一般情况下，一帧内部采用块交织。但为了改善长时延的性能，还支持帧间交织。

对短的不常用的分组数据，WCDMA 一般采用公共信道分组传输的方法，即把分组数据直接填充到随机接入串中发送。对常用的长分组数据则采用专用信道来传输。数据大的分组数据采用单个分组传输方案，此时，一旦传输完将立即释放占有的专用信道。多分组传输方案中，在分组间将保持专用信道以传输控制和同步信息。在 WCDMA 中，随机接入串帧长 10 ms，并且用固定功率发射，遵循 Aloha 原理。

2. CDMA 2000

CDMA 2000 由美国 TIA TR45.5 提出，其核心是由朗讯、摩托罗拉、北方电讯和高通联合提出的宽带 CDMA one 技术。CDMA 2000 的一个主要特点是与现有的 TIA/EIA - 95 - B标准后向兼容，并可与 IS - 95B 系统的频段共享或重叠，这样就使 CDMA 2000 系统可在 IS - 95B 系统的基础上平滑地过渡、发展，并保护已有的投资。

CDMA 2000 采用 MC - CDMA(多载波 CDMA)多址方式，可支持话音、分组和数据等业务，并且可实现 QoS 的协商。CDMA 2000 包括 1X 和 3X 两个部分。对于射频带宽为 1.25 MHz的 CDMA 2000 系统，采用多个载波来充分利用整个频带。如果频带划分以

5 MHz 为基准，则可以同时支持 3 个载波，即 3X 技术。由于载波间可以重叠，频谱利用率较高，因此可以使 IS-95 窄带 CDMA 系统平稳过渡到第三代移动通信系统。

在 CDMA 2000 系统的下行链路中，I 信道和 Q 信道分别采用一个长为 3×2^{15} 的 M 序列来扩频。不同的小区采用同一个 M 序列但相位偏移不同。搜索小区时只需搜索这两个码及其不同的相位偏移码。在上行链路中，扩频码采用的是长为 2^{41} 的 M 序列，以不同的相位来区分不同的用户。信道用相互正交、可变扩频参数的 Walsh 序列来区分。下行链路在不使用自适应天线的情况下，采用公共导频信道作为相干检测的参考信号。使用自适应天线时，采用辅助导频信道作为参考信号。

在多速率业务方面，CDMA 2000 系统提供两种业务信道类型：基本信道和增补信道。这两种信道都是码分复用信道。基本信道支持的数据速率为 9.6 kb/s、14.4 kb/s 及其子集的速率，可以传输语音、信令和低速数据。CDMA 2000 的帧长为 20 ms，但控制信息为 5 ms 和 20 ms，在基本信道中传输。基本信道使用约束长度为 9 的卷积编码。增补信道中传输速率为 14.4 kb/s。对高速数据而言，采用约束长度为 4、卷积率为 1/4 的 Turbo 码。

WCDMA 和 CDMA 2000 都具有精确的功率控制功能，功率控制有开环、闭环和外环 3 种方式。

WCDMA 和 CDMA 2000 的主要不同点在于码片速率、下行链路结构和网络的同步。前者的下行链路采用直接序列扩频，后者的下行链路既可采用直接序列扩频，也可采用多载波 CDMA 方式。WCDMA 系统采用不同的长码进行扩频，而 CDMA 2000 则采用同一长码的不同相位偏移来进行扩频，这主要得益于 CDMA 2000 采用同步网络。

3. TD-SCDMA

TD-SCMA 标准是由我国信息产业部电信科学技术研究院（CATT）和德国西门子公司合作开发的。它的目标是要确立一个具有高频谱效率和高经济效益的先进的移动通信系统。

TD-SCDMA 被设计为不管是对称还是非对称业务，都能显示出最佳性能的系统。因此，可以采用在 TDD 模式下，在周期性重复的时间帧里传输基本的 TDMA 突发脉冲的工作模式（和 GSM 相同）。通过周期性地转换传输方向，TDD 允许在同一个无线电载波上交替地进行上行与下行链路传输。这个方案的优势在于可灵活设置上下行链路间的转换时间点的位置。当进行对称业务时，可选用对称的转换点位置；当进行非对称业务时，可在非对称的转换点位置范围内选择。这样，对于上述两种业务，TDD 模式都可提供最佳的频谱利用率和最佳业务容量。

TD-SCDMA 无线传输方案是 FDMA、TDMA 和 CDMA 这三种基本传输模式的灵活结合。通过与联合检测相结合，TD-SCDMA 的传输容量显著增长。传输容量还可以通过智能天线获得进一步增长。智能天线的定向性降低了小区间干扰，从而允许更为密集的频谱复用。

作为 IMT-2000 的家族成员，TD-SCDMA 首先在中国使用，并逐步在全球范围内进行推广。

3.2　第四代移动通信技术(4G)

3.2.1　概述

第四代移动通信系统(4G)的特点是宽带(Broadband)接入和分布网络,具有非对称的超过 2 Mb/s 的数据传输能力。4G 移动通信技术的信息传输等级比 3G 移动通信技术提高了一个等级,超过 3G 约 50 倍;上网速度从 2 Mb/s 提升到 100 Mb/s,并具有不同速率间的自动切换能力,可实现三维图像高质量传输。4G 系统是多功能集成的宽带移动通信系统,在业务、功能、频带上都与第三代系统不同。它能在不同的固定和无线平台及跨越不同频带的网络运行中提供无线服务,比第三代移动通信更接近于个人通信。对无线频率的使用效率比第二代和第三代系统都高得多,且抗信号衰落性能更好。

除了高速信息传输技术外,它还包括高速移动无线信息存取系统、移动平台技术、安全密码技术以及终端间通信技术等,具有极高的安全性。4G 终端还可用作诸如定位、告警等多种用途;4G 手机系统下行链路速度为 100 Mb/s,上行链路速度为 30 Mb/s;其基站天线可以发送更窄的无线电波波束,在用户行动时也可进行跟踪,可处理数目更多的通话;4G 移动电话不仅音质清楚,而且能进行高清晰度的图像传输,用途十分广泛;在容量方面,可在 FDMA、TDMA、CDMA 的基础上引进空分多址(SDMA),使 4G 容量达到 3G 的 5～10 倍。

另外,4G 系统可以在任何地址宽带接入互联网,包含卫星通信,能提供除信息通信之外的定位定时、数据采集、远程控制等综合功能。它包括宽带无线固定接入、宽带无线局域网、移动宽带系统和互操纵的广播网络(基于地面和卫星系统)。其宽带无线局域网(WLAN)能与 B‐ISDN 和 ATM 兼容,实现宽带多媒体通信,形成综合宽带通信网(IBCN),通过 IP 进行通话;能自适应资源分配,处理变化的业务流和信道条件不同的环境,有很强的自组织性和灵活性;能根据网络的动态和自动变化的信道条件,使低码率与高码率的用户共存,综合固定移动广播网络和其他的一些规则,实现对这些功能体分布的控制;支持交互式多媒体业务,如视频会议、无线因特网等,为用户提供更广泛的服务和应用。4G 系统可以自动治理、动态改变自己的结构以满足系统变化和发展的要求。用户将使用各种各样的移动设备接入 4G 系统中,各种不同的接进系统融合成一个公共的平台,它们互相补充、互相协作以满足不同的业务的要求,使移动网络服务趋于多样化,终将演变为社会上多行业、多部分、多系统与人们沟通的桥梁。

4G 移动通信系统网络结构可分为三层:物理网络层、中间环境层、应用网络层。物理网络层提供接进和路由选择功能,它们由无线和核心网的结合格式完成。中间环境层的功能有 QoS 映射、地址变换和完全性治理等。物理网络层与中间环境层及其应用环境之间的接口是开放的,它使发展和提供新的应用及服务变得更为容易,能提供无缝的高数据率的无线服务,并运行于多个频带。这一服务能自适应多个无线标准及多模终端能力,跨越多个运营者和服务,提供大范围服务。

第四代移动通信系统的关键技术包括信道传输,抗干扰性强的高速接入技术、调制和信息传输技术,高性能、小型化和低成本的自适应阵列智能天线,大容量、低成本的无线接口和光接口,系统治理资源,软件无线电、网络结构协议等。

3.2.2 关于 4G 的几个概念

4G 从概念阶段到商用阶段走过了不短的路程。4G 的英文通用名称先后出现过 LTE、SAE、EPC、E-UTRAN 等不同的说法。早期，移动数据网络核心网部分分组交换(Packet Switching，PS)的资料都冠以 SAE 前缀。系统架构演进(System Architecture Evolution，SAE)，是 PS 网络核心网的网络架构向 4G 演进的工作项目。与 SAE 对应的概念是 LTE，即长期演进(Long Term Evolution，LTE)，是无线接口部分向 4G 演进的工作项目。因此，SAE 和 LTE 都是工作项目(Work Item，WI)的名称，是 3GPP 为达成某种目标而聚集一群人在某一个时间段开展的工作。换句话说，SAE 和 LTE 是一个工作，一项事业。而 SAE 和 LTE 所研究的对象，分别被称做 EPC 和 E-UTRAN。这两个概念就构成了我们看到的 4G 网络。

于是，对以上几个概念做一归纳如下：

E-UTRAN：演进的 UMTS 陆地无线接入网(Evolved UMTS Terrestrial Radio Access Network)，是 3GPP 4G 的空中接口部分。

EPC：演进分组核心网(Evolved Packet Core)。

EPC、E-UTRAN 和用户终端(UE)共同构成演进的分组系统(Evolved Packet System，EPS)。

EPS 代表了整个端到端的 4G 网络。如图 3.2.1 所示为这几个概念之间的联系。由于整个通信业尤其是终端行业在宣传 4G 网络时往往用 LTE 来指代 4G，所以今天 LTE 几乎就成了 4G 网络的代名词。

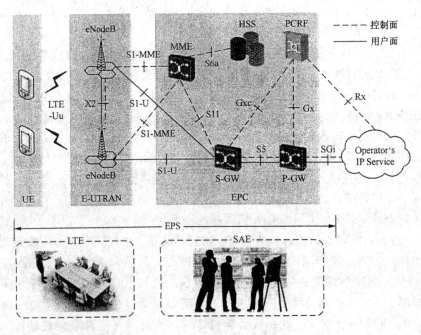

图 3.2.1 4G 的几个概念(LTE、EPS、EPC、SAE)

LTE 网络所完成的工作是将移动终端以分组的方式链接到外部分组数据网络。移动和分组是两个关键词。移动的特性决定了终端必须通过空中接口和网络侧连接，网络结构必须能够保证终端在移动过程中业务始终连续。分组的特性要求网络中所有网元和接口必须支持分组方式的转发。分组(主要是 IP 协议)技术具有统计共享的特点。共享的另一层意思就是资源争抢,网络必须保证优先级较高的业务优先分配到资源(即所谓的 QoS 控制)。

LTE 网络的设计包括以下主要网元:

(1) eNodeB(evolved Node B),演进的节点 B。它是 LTE 网络中的基站,是 LTE 网络 E-UTRAN 的主要网元,负责无线资源管理、上下行数据分类、QoS 执行、空中接口的数据压缩和加密。eNodeB 和 MME 完成信令处理,与 S-GW 一起完成用户面数据转发,相当于面向终端的一个汇聚节点。

(2) MME(Mobility Management Entity),移动性管理实体。MME 负责控制面的移动性管理、用户上下文和移动状态管理、分配用户临时身份标识等。MME 相当于 LTE 网络的大管家,所有内部事务(切换)和外部事务(互操作)均由 MME 协调完成。

(3) HSS(Home Subscriber Server),归属用户服务器。HSS 相当于 2G/3G 网络中的 HLR,存储了 LTE 网络用户所有与业务有关的签约数据,提供用户签约数据管理和用户位置管理。

(4) S-GW(Serving Gateway),服务网关。S-GW 是 3GPP 内不同接入网络间的用户锚点,负责用户在不同接入技术之间移动时用户面的数据交换,以屏蔽 3GPP 内不同接入网络的接口。S-GW 承担 EPC 的网关功能,终结 E-UTRAN 方向的接口。

(5) P-GW(PDN Gateway),PDN 网关。PDN(Packet Data Network)指采用分组协议(基本上都是 IP 协议)的数据网络,泛指移动终端访问的外部网络。P-GW 是 3GPP 接入网和非 3GPP 接入网之间的用户锚点。P-GW 是与外部 PDN 连接的网元,终结与 PDN 相连的 SGi 接口。P-GW 承担 EPC 的网关功能,一个终端可以同时通过多个 P-GW 访问多个 PDN。

S-GW 和 P-GW 通常是物理网元合一部署,统称 SAE-GW。

(6) PCRF(Policy and Charging Rules Function),策略和计费规则功能。PCRF 完成动态的 QoS 策略控制和动态的基于流的计费策略功能,同时还提供基于用户签约信息的授权控制功能。P-GW 识别业务流,通知 PCRF,然后 PCRF 下发规则,决定业务是否可用以及提供该业务的 QoS。

以上各个网元的功能如图 3.2.2 所示。

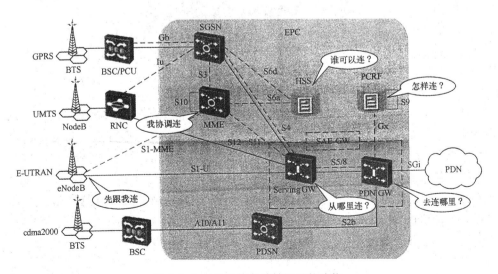

图 3.2.2 4G 网络各关键网元的功能

在 4G 时代，LTE 的 EPC 部分演进到了架构扁平化、承载控制分离和全网 IP 组网的态势。所谓网络扁平化，就是无线接入部分从 3G 时代的 RNC 和 NodeB 两个设备演进为 eNodeB 一个节点。用户面在核心网网络部分只经过系统架构演进网关 SAE – GW 一个节点，不再经过对等 2G、3G 网络的 GPRS 业务支撑节点 SGSN 的移动性管理实体 MME 网元，而 MME 只处理信令相关流程。通过这种结构，移动数据网络在 4G 时代实现了所谓的"承载控制分离"。

EPC 网络的第三个特点就是全面 IP 化，即整个移动数据网络除了空中部分之外的全部接口均实现 IP 化、分组化。

4G 网络的网络架构更加简化，但是，在相当一段时间里，通信工程师和维护人员面对的还是一种各种制式并存的复杂的移动数据网络（见图 3.2.3）。这主要是因为：

为了从已有的 2G/3G 网络过渡到 4G，与 2G 无线接入网 GERAN 和 3G 无线接入网 UTRAN 的互操作场景在相当一段时间内都会存在；

为了接管 3GPP2 的 CDMA 网络，在 CDMA 运营商网络里，E – UTRAN 和 Trusted non – 3GPP 的 CDMA 网络的互操作场景会在相当长的时间内存在；

Wi – Fi 架构、移动宽带和固定宽带融合将是未来数据网络的发展方向。3GPP 的 4G 网络还要接入 Un – Trusted non – 3GPP IP Access 网络的接入部分（如 Wi – Fi）。

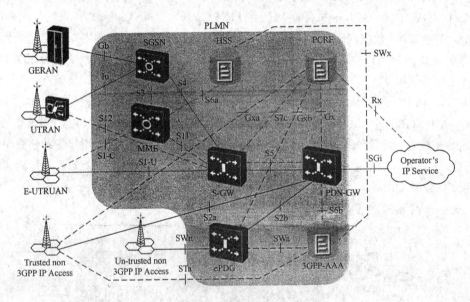

图 3.2.3　各种接入条件的 4G 接口

同时，4G 网络给运行与维护带来的挑战将更大。由于 4G 网络的扁平化，取消了 BSC/RNC 控制节点，海量的 eNodeB 直连到 MME/SAE – SW，将给核心网带来更多的切换信令和寻呼信令。核心网设备直接承担无线基站汇聚节点的功能，这对 MME 和 SAE – GW 的维护和业务冲击很大。此外，4G 网络业务具有多样化的特点，由于移动互联网的普及，每个人的生活都已经离不开移动数据通信，这样 4G 网络承载的业务将越来越贴近人们的生产和生活，每个字节承载的价值更高，并且还要继续承载语音通信的业务，因此对 4G 网络的可靠性和业务质量控制都将提出更高的要求（见图 3.2.4）。

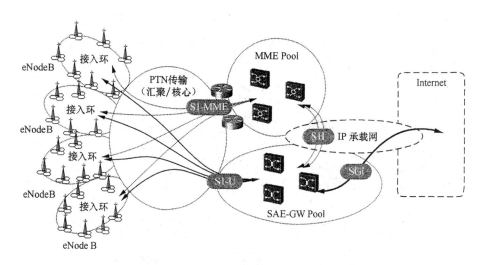

图 3.2.4　网络扁平化带来的 eNodeB 的集中接入

3.2.3　移动宽带网络

移动通信演进到 4G，网络结构发生了很大的变化，我们把 4G 的网络结构称为移动宽带网络，简称 MBB(Mobile Broad Band)。

Mobile 有两层意思，第一层意思表示接入部分是空中接口，第二层意思是终端会移动。

(1) 空中接口决定了其资源有限，信道质量不如有线的固定网络。所以，要采用 OFDM、MIMO 等多种技术来弥补其不足。在网络侧和终端侧必须设计很多状态，用来节约无线和终端资源。虽然我们说 4G 网络可以实现"永远在线(Always‑ON)"，但这里的永远在线是针对网络侧的上下文来说的，无线空中接口资源还不能做到永远在线。DRX、Paging、Sevice Request 等概念流程的引入，都是为了适配这些多变的状态。

(2) 终端移动是指终端会在 LTE 内部不同的 eNodeB 之间移动，而且还会在不同制式的无线网络间移动，因此会带来额外的复杂性。

BroadBand 是基于分组来实现的，宽带同样会带来以下三方面的问题：

(1) 全面的 IP 化。LTE/EPC 网络除了空中接口之外的全部接口均采用分组协议。分组协议各节点独立选择转发路径，因此端到端的路径通常是无法确定的，使得问题定位更加复杂。同时，为了在不可靠的网络层实现可靠的交付，分组网络设计了复杂的传输层协议，进一步增加了数据传送的复杂性。

(2) 复杂的 QoS 控制。分组协议资源共享，可能会造成冲突和拥塞。网络的各个节点必须有能力识别数据包的业务或优先级，在转发层实现分级的 QoS 控制。

(3) 宽带使得大流量场景下的问题定位比较困难。

3.2.4　EPC 网络协议

相对于传统的 2G、3G 网络，4G 的 EPC 网络在全面 IP 化以后，接口协议栈种类大大减少(见图 3.2.5)。

在用户面，4G 网络还是沿用了 2G/3G 时代的协议结构：

与外部 PDN 相连的 SGi 接口，采用了 TCP/IP 协议栈。移动宽带网络的目的是要完成移动终端和因特网的连接，与因特网相连的边界节点必须使用与因特网一致的协议。在需要私网穿越公网的情况下使用 GRE 或者其他隧道进行封装。

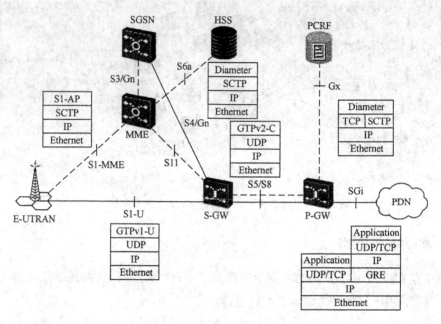

图 3.2.5　4G 网络接口协议栈

在 P-GW 和 S-GW 之间的 S5/S8 接口，控制面采用 GTP-C 协议。S5/S8 接口的用户面以及 S-GW 与 eNodeB 之间的 S1-U 接口，采用 GTP-U 接口（见图 3.2.6）。

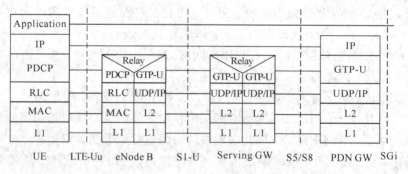

图 3.2.6　用户面端到端协议栈

GTP-U 协议承载在 UDP 协议之上，保证了在实现路径探测、数据分流等功能的情况下协议开销最小。另外，在用户发生移动时，可以通过更新上下文中 GTP-U 的端点 IP，保证用户上下行数据包转发到用户位置发生变化后相应的新的 eNodeB 或 S-GW。

在 4G 网络的核心网侧，上述用户面报文的转发渠道由 MME 通过 GTP-C 控制面的协议协调产生。在 4G 网络中，创建的用于用户面转发的上下文被称为承载（Bearer）。相对于 2G/3G 网络，4G 网络创建承载时传递的信息（标识、QoS）发生了变化，消息类型也发生了变化（以前是 PDP，现在是承载）。4G 网络还引入了新的流程（如 Suspend/Resume）。因此，GTP-C 版本在控制面上做了升级。

MME 和 eNodeB 相连的 S1 - MME 接口传递如下两类消息：

eNodeB 网元和 MME 网元交互的消息，用于在 eNodeB 和 MME 之间完成移动性管理和无线资源管理等。这部分消息是接入部分网元 eNodeB 和 MME 交互的消息，是 S1 接口应用协议，称为 S1 - AP 协议。

还有一部分消息虽然是 MME 从 S1 - MME 接口接收来的，但并不是由 eNodeB 始发的，eNodeB 只是透传终端发给 MME 的消息，并不能识别或者更改这部分消息，所以这一部分被称做非接入层(None Access Stratum，NAS)消息。NAS 消息是终端和 MME 的交互产生的消息，比如附着、承载建立、服务请求等移动性和链接流程的消息。UE 和 MME 之间的协议栈如图 3.2.7 所示。

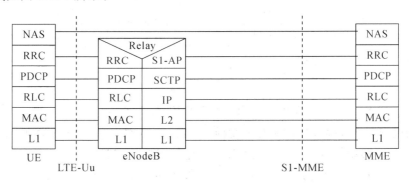

图 3.2.7　终端和 MME 之间的协议栈结构

MME 和 HSS 之间是 S6a 接口，P - GW 和 PCRF 之间是 Gx 接口。这两个接口需要传递大量的各种信元信息，如 S6a 接口传递的大量签约字段信息，Gx 接口传递的用户身份信息、业务信息等。这两种接口要求对应的协议能够携带大量的信息，信息能表明信元的类型和信元值，并且能够随着网络业务和网络运营商的需求进行方便的扩展。

EPC 网络的信令面的几个接口均要求能够可靠地传输消息。由于处在网络层的 IP 协议不能提供可靠的交付，因此数据传送的可靠性必须由上层协议来保证。处在传输层的 TCP 协议能够保证提供可靠的传输。TCP 是基于流的，其设计的初衷是完成大量数据的整体传输。TCP 假定整个会话的数据全部传送完毕才有意义，前面的消息得不到确认，发送端就不会继续发送后续消息，TCP 的拥塞避免和重传都是按照这个思路设计的。但是，EPC 的网络网元的信令接口往往承载着成千上万的用户消息，每一个消息得到响应，就能支撑用户的一次业务(如承载的建立)。所以，为了保证 EPC 网络的信令接口的可靠传输，要求消息独立处理，不能彼此依赖。SCTP 协议就是按照这个原则设计的，SCPT 协议面向消息进行确认，一个用户超时并不会影响其他用户消息的交互。除了面向消息外，SCPT 还实现了多归属，相当于 TCP 用两次会话支撑一次业务传送，以增强可靠性。

3.2.5　EPC 网络的业务

4G 的业务已经从原来移动通信的语音通话和简单的数据短信发展到广义的人体能理解的全面的感官体验。换句话说，今天使用的各种接受信息的手段，4G 都希望为用户提供。最明显的变化是，我们更喜欢的多媒体信息，现在都将纳入 4G 的业务范围。比如视频聊天、图像传递、视频展示、地理位置搜索和定位等，以及人类五官的"味、视、听、嗅、触",都希望在 4G 中有所作为。

从协议角度来看,4G 的业务所在的应用层处在 OSI 参考模型的最高层(第7层),而在因特网广泛采用的 TCP/IP 协议模型中,很多应用层直接设计在传输层(第4层),少部分会存在于会话层(第5层)。移动数据网络处在信息传送管道的"最后一公里"——无线这个特殊的地质构造环境中,移动数据网络的无线特征(资源有限、终端移动)使得整个网络从上到下的协议栈变得异常复杂。这个管道不再像固定网络接入因特网时那样有简单的协议封装(见图 3.2.8)。

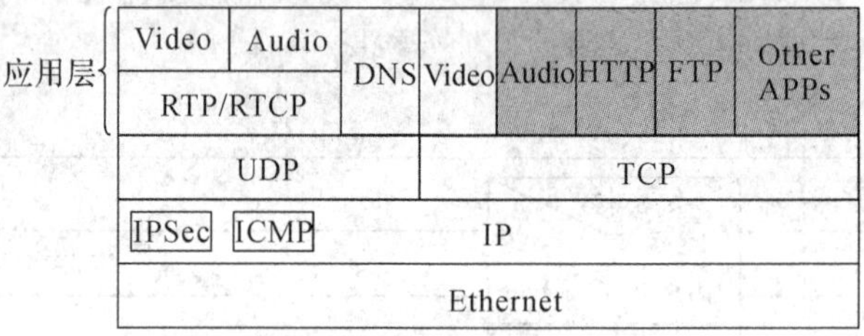

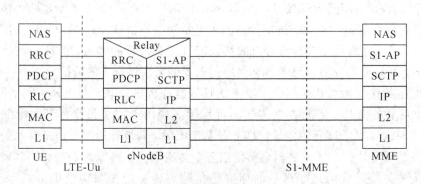

图 3.2.8　典型的 TCP/IP 协议栈结构

传统的固定网络只需要考虑一种地质构造,做好管子的连接和内外"防腐蚀"(丢包、错包等)就可以了。移动数据网络需要关心变化的连接和捉襟见肘的无线承载资源,因此在信令面和用户面都有着复杂的接口协议。图 3.2.9 和图 3.2.10 分别是用户设备(User Equipment,UE)到 MME 信令面和 P-GW 用户面的协议栈结构。

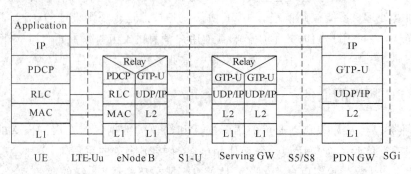

图 3.2.9　UE 到 MME 信令面协议栈结构

图 3.2.10　UE 到 P-GW 用户面协议栈结构

移动数据网络的空中接口部分设计出了更复杂的信道结构以提升信道效率，用尽了每一兆频谱资源。所以移动数据网络的应用层之下变得十分复杂。

由 iPhone 引爆的智能终端的大发展，将终端业务入口从运营商转移到了互联网厂商和 APP 开发者手中，这无疑将爆发一场人们始料不及的革命。这场革命的直接表现就是终端应用软件的爆发式增长。这些应用软件的出现直接带来了应用层协议对网络维护的影响，我们可以从各个协议层次的参与上来进行分析（见图 3.2.11）。

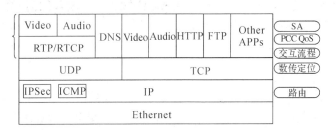

图 3.2.11　各协议栈的相关的维护工作

在应用层，设备（主要是 P－GW）会进行业务感知（Service Awareness，SA），根据不同的业务进行不同的计费或者控制。针对不同业务提供不同的 QoS，通过 P－GW 与 PCC 配合实现。

在传输层，传输层仍使用 TCP 和 UDP 两种协议。但是，正如前面提到的，在移动网络反复封装和大流量的场景下，这一层的问题定位也变得十分复杂。部分应用层协议或引入的会话层，会影响 TCP 的交互过程，更多时候在问题处理时，甚至无法厘清到底是应用层还是传输层的问题影响了最终用户的业务体验。

从受众角度看，4G 业务大致分成以下几个部分：

公众应用：针对一般普通用户手机上网的业务。

行业应用：针对行业或企业用户使用手机或特制的终端的移动数据业务，比如电力远程抄表、移动 POS 机、远程监控通过 PS 网络传送数据等。

语音应用：为终端用户提供语音类业务。这部分业务之所以单独分类是因为目前用户在使用习惯上对语音的实时性和质量的要求还是很高的。另外，在 4G 建网初期，相对于其他数据业务，其语音业务路径也十分特殊。

语音业务在 4G 网络中有几种方案：

（1）SVLTE（Simultaneous Voice and LTE）：同时进行语音和 LTE，也就是我们平时所说的"单卡双待"。SVLTE 终端有两套天线系统（双发双收 2T2R 或者单发双收 1T2R），能够同时在原有的 2G/3G 网络和 4G 网络中进行业务。

（2）CSFB（CS FallBack）：电路域回落。CSFB 是指用户在进行语音业务时回落到 2G/3G 网络的电路域再进行业务。这个方案需要 4G 网络在语音建立连接过程中做少量参与。

（3）VoLTE（Voice over LTE）：通过 LTE 实现语音。VoLTE 使用 LTE 网络通过 IP 多媒体子系统（IP Multimedia Subsystem，IMS）实现与其他 VoLTE 终端、传统电路域终端或者固定网络语音进行互通。由于 4G 网络不可能实现 100% 覆盖，为了保证用户在移动到 2G/3G 网络时语音仍旧连续，VoLTE 方案必须配合 SRVCC（Single Radio Voice Call Continuity，单一无线语音呼叫连续性）实施。SRVCC 保证终端在移动到 2G/3G 网络时，完成 4G 终端到 IMS 域语音通路的建立。

（4）OTT（Over The Top）：在基础电信的基础之上。这个阶段，语音业务包和其他业务包一样在移动数据网络上转发，网络可以在 QoS 上给语音数据包更多的质量保证。这就是所谓的运营商被管道化的最终实现，即语音入口 APP 化。

与其他数据业务在因特网上有十几年的成熟应用不同，4G 网络的语音业务从终端发展到网络是艰难地沿着上述 4 种方案不断摸索才逐渐进入成熟阶段的。在这 4 种语音方案中，PS 的参与度越来越深，这说明整个移动网络越来越分组化，这也是移动网络发展的方向。

3.3　5G——属于未来的新一代移动通信

3.3.1　概述

从 1G 的模拟语音通信，2G 的数字语音通信，3G 的数据通信为主、语音通信为辅到 4G 的全 IP 数据通信方式，移动通信技术的发展已经使运营商的业务发生了巨大的转变。目前，LTE 作为第 4 代移动通信已在全球规模实现了商用，LTE 的无线接口及网络架构面向移动互联网的设计，有效地促进了通信与互联网的融合和发展。虽然无线移动互联网看不见摸不着，但它时时刻刻都和我们息息相关，移动上网、移动网络已经成为我们生产、生活和娱乐不可缺少的必备品。虽然现在的移动通信网络已经为我们的信息传输提供了极大的方便，但人们的追求是无止境的，更高速、更安全、更灵活的移动通信需求依然推动着这一领域的不断进步。

按照移动通信每 10 年出现一代新技术的规律，世界各国都在大力投入下一代移动通信(5G)的研发。关于 5G 的研究，全球从 2012 年就开始了。2013 年 4 月 19 日，IMT－2020(5G)推进组第一次会议在北京召开，这是在中国工信部、发改委、科技部支持和推动下召开的，科技部投入了大约三亿元人民币，先期启动了国家 863 计划第五代移动通信系统重大研发项目，参与其中的有华为等国际著名通信公司和国内的多家企业、大学和研究机构。在此次峰会上，IMT－2020(5G)推进组正式发布了《5G 网络技术架构白皮书》。国际移动通信的标准化组织 3GPP 也于 2015 年 9 月召开了 5G 标准的研讨会，决定于 2016 年正式启动标准研究。

2016 年 7 月 15 日，美国联邦通信委员会(FCC)针对 24 GHz 以上频谱用于无线宽带业务宣布了新的规则和法令，从而使美国成为全球首个宣布将这些频谱用于 5G 无线技术的国家。FCC 表示，基于促成 4G LTE 爆发式发展的成功和灵活的频谱政策，必须为美国加速下一代 5G 网络和技术的发展奠定坚实的基础。这些高频段频谱将通过光纤般的无线网络速度和超低的网络延迟来支持新应用。虽然 5G 技术仍在开发阶段，但是 FCC 这一最新的法令，将为美国 5G 领域的商业投资提供至关重要的方向指导。

FCC 最新的法令开放了近 11 GHz 的可灵活用于移动和固定无线宽带服务的高频段频谱，其中包括 3.85 GHz 授权频谱和 7 GHz 未授权频谱。这些被其定义为可用于 Upper Microwave Flexible Use 服务的频谱具体分布在 28 GHz(27.5～28.35 GHz)、37 GHz(37～38.6 GHz)、39 GHz(38.6～40 GHz)和一个新的 64～71 GHz 未授权频段。此外，FCC 还将继续寻求关于 95 GHz 以上频段的使用意见。通过颁布这些法规，FCC 为美国公司推出 5G 技术铺平了道路。FCC 主席 Tom Wheeler 在决策会议上表示："今天是我们国家的一个大日子。今天也是我们 FCC 的一个大日子。我认为，这一法令将会是 FCC 今年做出的最重要的一个决定。通过成为首个确定(5G)高频段频谱的国家,美国正在领航高容量、高速和低延迟无线网络 5G 时代的发展。"显然,这个决定将在世界各地引发连锁反应。

　　我国信息化建设及两化深度融合工作也正在日益推进。我国在《关于制定国民经济和社会发展第十三个五年规划的建议》中明确提出要"加快构建高速、移动、安全、泛在的新一代信息基础设施",要实施网络强国战略和国家大数据战略,这对中国宽带发展提出了新的、更高的要求。2015 年,国务院出台《"互联网十"行动指导意见》以及《中国制造 2025》两个重要文件,以高速宽带网络建设为抓手,提升信息基础设施支撑水平成为了科技部、发改委、工信部等政府部门的重点推进工作。5G 是新一代宽带移动通信发展的主要方向,随着 4G/LTE 进入规模化商用,以及移动互联网和物联网的快速发展,全球产业界已将研发重点转向 5G,认真贯彻"宽带中国"战略,加大 5G 研发力度,加快 5G 标准推进的步伐,是其中重要的工作内容。

　　本节将对新一代移动通信 5G 做一个简要的介绍。从技术层面来看,目前大家公认的 5G 候选技术主要包括了设备中心结构、毫米波、大规模 MIMO、智能终端设备、支持终端之间的通信等。这些技术与之前的移动通信技术相比有着较大的区别,甚至有根本性的变革。

3.3.2　以设备为中心的结构

　　从发展历史角度来说,无线移动通信系统的设计都依赖以小区为中心单元的结构。蜂窝小区在无线接入网络中是一个最基本的单元。在这样的设计条件下,设备手机通过与本地基站建立一个上行链路(uplink)和一个下行链路(downlink)来连接到网络上,从而实现移动通信。在这些链路上传递着控制和数据信息,基站指挥着这个小区的通信。在最近的这些年,有很多技术发展的趋势将要颠覆这种以蜂窝小区为中心的结构,如图 3.3.1 所示的以设备为中心的结构正是一个发展方向。

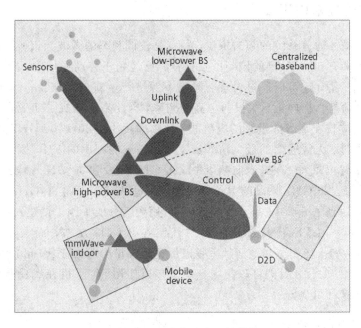

图 3.3.1　以设备为中心的结构

基站密度增加得越来越快，这主要是由异构网络的增多引起的。异构网络在 4G 时代已经标准化了，但 4G 的系统结构的设计本不是为了支持这种异构网络的。网络密度的增加需要 5G 带来更多的改变。举个例子，部署很多具有不同发射功率和覆盖区域的基站需要在上下行链路之间采用去耦合技术，通过这种技术能够让相应的信息顺利经过不同位置的节点。

对于额外频谱资源的需求将会不可避免地导致不同的传播特性的频带资源共同存在于一个系统中。学术界提出了"幻影小区"的概念，在这样的小区中，数据和控制信息被分开了。控制信息由高功率的节点以微波的频率发送，而数据信息则由低功率的节点以毫米波的频率传送。

另外，一种称为集中式基带的概念正在出现，这种概念和云无线接入网的概念有关。在这种概念中，虚拟化导致了节点和硬件之间的去耦合。可以采用分布式硬件来解决有关节点的数据处理负荷。举个例子：储备的硬件资源依靠运营商规定的度量能够被动态分配到不同的节点。

目前使用的结构设计的类别大都从集中化或者局部集中化（例如通过载波聚合）逐渐过渡到完全的分散化（例如通过压缩感知或者多跳网络）。

基于这些趋势，可以想象以蜂窝小区为核心的传统结构将会演变为以设备为核心的结构：某个给定的设备将有能力通过交换多个信息流来与几个可能的异构节点进行通信。换句话说，能够与某个给定设备连接的网络节点集和在通信会话中的这些节点集的功能应当适合于特定的设备和会话。在这种结构下，上行链路和下行链路以及控制信息和数据信息的通道等这些概念都应该重新设计优化。

当然，在具体实现的时候，上述的这些结构方面的颠覆性设计改变仍然需要大量的研究努力。之前的历史表明，结构方面的变化经常驱动着重大的科技进步，相信上面的趋势将会对 5G 的发展产生重大的影响。

3.3.3 毫米波技术应用

众所周知，微波通信系统的频谱资源，特别是较低频率的微波频谱所剩很少且很珍贵。目前来说，差不多有 600 MHz 的该频段频谱资源已经用于移动通信中。想要开发 5G 必然需要更多的频谱资源，这可以通过对现有频谱资源进行重新分配获得，但已经没有多少潜力可挖，我们必须把目标向上看，投向更高的频率，因此毫米波成了几乎必然的选择。

毫米波是指波长在毫米数量级的电磁波，其频率大约在 30～300 GHz 之间。

根据通信原理，无线通信的最大信号带宽大约是载波频率的 5%，因此载波频率越高，可实现的信号带宽也越大。在毫米波频段中，28 GHz 频段和 60 GHz 频段是最有希望使用在 5G 的两个频段。28 GHz 频段的可用频谱带宽可达 1 GHz，而 60 GHz 频段每个信道的可用信号带宽则达到了 2 GHz（整个 9 GHz 的可用频谱分成了四个信道）。

相比而言，4G-LTE 频段最高频率的载波在 2 GHz 左右，而可用频谱带宽只有 100 MHz。因此，如果使用毫米波频段，频谱带宽轻轻松松就翻了 10 倍，传输速率也可得到巨大提升。在 5G 时代，我们可以使用毫米波频段使用 5G 手机在线看蓝光品质的电影，只要有足够的流量即可。

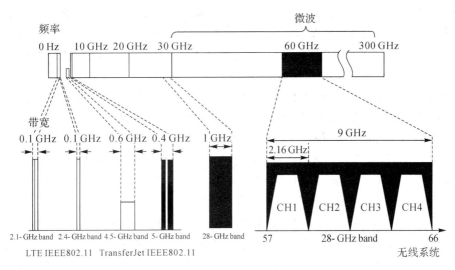

图 3.3.2　各个频段可用频谱带宽比较

毫米波频段的另一个特性是在空气中衰减较大，且绕射能力较弱。换句话说，用毫米波实现信号穿墙基本是不可能的。但是，毫米波在空气中传输衰减大的特性也可以被我们所利用，所谓"It's not a bug，it's a feature！"：你手机使用的毫米波的信号衰减确实比较大，但是同样的，其他终端发射出的毫米波信号（对你而言是干扰信号）的衰减也很大，所以在设计毫米波系统的时候不用特别考虑如何处理干扰信号，只要不同的终端之间不要靠得太近即可。选择 60 GHz 更是把这一点利用到了极致，因为 60 GHz 正好是氧气的共振频率，所以 60 GHz 的电磁波信号在空气中衰减得非常快，从而可以完全避免不同终端之间的干扰。

当然，毫米波在空气中衰减非常大这一特点也注定了毫米波技术不太适合使用在室外手机终端和基站距离很远的场合。各大厂商对 5G 频段使用的规划是：在户外开阔地带使用较传统的 6GHz 以下频段以保证信号覆盖率，而在室内则使用微型基站加上毫米波技术来实现超高速数据传输，如图 3.3.3 所示。

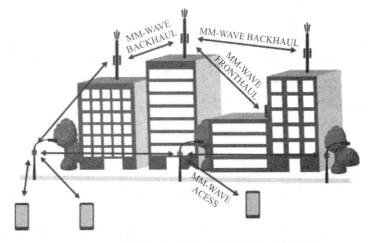

图 3.3.3　毫米波必须配合微型基站（或接入点）使用

相比于传统 6 GHz 以下频段，毫米波还有一个特点，就是天线的物理尺寸可以比较小。这是因为天线的物理尺寸与波段的波长成正比，而毫米波波段的波长远小于传统的 6

GHz 以下频段，相应的天线尺寸也比较小。因此我们可以方便地在移动设备上配备毫米波的天线阵列，从而实现各种 MIMO(Multiple - Input Multiple - Output)，在发射端和接收端分别使用多个发射天线和接收天线，使信号通过发射端与接收端的多个天线传送和接收，从而改善通信质量的技术，包括波束成型技术等。

传播并不是一个难以克服的挑战。最近的测量表明，它具有一些与在微波频段相似的特性，包括依赖距离的路径损耗以及非视距通信的可能。微波频率和毫米波频率最主要的区别是两种波对于阻碍的敏感性。举个例子，某篇研究论文显示对于视距传播，路径损耗指数为 2，对于非视距传播，路径损耗指数为 4(加了一个额外的功率损耗)。毫米波无线通信系统研究需要仔细考虑毫米波容易受到阻碍的特性以及更复杂的信道模型，而且需要研究诸如高密度基础设施和中继等问题的影响。

另外一个问题是控制和数据平面之间的分离，这在前面已经提到过了。

在毫米波系统当中，天线阵列是一个很关键的特征。人们使用大量的天线阵列使天线保持孔径常数，消除关于全向天线的对频率依赖的路径损耗(当天线阵列在链路的一端使用)，提供一个净阵列增益来对抗更大的热噪声带宽(当天线阵列在链路的两端都使用)。窄波束的自适应阵列也能减少干扰的影响，这说明相比于在干扰受限的环境下，毫米波系统能够更容易工作在噪声受限的环境下，即噪声对于毫米波传播的影响相对更大。有效的通信往往建立在有足够阵列增益的前提之下，新的随机存取协议需要发信者只能在特定的方向发送，而且接收者只能从特定的方向接收。自适应阵列处理算法需要其在光束被人遮挡或者一些设备天线被用户自己的身体掩盖的情形下能够快速适应。

毫米波系统也有一些不同种类的硬件限制，其中最主要的一个就是，混合信号分量的高功率损耗来自于模/数转换器和数/模转换器，因此，传统微波系统结构(每个天线连接到一个数/模转换器或者模/数转换器)不太可能应用到毫米波系统中，除非半导体技术有了一个质的飞跃。一种可以选择的办法是利用一种混合结构，其中波束在射频端以模拟信号的形式形成，而且多套的波束产生器跟少量的模/数转换器或者数/模转换器相连。在这种方法中，信号处理算法需要控制模拟波束的权值。另外一种方法是将每一个射频链和一个一位的模数转换器或者数/模转换器相连，这仅仅需要很低的功率。在这种方法中，波束以数字信号的形式形成，但是数据包含了很多噪声。在优化不同的收发器的收发方法、分析收发器的性能，包含多用户的能力，和利用信道特征、稀疏性等方面存在很多研究挑战。

根据以上内容，我们得出结论：毫米波系统需要根本的变化，它将给器件和结构的设计带来巨大的影响。因此，我们将毫米波技术看成 5G 的一种具备潜能的颠覆性的技术，如果人们能够解决上述提到的挑战，它将会带来很高的数据速率以及完全不同的用户体验。

近年来，微波毫米波电路基础技术的迅速成熟为大规模进行 5G 的部署提供了先决条件。比如说 NICT 就已经推出了毫米波频段的收发机，其结构如图 3.3.4 所示。

毫米波收发机芯片的结构和传统频段收发机很相似，但是毫米波收发机有着独特的设计挑战。

其一是如何控制功耗。毫米波收发机要求 CMOS 器件能工作在毫米波频段，所以要求 CMOS 器件对信号具有很高的灵敏度。我们可以参照日常生活中的水龙头来说明这个问题，如果需要 CMOS 器件对微弱的毫米波信号能快速响应，必须把它的直流电流调到很大(相当于把水龙头设置在水流很大的状态)。这样一来，CMOS 电路就需要很大的功耗才能处理毫米波信号。另一个毫米波芯片必须考虑的问题是传输线效应。当信号变化很快时，由于信号的波长接近或小于导线的长度，我们必须仔细考虑导线上每一点的情况，而且导线的性质(特征阻抗)会极大地影响信号的传播。

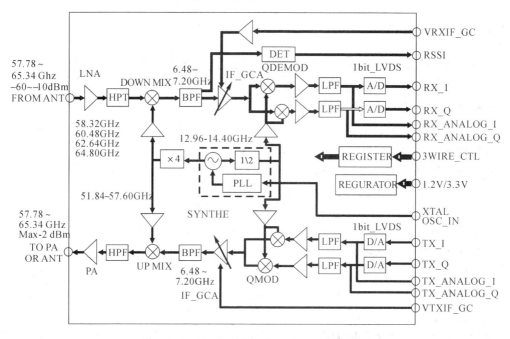

图 3.3.4　NICT 研发的毫米波收发机架构图

不过，尽管设计充满挑战，毫米波芯片大规模商用化目前已现曙光。Broadcom 已经推出了 60 GHz 的收发机芯片(BCM20138)，该产品主要针对 60 GHz 频段的 Wi-Fi 标准(802.11.ad)，也可以看做是为 5G 毫米波芯片解决方案投石问路。Qualcomm 也于两年前不甘落后收购了专注于毫米波技术的 Wilocity。同时，三星、华为海思等重量级选手也推出了毫米波芯片。

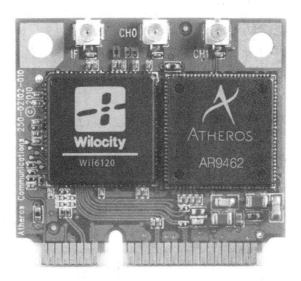

图 3.3.5　Wilocity 推出的 60 GHz 芯片

毫米波技术可以通过提升频谱带宽来实现超高速无线数据传播，从而成为 5G 通信技术中的关键之一。毫米波芯片设计必须克服功耗和电磁设计两大难关，当这两个问题解决后大规模商用只是时间问题。

3.3.4 大规模 MIMO

由分集技术发展起来的多输入多输出（MIMO）技术经过十多年的理论研究之后已经基本成熟，大规模 MIMO 从理论到实践已完全可行，有望在 5G 系统中大规模部署使用。MIMO系统中要求发送端和接收端都有若干个天线独立工作。更多的基站天线在基站与移动终端之间建立起了多个相互正交的信道，通过空间复用/解复用算法的优化，MIMO 技术将能够极大地提升频谱利用率，从而大大提高系统的传输容量。

虽然 MIMO 技术在 3G 时代就被提出，但技术上尚不成熟，软硬件发展也没有跟上。4G 时代的 MIMO 也只能算一个雏形，大规模 MIMO 在 5G 时代有很大潜能。

2016 年上半年，来自布里斯托大学和瑞典兰德大学的一支 5G 研究团队在频谱利用率上创造了一项新的世界纪录。他们在实验时使用的技术就是大规模 MIMO（多入多出）天线阵列，主要是在基站侧布置大量的天线。在实验中，这个小组实现了 22 个用户每 Hz 下 145 b/s 的传输速率，每一个用户数据采用了 256QAM 的调制方式，在 3.51 GHz 频段下的 20 MHz 共享信道，采用 128 天线大规模 MIMO 天线阵列技术。这意味着相比于现有的 4G 网络，频谱效率提升了 22 倍。

同时，这次实验的成功也说明了，无线通信工程师可以采用大规模 MIMO 天线阵列技术来提升网络的数据传输速率，从而实现比现有的网络支持更多的智能手机接入。

目前 MIMO 技术的标准化进程如表 3-3-1 所示。

表 3-3-1　MIMO 技术标准化进程

标准	MIMO	特　点
Rel - 8	发射分集	
	空分复用	最多支持 4 层传输
	波束赋形	只支持单层传输
	MU - MIMO	最多两个 rank 1 UE
Rel - 9	双流波束赋形	SU/MU 灵活切换 最多 4 个数据流（每个 UE 最多 2 层） 采用非码本的传输方式 支持基于信道互异性的反馈
Rel - 10	高阶 MIMO	最多支持 8 层传输 基于双级多颗粒度码本的高精度反馈
	上行 MIMO	最多支持 4 层传输
Rel - 11	CoMP	多小区协作 MIMO
Rel - 12	3D MIMO	拓展成为三维（3D）天线阵列

2010 年年底，贝尔实验室的科学家 Thomas L. Marzetta 提出 Massive MIMO 概念。大规模 MIMO 无线通信，在基站覆盖区域内配置数十根甚至数百根以上的天线，较 4G 系统中的 4(或 8)根天线数增加一个量级以上，这些天线以大规模阵列的方式集中放置。

在 TDD 系统中，基站可以通过信道的互易性来估计出下行链路的信道状态信息。由 TDD 系统信道估计可知，信道估计的复杂度与用户数成正比，而与基站天线数无关。TDD 系统相对于 FDD 系统来说，具有时延低、上下行频带不对称以及传输速率不对称等特性，所以在大规模 MIMO 系统中，TDD 模式比较占优势。

天线阵列的变大使得大规模 MIMO 系统显现出许多有别于传统 MIMO 的新特性。

(1) 随机变化的特性趋于确定。在传统 MIMO 中，由于天线数较少，发送端和接收端形成的信道都具备各自的个体性和独特性，相互之间关联性较小。然而，当天线数增加到无穷时，原本属于随机的信道矩阵，此时各元素间将存在一定的确定性，这样矩阵可以通过某些方式进行分解或者拓展，实现整体运算复杂度的降低。除此之外，天线阵列的孔径越大，其精确度也将变得越高。

(2) 降低用户间干扰及不相关性。随着基站侧天线数量的增加，用户间信道趋于正交，而当基站天线数趋于无穷时，通常严重影响通信系统性能的热噪声和不相干的小区间的干扰可以忽略不计。它可以用上百数量的天线来增加有用信号的功率，增加信干比，同时避免了基站间的相互协调合作，降低了算法的复杂度。

(3) 提高系统频谱效率。Massive MIMO 无线通信技术通过大幅提高基站侧的天线数量，充分利用空间维度无线资源，提高系统频谱利用率。Massive MIMO 可以大幅提升小区的平均频谱效率和边缘用户的频谱效率。小区用户平均频谱效率随基站天线数的增加几乎成线性增加的趋势。

大规模 MIMO 技术是提高移动通信系统容量的重要手段，但是从系统设计及工程实现的角度，仍然面临着很多技术上的挑战。

(1) 信道模型。所有的无线通信系统都需要明确一个相应的系统模型，用来作为一个性能评估和对比的基础。考虑到大规模 MIMO 下阵列孔径受到限制，传统的线性阵列已经不再适用，也许需要拓展到三维空间上的天线阵列。信道模型大规模化、信道参数分布随阵列尺寸的变化、耦合特性、校准误差等非理想因素给信道建模工作带来了很多挑战。

(2) 信道信息精确度及算法稳定性。大规模 MIMO 天线都需要高精度的 CSI，信道估计的精确度、时延以及庞大的反馈开销及处理将成为能否获得较好增益的关键因素。信道的变化速度、覆盖环境的复杂度、蜂窝信号的干扰强度以及反馈信息的速度，也都是影响大规模 MIMO 的效果和成功部署的关键。尽管对大规模 MIMO 已经存在大量研究，但其与控制广播信道的联合设计以及各算法在实际复杂环境中的稳定性，还不具有足够的实际经验。

(3) 资源调度。为了提高系统的容量，在大规模 MIMO 中进行传输时，需要对用户进行天线配对，以形成虚拟的 MIMO 信道。这一过程就包括用户之间形成分组，以及基站处天线的选择。在用户数较多时，频谱资源方面的分配等问题需要重点考虑。同时，由于波束成形的需要，天线设计需要将有源电路与天线阵子进行结合，构成高度集成化的有源天线系统。

（4）导频污染。导频污染作为一个常见的现象并不是 Massive MIMO 系统所特有的，但是它的影响却比在原来的 MIMO 系统中更为深刻。系统性能将唯一受限于相邻小区间重复使用相同的导频序列所带来的导频污染。

为减小导频污染，有研究者提出了移位导频序列的方法。在不同小区之间虽然使用相同的导频序列，但是要避免相邻小区之间的导频序列在帧中所处的位置相互重叠。这样即使所有用户同时在上行链路进行传输也不会发生因导频复用而引起的导频污染。

5G 通信已成为全球研究的热点，Massive MIMO 由于其对系统频谱效率的巨大提升，目前已成为 5G 无线通信领域最具潜力的研究方向之一。导频污染成了制约整个大规模 MIMO 系统性能的瓶颈，同时也存在很多亟待解决的问题。

3.3.5 智能设备

早些年代的网络系统是建立在基站有完全控制的设计的前提下的，然而移动设备的不断升级与智能化使得这种情况有可能发生改变，也就是让设备充当一个更主要的角色。5G 系统将会进一步增加设备的智能性。下面以三种不同的技术为例进行介绍（这些可以被纳入智能设备的行列）：

1. D2D

在以话音业务为核心的系统中，建立通话联系的双方一般不会靠得很近。但在以数据为主的 5G 时代，这个情况将发生改变。比如说几个同一地点的设备要无线分享图片、视频，进行网络游戏、社交等情况将会非常普遍。若通过连接到网络来处理这些通信的话，显然效率是比较低的，可以从以下层次来分析其原因：

（1）本可以用一跳连接的网络却用多跳连接，这会对信令资源造成多方面的浪费，而且还有高延时。

（2）从能量的使用角度看，在上行链路上我们需要几百毫瓦的功率，下行链路一般需要几瓦到十几瓦的功率。如果能实现 D2D 通信，就完全不需要消耗这么多能量了，利用 D2D 通信可以节约移动端的电能消耗，也可以降低别处占用同样信令资源设备的干扰电平。

（3）如果更远基站的路径损耗比 D2D 更大，那么其相应的频谱效率也就更低。

显而易见，D2D 技术有潜能提高局部通信的效率，当然这样的高速率数据交换也能通过其他的无线接入技术实现，比如说蓝牙、Wi-Fi 等。使用时需要局部和非局部内容的混合或者低延时和高数据速率条件的混合，这些也让 D2D 技术的使用理由更充分。我们把 D2D 技术看做是需要低延时的系统的一个重要的使能技术，尤其是在未来使用基带集中和无线电虚拟化的网络部署中。

从研究的角度，D2D 技术呈现出一些相关的挑战。

（1）局部通信发生的频率高不高？D2D 的主要的使用特点是什么？是快速的局部数据交换、低延时应用，还是节能？

（2）带有上行链路、下行链路双工结构的 D2D 模式的整合。

（3）能实现 D2D 技术的设备的设计，从硬件和协议的角度看需要提供同时在 PHY 层和 MAC 层所需的灵活性。

（4）评估与 D2D 模式相关的真实净增益，解释说明可能存在的控制和信道估计的额外开销。

2. 本地缓存

5G 无线网络将加入类似 Cloud RAN（云端无线接入）的全新架构，本地化的微数据中心将会崛起，它们可以支持如工业物联网网关、高清视频缓存和转码等基于服务器的网络功能。此外，对全新拓扑协议的支持让 5G 可以更好地管理较为分散的异构网络。

目前云计算的范例是数据存储和数据传输之间达到更加平衡的结果：信息在任何方便和便宜的环境下被存储和处理，因为传输信息的边际成本很少，所以可以忽略（至少在有线网络中）。但对于无线设备，成本就不能忽略了。但是，这种在有限网络边缘缓存海量数据的想法仅仅适用于接受延时的通信，它在以话音为中心的系统中没有意义。缓存技术最终可能在以数据为中心的系统中有意义。

我们很容易想到移动设备具有大量的存储器。在这样的设想之下，如果大量的无线共享数据是目前最流行的音频、视频、社会内容，很明显，通过单播传输这些内容的效率会很低。但不可能采用组播来传输，因为需求是异步的。因此，我们发现本地缓存技术无论在无线电接入网络边缘（如小基站）还是在移动设备中，都是一种重要的技术。

3. 先进的抗干扰技术

除了 D2D 技术和大量的存储设备，未来的移动设备也可能包含不同形式的因素。在一些例子中，设备可能会包含几个天线，伴随着赋形波束和空间复用，它的抗干扰能力会增强。对于收发机而言，时空联合处理、自适应控制和导频信号是抗干扰的关键技术。

3.3.6　支持机器与机器之间的通信

现在的无线通信就像水和电一样，已经变得完全商品化了，这种商品化进而引起了大量的新型服务（有新的要求）。

（1）大量的互联设备：在目前的移动通信系统中，一般每个基站为几百个设备服务。但在一些服务中可能需要有超过一万个互连设备，比如说计量、传感器、智能电等，以及其他的一些覆盖范围很广的服务。

（2）非常高的链路可靠性：当前面向关键控制、安全和生产的系统主要利用有线方式连接，这是因为无线链路不能提供相同的保密性。如果要实现这些系统从有线到无线的转变，必须要在所有时间能够可靠地运行，这一点对于无线链路非常重要。

（3）低延时和实时的系统运行：相比于之前的要求，这可能是一个更加严格的要求，因为它需要在一个给定的时间间隔内可靠地传送数据。一个较为典型的例子就是：交通工具之间的连接性通过及时传送关键的信息（比如警报、控制信息等）来增加交通安全性。

图 3.3.6 简单给出了传输数据速率和设备用户数量之间的关系。图中，R1 区反映了当今的移动通信系统的情况，随着用户数量的增多，设备的数率会降低；R2 区反映了当前旨在提高频谱效率的研究区域；R5 区受限于目前的物理和信息理论的限制，当前还不具有可行性；R3 区和 R4 区是符合这一部分讨论的新技术。

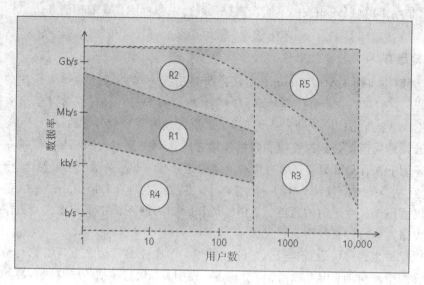

图 3.3.6 用户数与传输速率分布图

R3 区指的是大规模 M2M 通信，其中每一个连接的机器或者传感器用于零星地传送小数据块的信息。目前的系统不是用于给聚集的通信量(来自于大量的设备)同时服务的。例如，目前的系统很容易给 5 个设备中的每个设备同时提供 2 Mb/s 的速率，但不能给 10 000 个设备中的每个设备提供 1 kb/s 的速率。

R4 区中运行的系统，每个设备所需的平均速率相对较低，需要同时兼顾高可靠性和低延时性。

存在一些服务同时需要以上提到的多种要求。但共同点是每一次独立的传送的数据大小是很小的，小到几个字节。这深刻地改变了通信范式，主要有以下几点原因。

(1) 现有的依靠长码字的编码方法对于很小的数据块不是很实用。

(2) 小数据块使得估测控制和信道开销的效率更加低下，目前，控制平面很强大，但还需要优化，因为它仅代表有效载荷数据中一个不多的部分。最复杂的信号处理被用于传送有效负载数据。一个优化的设计应当关注数据层和控制层更紧密的耦合。

(3) 正如之前提到的，需要重新设计关键结构，关注新类型的节点需求。在系统层次方面，为了能够满足大量设备对于延时性和资源灵活分配的需求，我们需要重新考虑作为 4a 核心的基于结构的方法。

未来的 5G 将会解决这些问题，可以为大量设备提供可靠、实时的链路保证，如支持健身跟踪器和智能手表、智能家庭设备。5G 技术也意味着真正的智慧城市、物联网时代即将来临。

3.3.7 总结

总体来看，5G 的发展需要许多与之前完全不同的技术，在具体标准化及部署的时候，需要考虑技术、专利保护等诸多方面的利益，往往需要在许多矛盾之间进行相互妥协。目前 5G 的标准正在紧锣密鼓地制定，相信不久的将来就会有结果。

目前中国移动也发布了 5G 演进路线图,中国移动将作为主要成员协助国内机构在 2018 年之前完成 5G 标准制定,2020 年开始技术试验,待成熟后很快大规模部署。据悉,我国当前 5G 工作正在从前期研究进入到标准制定阶段。总体而言,我国 5G 标准研究和技术开发基本保持与国际先进水平同步发展。

　　中国的移动通信产业,从 1G 和 2G 的全盘引进,到 3G 的参与标准制定以及 4G 的领先,我们有理由相信在 5G 时代我国通信产业能有更大的进步。

习题与思考题

1. 简述第三代移动通信的目标和基本特征。
2. 试对第三代移动通信的 3 种主要无线传输方案做一比较,我国提出的 TD - SCDMA 方案有什么技术特色?
3. 查阅相关资料,分析 5G 通信中关键核心技术的标准化进展情况,写一篇读书笔记。

第4章 卫星通信

早在20世纪40年代，就有人提出了利用卫星进行通信的设想。第二次世界大战结束后，各国科技和经济开始复苏。1957年，前苏联率先发射了世界上第一颗人造地球卫星。1963年，美国宇航局发射了第一颗试验性静止同步通信卫星"辛康姆"，并成功地用它进行了1964年东京奥运会的实况转播。1965年，国际通信卫星组织（INTELSAT）把第一颗商用通信卫星"晨鸟"送入地球静止同步轨道。卫星通信就此迅速发展，并在国际、国内、军事、民用通信以及移动通信和广播电视上得到越来越广泛的应用。

卫星通信实际上是将通信卫星作为空中中继站，将地球上某一地面站发射来的微波无线电信号转发到另一个地面站，从而实现的两个或多个地域之间的微波通信。因此，可以认为卫星通信是地面微波中继通信的继承和发展，是微波接力通信向太空的延伸。卫星通信是在微波通信和航天技术基础上发展起来的一门新兴的无线通信技术。

4.1 卫星通信系统

通信卫星是设置在太空的无人值守的微波中继站，各地球地面站之间的通信都是通过它的转发来实现的。卫星可以有不同的运行轨道，而不同轨道的卫星系统在网络结构、通信方式、服务范围和系统投资等方面均有较大的差异。

4.1.1 卫星通信系统的分类

按照习惯，人们一般根据通信卫星距离地面的高度来对卫星通信系统分类，大致可以分为以下三种。

(1) 高地球轨道卫星系统（GEO）。卫星距地面高度超过20 000 km以上。

(2) 中地球轨道卫星系统（MEO）。卫星距地面高度5000～20 000 km。

(3) 低地球轨道卫星（LEO）。卫星距地面500～5000 km。

由于在地球上空2000～8000 km的空间有一个由范伦（Van Allen）带形成的恶劣的电磁辐射环境，所以这一高度范围的空间往往不宜于卫星的运行。

如果按卫星的运行周期以及卫星与地球上任一点的相对位置关系不同，我们又可以将卫星通信系统分为同步卫星系统和非同步卫星系统。

(1) 同步卫星系统。通信卫星运转周期与地球自转周期相同，其运行轨道称为同步轨道。卫星沿赤道上空35 800 km高的圆形轨道与地球自转同向运行，卫星在运行过程中与地球保持相对静止，这种卫星称为同步卫星或静止同步卫星。

(2) 非同步卫星系统。通信卫星运转周期不等于（通常是小于）地球自转周期。其轨道倾角、高度、形状（圆形或椭圆形）因需要而不同。站在地球的立场上看，这种卫星是以一定的速度在移动的,故又可以称为移动卫星或运动卫星。

由于同步卫星相对地球保持静止,故同步卫星系统又称为静止卫星系统,相应地,非同步卫星系统又称为非静止卫星系统。

不同的卫星系统各有不同的特点和用途。

目前,卫星通信系统大部分是同步卫星系统。因为同步静止卫星距地面高达35 800 km,一颗卫星对地球表面的可通信覆盖区可达到 40% 左右,地球上最远跨距达到 18 000 km,从理论上讲,只需要 3 颗这样的同步卫星,就可以实现全球范围(除两极地区之外)的通信。图 4.1.1 是同步卫星波束对地球表面的覆盖的一个示意图。注意:这张图仅仅是为了说明问题的一个示意图,各部分的尺寸比例并不准确。

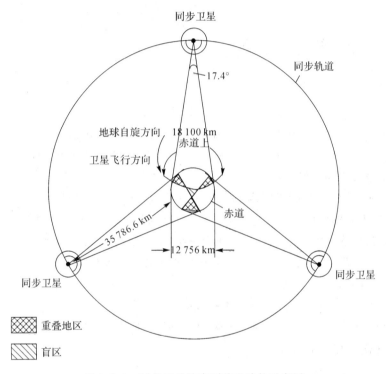

图 4.1.1 同步卫星波束覆盖地球的示意图

由于同步卫星与地球相对静止,通信时地面站天线不需要复杂的跟踪系统,也不需要因卫星的运动而更换使用不同的卫星来保持通信的连续,另外,同步静止卫星的信号频率比较稳定,不会因为卫星与地球的相对运动而产生多普勒效应。但是,同步卫星也由其固有的缺点:由于离地球比较远,信号在传输过程中损耗和延时较大;南、北两极是同步卫星的通信盲区,这是一个很大的缺陷;地球的同步轨道只有一条,因此能够容纳的卫星个数有限,限制了卫星通信的发展;此外,静止卫星的发射和在轨测控技术比较复杂。

4.1.2 卫星通信系统的组成与工作方式

1. 卫星通信系统的组成

如图 4.1.2 所示是一个卫星通信系统的示意图。

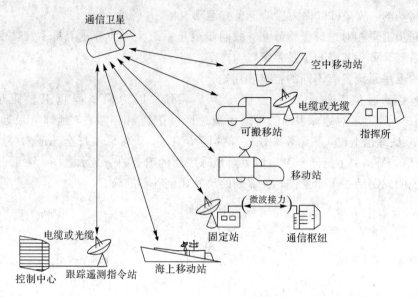

图 4.1.2　卫星通信系统的示意图

一个卫星通信系统一般由空间段、控制段和地面段三部分组成。

空间段包括通信系统中所有的处在地球外层空间的卫星，在空中对地面或其他卫星发来的信号起中继放大和转发作用。

控制段由所有地面控制和管理设施组成，它既包括用于监测和控制(又称跟踪、遥测和指令系统)这些卫星的地球站，又包括用于业务与星上资源管理的地球站。

地面段主要由多个承担不同业务的地球站组成。按照业务类型大致有 3 种：

(1) 用户站。如手机、便携设备、移动站和甚小孔径终端(VSAT)等，用户站可以将用户直接连接到空间段；

(2) 接口站。又称关口站，它将空间段与地面网络互连；

(3) 服务站。如枢纽站或馈送站。它通过空间段，从用户处收集或向用户分发信息。

2. 卫星通信系统的工作方式

卫星通信系统是这样工作的：

各地面站的用户信号通过微波发到卫星，经卫星接收以后再转发给其他地面站，由此来完成通信任务。在静止卫星通信系统中，通信线路大多是单跳工作的，即发送的信号只经过一次卫星转发就被对方地面站接收，但有时也有双跳工作的线路，即发送的信号要经过两次卫星转发才完成通信过程，如图 4.1.3 所示。

在一个卫星通信系统中，上行链路、下行链路和星间链路的电磁波传播空间，也是通信系统的必要组成部分。上行链路指从发送地球站到卫星的电磁波传播空间，下行链路指从卫星到接收地球站的电磁波传播空间，而星间链路则是指从一颗卫星到另外一颗卫星之间的通信链路，通过电磁波(或光波)可以将多颗卫星直接连接起来。通常，把从发信地面站到卫星的这一段线路(电磁波传播空间)称为上行链路，从卫星到收信地面站这段线路(电磁波传播空间)称为下行链路。上行链路和下行链路使用不同的电磁波频率，合称为卫星通信链路。

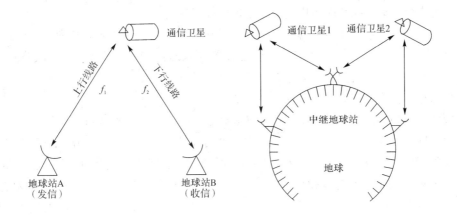

图 4.1.3　单跳和双跳卫星通信线路

3. 卫星通信系统的工作频段

卫星通信应将工作频段选在电波能穿透电离层的特高频和微波频段。此外，在选择工作频段时，还要考虑以下几个方面的因素：

(1) 天线系统接收的外界噪声要尽可能小；

(2) 电波传输损耗及其他损耗要小；

(3) 设备重量要轻，耗电要省；

(4) 可用频带要宽，以满足通信容量的需要；

(5) 与其他地面无线系统(例如微波中继通信系统、雷达系统等)之间的相互干扰要小；

(6) 能充分利用现有技术设备，便于与现有通信设备配合使用等。

综合上述各方面考虑，目前，卫星通信系统使用的无线电频段主要有：

(1) UHF 频段：400/200 MHz；

(2) L 频段：1.6/1.5 GHz；

(3) C 频段：6.0/4.0 GHz；上行频率为 5.925～6.425 GHz，下行频率为 3.7～4.2 GHz，带宽为 500 MHz。大部分国际卫星通信，尤其是商业卫星通信都使用此频段。

(4) X 频段：8.0/7.0 GHz；上行频率为 7.9～8.4 GHz，下行频率为 7.25～7.75 GHz，带宽为 500 MHz。部分国家的政府和军事卫星通信使用此频段。

(5) Ku 频段：14.0/12.0 GHz；14.0/11.0 GHz；上行频率为 14～14.5 GHz，下行频率为 11.7～12.2 GHz 或 10.95～11.2 GHz 及 11.45～11.7 GHz，带宽为 500 MHz。国际卫星通信从第五代开始使用此频段。一些国家的民用卫星通信和卫星广播业务也使用这一频段。由于频率高，天线增益可以得到提高。

(6) Ka 频段：30/20 GHz；已有发达国家已经开始启用这一频段，该段内集中了最新的卫星通信技术。

随着通信业务的急剧增长，人们正在探索应用更高频率的直至光波段的可能性。

4.1.3　卫星通信的特点

1. 卫星通信的长处和优点

卫星通信作为现代通信的重要手段之一，与其他通信方式相比有其独到的优点：

（1）通信距离远、覆盖地域广、不受地理条件限制。

从理论上讲，一颗同步静止通信卫星，轨道在赤道平面上，离地面高度为 35 780 km 左右，采用三个相差 120°的静止通信卫星就可以覆盖地球的绝大部分地域（两极盲区除外）。若采用中、低轨道移动卫星，则需要多颗卫星才能覆盖地球。

（2）具有多址连接特性，通信的灵活性大。

一般通信手段，如明线、电缆、光纤或地面微波等，都是由点成线，由线再成网。而卫星通信则不同。一旦卫星发射成功，只要在它的覆盖范围内，无论是空中、地面或海上；不论是相隔很近的大山两侧，还是相距万里的大洋两岸；地面站不论是静止的，还是移动的；只要处在卫星微波传输的直线视野里，都能收到卫星转发的信号或可以向卫星发送信号。因此，虽然只有一颗卫星，却可以为地面上四面八方、大大小小多个地面站之间的通信服务。卫星系统这种能同时实现多个方向，多个地面站之间的通信的特性叫做多址连接特性，这种特性使得卫星通信可以不受地理条件的影响。和其他的通信方式相比，卫星通信具有很大的机动灵活性。

（3）传播稳定可靠，通信质量高。卫星通信利用微波传播信息，所经历的路径大部分是在大气层以外的宇宙空间，属于自由空间传播。电波传播几乎不受季节、气候变化的影响，即使是在发生磁暴和核爆炸的情况下，通信照样畅通。卫星通信的畅通率一般都在 99.8%以上。由于通信卫星是多点之间建立直达通信的唯一的中继站，不像地面微波中继通信必须建立多个中继站，所以在传输过程中不会由于噪声叠加而造成通信质量下降。

（4）通信成本与通信距离无关。卫星通信建站的成本与通信距离无关，这是其他方式的通信都做不到的。卫星地面站的建设速度快，因此不仅在国际通信中，即使对于国内的有些区域，如边远地区、农村、山区等经济、交通不发达地区也是一种极为经济、有效的通信手段。我国地域辽阔，发展卫星通信有很大好处。

（5）可用的无线电频率范围大（频带宽），因此通信容量大，传输业务类型多。卫星通信的工作频率使用微波频段（300 MHz～300 GHz）。由于采用微波频段，可供使用的频带很宽，因此能够提供大容量的通信。如 INTELSAT 第八代卫星和更新一代卫星系统中引入宽带 ISDN 同步传输所需的编码调制新技术，可支持在一个 72 MHz 标准卫星转发器中传输 B-ISDN/SDH STM-1 的 155 Mb/s 的高速率综合业务，一个单一 INTELSAT 转发器可传输 10 路数字高清晰度电视节目或 50 路常规广播质量的数字电视业务。

2. 卫星通信的局限和缺点

卫星通信也并非十全十美，它的主要局限性和缺点是：

（1）通信卫星使用寿命较短。通信卫星是综合高科技的产品，由成千上万个零部件组成，只要其中某个零部件发生故障，就有可能造成整个卫星的失效。处在太空中的卫星，如要进行修复，成本很高，几乎是不可能的。为了控制通信卫星的轨道位置和姿态，需要消耗推进剂。卫星工作寿命越长，所需要的推进剂就越多。而卫星的体积和重量是有限的，能够携带的推进剂也是有限的，一旦推进剂消耗完，卫星就失去了控制能力，只好任其位置飘移，姿态变化，沦为"太空垃圾"。

（2）卫星通信系统技术复杂。静止同步卫星的制造、发射和测控都需要先进的空间技术和电子技术。目前世界上只有少数几个国家能自行研制和发射静止同步卫星。

（3）卫星通信有较大的传输延时，尤其是对于距离地球较远的同步静止卫星。电磁波在自由空间的传播速度是每秒 30 万公里，从同步卫星到达卫星地面站大约需要 270 ms，这是单向延时，双向延迟时间比单向延时还要增加一倍。这是通过卫星打电话会产生明显的延迟的主要原因。

4.2 卫星通信链路与设备

4.2.1 卫星通信质量参数和技术指标

任何通信线路要完成的最终目标，就是实现两通信点之间可靠而又高质量的连接。对于一个卫星通信链路，必须做到接收到的射频载波功率远大于噪声功率，因此，一般用接收到的射频载波功率与噪声功率之比，即载噪比 C/N 来评价链路的质量。在实际通信工程中，模拟信号的传输是以解调以后的信噪比 S/N 来描述的，而数字信号的传输是以解调以后的比特误码率 BER 来描述的 。不论 S/N 还是 BER，都直接与解调以前的载噪比 C/N 有关。下面简单介绍卫星通信链路载噪比 C/N 的计算，同时给出几个表征卫星转发器和地球站性能指标的重要参数。

1. 通信链路载波功率计算

（1）天线增益 G。在卫星通信中，一般使用定向天线，把电磁能量聚集在某个方向上辐射。设天线开口面积为 A，天线效率为 η，波长为 λ，则天线增益为

$$G = \eta \frac{4\pi A}{\lambda^2} \qquad (4-2-1)$$

（2）有效全向辐射功率 EIRP。通常把卫星和地球站发射天线在波束中心轴向上辐射的功率称为发送设备的有效全向辐射功率（EIRP）。它是天线发射功率 P_t 与天线增益 G_t 的乘积，即

$$\text{EIRP} = P_t G_t \qquad (4-2-2)$$

（3）接收机载波接收功率 C。卫星或地球站接收机输入端的载波功率一般称为载波接收功率，记作 C。

设发射机的有效全向辐射功率为 EIRP，接收天线增益为 G_r，接收馈线损耗为 L_{FR}，大气损耗为 L_a，自由空间传播损耗为 L_p，其他损耗为 L_r，则接收机输入端的载波接收功率 C 可以表示为

$$C = \frac{P_t G_t G_r}{L_{FR} L_a L_p L_r} \qquad (4-2-3)$$

将所有损耗归并为一项，记做 L，则上式可写成

$$C = \frac{\text{EIRP} \times G_r}{L} \qquad (4-2-4)$$

通常 C 用 dBW 表示，则应对上式取对数。

2. 通信链路噪声功率计算

（1）噪声功率 N。

如果接收系统输入端匹配，则各种外部噪声和天线损耗噪声综合在一起，进入接收系

统的噪声功率应为

$$N_a = kT_a B \qquad (4-2-5)$$

式中，N_a 为进入接收系统的噪声功率；T_a 为天线的等效噪声温度；k 为波尔兹曼常数；B 为接收系统的等效噪声带宽。

(2) 放大器噪声系数 F 与等效噪声温度 T。

接收机的内部噪声包括放大器、混频器和无源网络的噪声，它们的性能一般用噪声系数 F 来表示。由于天线噪声常用等效噪声温度表示，因此，当同时考虑外部噪声和内部噪声时，为了方便起见，接收机的内部噪声也常用等效噪声温度 T 来表示。

噪声系数 F 与等效噪声温度 T 的关系可以参考其他有关书籍。

3. 卫星通信链路的载噪比

(1) 上行链路载噪比 $(C/N)_U$。

在计算上行链路载噪比时，地球站为发射系统，卫星为接收系统，设地球站的有效全向辐射功率为 $EIRP_E$，上行链路传输损耗为 L_u，卫星转发器接收增益为 G_{RS}，卫星转发器接收系统损耗为 L_{FRS}，大气损耗为 L_a，则卫星转发器接收端的载噪比：

$$(C/N)_U = \frac{ERIP_E G_{RS}}{L_u L_{FRS} L_a k T_{sat} B} = \frac{ERIP_E G_{RS}}{L_u k T_{sat} B} \qquad (4-2-6)$$

式中，T_{sat} 为卫星转发器输入端等效噪声温度；B 为卫星转发器接收机带宽。为了简便起见，把卫星转发器接收系统损耗 L_{FRS} 和大气损耗 L_a 归并在 L_u 中。由于载噪比 C/N 是带宽 B 的函数，因此这种表示方法缺乏一般性，对不同带宽的系统不便于比较。若将噪声改用每赫带宽的噪声功率(即单边噪声功率谱密度 n_0)表示，则与 B 无关，有

$$C/n_0 = C/kT = \frac{EIRP_E G_{RS}}{L_u k T_{sat}} \qquad (4-2-7)$$

式中，G_{RS}/T_{sat} 的值直接关系到卫星接收性能的好坏，故把它称为卫星接收性能指数，或卫星接收机品质因数，简记为 G/T。通常，G/T 值越大，卫星的接收性能就越好。

(2) 下行链路载噪比 $(C/N)_D$。

在下行链路中，卫星转发器是发射系统，地球站是接收系统，与上行链路类似，可得地球站接收端的载噪比

$$(C/N)_D = \frac{EIRP_S G_{RE}}{L_d k T_E B} \qquad (4-2-8)$$

式中，$EIRS_S$ 为卫星转发器的有效全向辐射功率，G_{RE} 为地球站接收天线增益，T_E 为地球站接收机输入端等效噪声温度；B 为地球站接收机的频带宽度；L_d 为整个下行链路的传输损耗，同样，我们有

$$C/n_0 = C/kT = \frac{EIRP_S G_{RE}}{L_d k T_E} \qquad (4-2-9)$$

从式中可以看出，G_{RE}/T_E 的值直接关系到地球站接收性能的好坏，故把它称为地球站接收性能指数，或地球站接收机品质因数，也简记为 G/T。通常，G/T 值越大，地球站的接收性能就越好。

前面研究的上行和下行线路的载噪比都是单程线路的载噪比。而实际上卫星通信是双程的，即地球站—卫星—地球站。因此，计算卫星通信系统的总载噪比 (C/N) 应该考虑这

两部分的噪声以及放大器由于要放大多个载波所造成的互调噪声的影响，因为计算比较复杂，这里就不再展开讨论了。有兴趣的读者可参考有关专业书籍。

4.2.2 星载设备和地球站设备

卫星通信系统的基本设备是卫星星载转发器和地球站接收、发送设备，如图 4.2.1 所示。

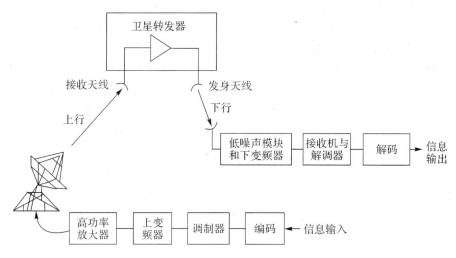

图 4.2.1　卫星星载转发器和地球站接收、发送设备组成

发送端输入的信息经过编码处理后，先调制到中频载波上，调制后的中频信号经上变频器将频率变至上行射频频率，再经高功率放大器(HPA)放大后通过发射天线发往卫星。卫星转发器通过接收天线接收地球站发来的微波信号，对所接收到的信号进行放大和必要的处理，并将上行频率变换为下行频率，然后再经卫星发射天线发射，送回地球站。地球站在接收到的卫星发来的微弱信号后，首先送入低噪声放大器进行放大，然后送入下变频器将信号变为中频，再经过解调和解码恢复发送端的原始信号。

我们在本节中，主要从系统(性能)的角度来介绍星载转发器和地球站的主要设备以及当前技术所能达到的水平，不讨论具体设备的电路原理和结构。

1. 高功率放大器和低噪声放大器

无论是对于星载设备还是地球站设备，高功率放大器(HPA)和低噪声放大器(LNA)无疑是两种最重要的部件。

1) 高功率放大器 HPA

目前卫星通信系统中最常用的高功率放大器(HPA)是行波管放大器(TWTA)、速调管放大器(KPA)和固态晶体管功率放大器(SSPA)。

行波管是一种微波电真空器件，工作时利用电子束和电磁波的相互作用，使输入信号得到放大。TWTA 有较宽的带宽，在 C 波段能提供 500 MHz 的带宽，在 Ku 和 Ka 波段的带宽可达 1000 MHz。TWTA 的功率一般在 50～800 W 之间。速调管也是微波电真空器件，它有两个或两个以上的谐振腔，利用电子的渡越时间，采用速度调制的方式实现对微波信号的放大。与行波管相比，它可以获得更高的增益和较好的电源效率，输出功率比较大，在 C、Ku 和 Ka 频段，输出功率分别可达 3 kW、2.5 kW 和 1.5 kW。但 KPA 的带宽较窄，约为 50～100 MHz。这类放大器被广泛用于电视广播系统的上行站和一些带宽较窄的 FDMA 地球站。

目前，用于卫星的 TWTA 输出功率一般在 250 W 以下，精心设计的 TWTA 具有长寿命、重量轻和高效率 DC-RF（直流电源功率到射频功率）转换的特点。在低功率应用场合，如 VSAT 终端站，或 MSS 的 L 和 S 波段转发器，可采用固态功率放大器（SSPA）。目前，SSPA 用的功放管主要是砷化镓场效应半导体管（GaAsFET）。它性能稳定，可长时间工作而无需保养。其带宽介于 KPA 和 TWTA 之间。通常，它以增益为 6～10 dB、最大输出功率约 3～10 W 的单元电路为基本模块，而更高的增益和功率输出将由多个基本模块组合而成。

2）低噪声放大器 LNA

低噪声放大器（LNA）的最重要的指标是内部噪声的大小，用等效噪声温度来量度。整个接收系统的 G/T 值，除取决于接收天线增益外，就是噪声温度，而 LNA 的性能在很大程度上决定了系统的等效噪声温度。为达到所要求的接收系统 G/T 值，LNA 噪声温度的大小在一定程度上决定了接收站（含天线）的规模和体积。

目前的 LNA 几乎都采用砷化镓场效应管放大器 GaAsFET，在 C、Ku 和 Ka 频段的噪声温度分别可达到 60 K、80 K 和 140 K。如果采用所谓的 Peliier 制冷器，降低 FET 的环境温度，则这种制冷的 FET LNA 噪声温度将比常温的 LNA 的噪声温度更低，在上述频段可分别达到 45 K、55 K 和 100 K。

2. 星载转发器

1）弯管式转发器

星载转发器工作于通信卫星平台上，它提供一个完整的微波传输信道，并可在没有维修和更换器件的条件下稳定地工作多年（由卫星寿命确定）。星上的能量来源于太阳能电池单元阵列，当卫星在地球阴影（也称星蚀）时，将由星上蓄电池存储的能量提供足够的功率。对于静止轨道卫星，每年春分和秋分前后的 20 多天中，每天都有一段时间（最长可达 70 min）发生星蚀。

弯管式转发器仅完成对信号的放大和将上行频率变换为下行频率。转发器可以是单信道的宽带转发器，带宽一般为 500 MHz；也可以是具有多个转发器的多信道转发器。在多信道转发器中，以波导实现的 RF 滤波器组称为输入复用器（IMUX），它将宽带信道分隔为若干路信道，即多个转发器，然后分别进行功率放大（PA），在输出端再将这些 RF 功率在输出复用器（OMUX）中合成。

星载转发器的功率放大器通常都采用行波管放大器（TWTA）。典型的 TWTA 可将电源功率的 60% 转换为 RF 输出，而 40% 的能量转换为热能，寿命达 15 年之久。

为了提高星载转发器的可靠性，一些容易失效的模块或部件都有冗余配置。

2）转发器的 EIRP 和 G/T

转发器最重要的指标是 EIRP 和 G/T 值，而这两个参数除了取决于射频部分 HPA 输出功率和 LNA 的等效噪声温度外，还与星载天线的增益密切相关。

对于 FSS（固定业务）系统来说，因为地球站通常有大天线和高功率的放大器，对卫星 EIRP 和 G/T 的要求可以较低。但是，对于 MSS（移动业务）系统的手机用户终端或者对廉价的 VSAT 地球站来说，卫星应有足够高的 EIRP 和 G/T 值。

3）数字处理转发器

弯管式转发器经过多年的发展，技术已经成熟。这类转发器限制了迅速发展的数字信号处理器(DSP)、固态器件和高效高速的超大规模集成电路(VLSl)等大量进入卫星通信领域，而这些先进技术仅在一些不十分重要的方面，如基于数字 VSAT 系统的调制解调器、支持卫星电话的多种复接器、回波抵消以及 DTH TV 接收机等方面得到应用。

星载数字处理转发器是将接收的上行信号在向地球站转发之前在星上进行处理，以实现下行链路的最佳传输。主要的处理功能包括时分信道的交换、窄带信道的选择和路由、数据流的解调和再调制、FEC 解码和再编码等。实现这些处理技术涉及高速 A/D 变换、快速傅里叶变换(FFT)、数字滤波、高速数据的缓存和编解码等。这些先进技术的应用，促进了卫星通信系统性能的大幅度提高。

3. 地球站设备

卫星通信地球站的基本功能是提供双向数字链路：向卫星发射信号；接收经卫星转发的来自其他地球站的信号。

1）通信地球站的组成

通信地球站主要包括射频终端(包括天线、HPA、LNA 和上、下变频器)、调制解调器、基带与控制设备，以及用户接口。射频终端与基带设备之间为中频(IF)调制解调器。基带处理具有复接、分接和编/解码功能，并有与地面某种类型终端相连接的接口。地面线路可以是光缆或微波链路，它将业务延伸到相应的业务点，如电话交换局、办公楼或电视演播室等。

地球站一般都设置有本地或远端的监视和控制(M&C)设备，以便于对地球站的操作和管理。大小不同的地球站，其 M&C 的复杂程度可能很不一样。

2）地面接口

地球站为用户(或其他通信网)进入卫星通信网提供了某种形式的入口。地球站与用户设备之间的接口，或者与地面网的接口，是卫星通信网设计的重要方面，它对 QoS 有极大的影响。通常，进入卫星网的各类业务信号的协议(特别是数字业务)和信令都需要进行转换。接口标准化是实现设备(地球站与用户设备)之间或不同通信网之间互联互通的有效途径。

卫星通信系统常用来为两个或多个地面网之间提供连接链路。即使是专用卫星网，其用户也需要与地面网、公用网或其他专用网的用户进行通信。由于地面网和卫星网的时钟是相互独立的，而且各个地面网络可能属于不同地区或国家的运营商，要采用统一的时钟实现同步传输极其困难。因此，必须在接口处采取控制时钟误差的措施。

常见的地面接口有这样几种：

(1) 电话接口。数字电话接口有两类：我国与欧洲采用 E1 接口(数据速率为 2.048 Mb/s)，美国与日本采用 T1 接口(数据速率为 1.544 Mb/s)。当其地面设备为数字 PBX 或数字处理设备时，它与地球站 TDM 复接器进行连接时最为有效，这种基群称为直接数字接口，也是一种最常见的标准化接口。

基群接口标准的电气特性应符合 G.703。

(2) 数据传输接口。数据接口需要考虑在数据传输链路上的基带信号的信息格式、参考定时和控制信号，这涉及数据通信的物理层。数据通信系统的完整功能可由开放系统互联(OSI)分层结构模型表示，物理层是协议分层的底层。链路层或更高层的功能各自对应特定的协议。

低速数据通信常用的 RS-232 接口是最简单的数据接口，但也有一套相应的规范。由于数据通信要求正确的定时，发送端(主端)应为收端(从属端)提供定时，以便同步工作。如果指定终端(收端)为"主端"，则时钟应反方向传送。当发送端希望发送数据时，请求发送线(RTS)被激活。若此时接收端不被其他业务所占用，将在允许发送线(CTS)进行响应，以便开始进行通信。通常，RTS 和 CTS 合并在一起(双向的)成为监控信令。

对数字通信系统来说，还有许多其他特定的和更有效的接口配置。在发展 ISDN 和建立 OSI 的国际标准方面已进行了大量的工作，以实现数字通信系统的互联。此外，第 3 层和更高层的协议，如 TCP/IP 和 ATM 等促进了新一代数据通信应用的重大发展。详细的内容请参阅相关资料。

(3) 电视接口。对于模拟电视广播系统，信号通过接口传送给上行地球站，为单向传输。

3) 陆地链路

地球站的地面接口可视为卫星通信系统的业务终点，它通过陆地链路与地面网或用户终端相连接。

地球站室外单元 RF 终端通过中频电缆(IFL)与主地球站连接。如果所有业务(话音、数据和视频)要传送到附近城市的电话交换局，其陆地链路可以是单跳地面微波链路(最长距离约 50 km)，并安装足够的发送—接收单元来承载话音、数据和视频业务。位于市区的电信局则通过由光缆或传统的多芯电缆构成的公用或专用本地环路与用户设备相连接。在地球站与用户设备之间也可设置专用(租用)的陆地链路直接相连，从而对电信局和本地环路形成旁路，这将允许用户对资源的控制，并消除了通过公用设施所带来的延时。

4.3 卫星通信体制与多址技术

4.3.1 通信体制

通信系统的最基本任务是传输和交换含有信息的信号。卫星通信体制的基本内容，就是卫星通信系统采用的信号传输方式、信号处理方式和信号交换方式。除了一般无线通信涉及的各种问题之外，卫星通信体制中还要解决一些其他特殊的问题，它所涉及的内容各不相同，但互相关联，表 4-3-1 是一张描述卫星通信体制基本内容的简表。

表 4-3-1　卫星通信体制基本内容的简表

基带信号形式		多路复用方式	调制方式	多址方式	分配方式
模拟制		SC	FM	FDMA	PA 或 DA
		FDM		SDMA	PA
数字制	DM PCM	SC	PSK	FDMA TDMA	PA 或 DA
		TDM		CDMA SDMA	PA

从表 4-3-1 中可以看出，卫星通信体制涉及基带信号传输、多路复用、信号调制方式、多址连接方式和多址分配方式五个方面。

表中，SC 表示基带信号采用单路传输方式，FDM 和 TDM 表示采用多路复用传输方式，FDM 是频分多路复用，多用于模拟信号传输，TDM 是时分多路复用，用于数字信号传输。在调制方式上，模拟制通信常采用调频(FM)方式，而数字通信中则多采用相移键控(PSK)方式，为了节省信道频带，增强抗干扰能力，近年来其他一些先进的数字调制方式，如 QPSK、MSK、SFSK(正弦移频键控)、TFM(平滑调频)等也都在卫星通信中得到了应用。

多址连接方式和多址分配方式合称多址技术，是卫星通信中重要的关键技术，我们将重点讨论这两个问题。

4.3.2 多址连接技术

信号传输的一个很重要的问题就是如何充分地利用信道的问题。信道可以是有形的线路，也可以是无形的空间。如何在两点之间的同一条信道上同时传送不同的多个信号而不互相干扰，这就是信道的"复用问题"；在多点之间实现互不干扰和影响的多边通信称为"多址通信"或"多址连接"。它们的共同理论根据，就是信号分割的原理。

信号的分割有两方面的要求。一是在采用各种手段(如调制、编码、变换)使信号被赋予不同的特征进行传输以后，必须能忠实地将原始信号还原出来，即这些手段必须是可逆的；二是各个信号在同一信道上传输后，必须能被有效地分割，互相不形成干扰和影响，也就是说信号相互必须正交。

卫星通信系统中的多址连接是指多个地球站通过同一个卫星，同时建立起各自的信道，从而实现各地球站相互之间的通信。实现多址连接的关键是各地球站所发出的信号经卫星转发器混合与转发后应能为相应的双方站识别，而各地球站之间的干扰要尽量小。

多址连接与多路复用是两个不同的概念。多路复用是一条信道被不同信号共用的问题，在卫星通信中一个站要同时传输多路信号，要采用多路复用技术，主要考虑信号在基带上的复合与分离。多址连接的目的是要实现多个站之间的相互通信问题，主要是在射频信道上进行分割。但多址连接和多路复用都涉及信号混合传输以后如何加以区分的问题，所以它们又有相似之处且需要解决的相同的问题。

一个无线电信号可用若干个参量来表征，最基本的参量就是信号的频率、相位、信号出现的时间以及信号所处的空间等。在卫星通信系统中，我们可以利用信号的任一种参量来实现信号的分割和识别，目前最常用的多址方式有频分多址(FDMA)、时分多址(TDMA)、码分多址(CDMA)和空分多址(SDMA)四种。从理论上讲，只要能利用信号的正交性来实现对信号的有效分割和识别，就可以用来实现信号的多路复用或多址连接，随着计算机技术与通信技术的结合，多址技术仍在不断的发展之中。

在实际卫星通信工程中，多址技术的运用还必须考虑到以下各种因素：通信容量的要求、卫星频带的有效利用、卫星功率的有效利用、互连能力的要求对业务量和网络增长的自适应能力、处理各种不同业务的能力以及技术与经济的因素等等。

1. 频分多址(FDMA)

在多个地球站共用同一个卫星转发器进行通信时，按分配给各站的不同的射频载波频率来区分站址的方式，称为 FDMA。为了使各载波之间互不干扰，必须使各载波中心频率有足够的频率间隔，有时还要留有一定的保护频带。

在卫星 FDMA 系统中，卫星转发器的有效射频频带被分割成若干个互不重叠的频段，分配给各个地球站使用。FDMA 系统大致有以下三种处理模式：

1）单址载波

每个地球站与其他地球站通信采用不同的载波频率。图 4.3.1 以一个三站系统为例，说明单址载波的工作原理。

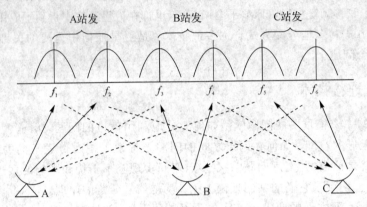

图 4.3.1　单址载波的卫星 FDMA 通信模式

图中，卫星转发器的有效载波频带被分成 6 个子频带，分别供 A、B、C 三个地球站使用。每个站收和发各采用一个载波频率。从图中可以推出，如果有 n 个地球站，则这种单址载波方式就需要有 $n(n-1)$ 个不同载波频率，当地球站数目较大时，卫星转发器的有效载波频带可能无法提供这么多的频率。

这种方式适用于大小站兼容、通信容量较小且站数不多的场合。

2）多址载波

每个地球站只发一个载波。将要发给不同地球站的信号先用多路复用的方式形成多路基带信号，然后调制在一个载波频率上。各站在接收信号时，根据调制方法从接收到的信号中识别出与本站相关的信号。它的工作原理可以用图 4.3.2 来加以说明。

图 4.3.2 中，A、B、C 三个地球站各自有一个载波频率 f_A、f_B、f_C，只是在各个发出的载波中，用多路复用的方法携带了能被不同地球站识别和区分的特征信号。

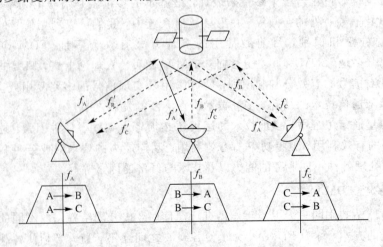

图 4.3.2　多址载波的卫星 FDMA 通信模式

从图中可以看出，如果有 n 个地球站，总共需要的载波数也为 n 个，这种方式可以大大减少系统对载波频率个数的需求。

在实际系统中，一种 FDM/FM/FDMA 制式的卫星通信体制就是这种方式的典型应用。仍以一个三站系统为例（见图 4.3.3）。图中，A 站把要发往 B 站和 C 站的话路信号在载波机中分别调制在 12～60 kHz 和 60～108 kHz 的基群中，然后将基带信号先对 70 MHz 中频调频，再经上变频调制到 f_A 载波上发往卫星，卫星转发后以下行频率 f_A' 发给 B 站和 C 站接收调制。B 站和 C 站也同样将发往其他站的话路信号进行频分复用调制。调频后上变频到 f_B 和 f_C 发射，卫星则以 f_B' 和 f_C' 的下行频率转发。因为各站都有自己固有的载波频率，因此不会互相干扰，实现了频分多路。

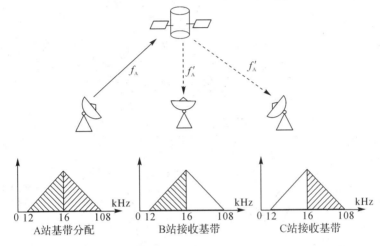

图 4.3.3　FDM/FM/FDMA 体制（以 A 站为例说明基带的划分）

在这种方式中，任何一个地球站都必须能接收来自不同地球站发来的经卫星转发的下行频率的信号。这种方式适用于系统中各站为同类型的大型站的情况，是使用较早，目前应用较广的一种多址方式。

频分多址（FDMA）是最基本也是应用最早的一种多址方式，它可以沿用微波通信的成熟技术和设备，设备比较简单，没有网络同步的问题，工作可靠，可与地面频分制通信系统直接连接，比较适合站少而容量大的场合。但是，FDMA 方式作为一种传统的多址方式，也存在固有的不可忽视的缺点，主要是：由于卫星转发器同时放大多个不同频率的载波，容易形成互调干扰；为了减少互调的产生，转发器要降低功率运用，从而降低了卫星通信的容量；各上行载波的功率电平要求基本一致，否则会引起强信号抑制弱信号的现象，因此，大小站之间不易兼顾；为了防止串扰，各载波之间需要留存足够的保护频带，随着载波的增多，卫星的频带利用率下降很多。

2. 时分多址（TDMA）

时分多址是一种数字多址技术。它使卫星在不同的互不重叠的时隙内接收各个地球站传来的信号。也就是说，各地球站信号不是以载频来进行区分，而是按照不同的工作时隙来进行区分。

如图 4.3.4 所示，假定整个卫星通信网中存在 1，2，3，…，N 个地球站，外加一个基准站(通常由某一地球站兼任)。每个地球站的时钟均以基准站发射的定时信号为准，这样能使系统保持严格的同步，各站在同步系统的控制下依次在分配的时隙内向卫星发射信号，并周而复始地重复，以所有站都发完一次为一帧。每站的发射时隙称为该站的分帧。卫星在收到信号后将不同时隙的各站信号按时间顺序排列，做到各分帧排列既紧凑但又不重叠。

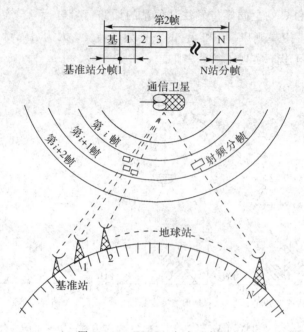

图 4.3.4　TDMA 方式示意图

与 FDMA 相比，TDMA 系统有下列特点：

(1) 由于各站信号在时间上分开了，因此可以采用统一的载波频率进行发射和转发，实现单载波工作，从根本上解决了 FDMA 的互调干扰问题，卫星转发器的功率放大器可几乎工作在饱和点附近，卫星功率利用率高。

(2) 对于地球站的上行功率不需要严格控制，可以大小站兼顾(因为可以使各站采用不同的码速率)，这样，通信容量不会因为入网站数增加而急剧减少。

(3) 可以采用数字语音插空技术来提高通信容量。

(4) 可以通过改变时隙长度和位置建立新业务或改变现有的业务。

3. 空分多址(SDMA)

空分多址(SDMA)方式是利用星上的多个窄波束(或称点波束)天线分别覆盖不同区域内的地球站，即利用波束覆盖区域的空间不同来实现多址连接的一种技术。这时，通信卫星必须采用多波束天线。

采用 SDMA 方式时，各地球站发出的射频信号在使用频率和工作时间上都可以相同，但它们在同一个卫星上不会被混淆，因为各站处在卫星天线的不同波束覆盖范围内，由不同的天线接收。在卫星上，应能根据各站所要发往的方向，及时地将它们的信号分别转接至相应的卫星发射天线，送至指定的地面站。在这种空分系统中，卫星具有称为空中交换(Space Switch)机的自动交换作用。

各地球站必须能控制本站发送信号的时间，保证信号能在准确的时间里"交换"到指定的地球站，并建立起帧同步。一种方法是由地面基准站发信号控制交换矩阵，进而控制各地球站；另一种是以星上交换矩阵的定时为基准来同步本网中所有的地球站。

采用 SDMA 方式，可以在同一频带范围内容纳更多的用户，实现频率再用，提高频带利用率。但是，SDMA 方式对卫星的稳定及姿态控制提出了很高的要求，增加了卫星天线及馈线装置的复杂度，一旦发生空间故障后修复比较困难；再者，卫星在几万公里的高空，波束不可能集中到一个"点"上，即使是低轨道卫星，其波束也要覆盖相当大的一个区域，因此在地球站的准确区分上有一定难度。因此，空分多址一般不太单独使用，通常是和其他 3 种多址方式结合起来使用，其中与 TDMA 结合的较多，称为 SS/TDMA（卫星交换/时分多址）方式。

4. 码分多址（CDMA）

前面几种多址方式，主要适用于大、中容量的卫星通信系统。对于容量小、移动性大的系统，采用码分多址方式比较适宜。码分多址特别适合于军用卫星通信系统或其他小容量的系统。

在码分多址（CDMA）系统中，站址的划分是根据各站的码型结构不同来实现的。各地球站可以使用相同的载波频率，占用同样的射频带宽，在任意时间内发射信号。一般选择伪随机（PN）码作地址码。一个地球站发出的信号，只能用与它相关的接收机才能检测出来。

CDMA 实际是一种扩频系统。卫星通信中较适用的扩频系统有两种基本类型：直接序列码分多址（CDMA/DS）系统，又叫做伪随机码扩频多址方式（SSMA）；跳频码分多址（CDMA/FH）系统。CDMA/FH 与 CDMA/DS 相比，其主要差别是发射频谱的产生方式不同，需用特制的频率合成器，其频谱与直接扩频相似。但从瞬时来看，CDMA/FH 频谱较集中，和 FDMA 系统相似，易被发现，可以采用自适应跳频方式解决这一问题，但增加了复杂度。CDMA/DS 系统是目前应用最多的一种码分多址方式。

CDMA 方式的优点是：

（1）在扩频码相关特性较理想且扩频增益较高时，对干扰有很强的抑制能力；

（2）信号淹没在干扰之中，不易被发现，而且采用特殊的扩频码相当于一次加密，保密性能较好；

（3）实现多址通信容易，各站设备都相同，只需变更地址码，使用比较灵活。

CDMA 方式的缺点是：要占用很宽的频带，频带利用率较低；选择数量足够的地址码组有一定困难；接收时，对地址码的捕获与同步需要一定时间。

4.3.3　多址分配技术

在卫星通信中，和多址连接方式紧密相关的是信道的分配问题。多址分配制度是卫星通信体制的一个重要组成部分，它与基带复用方式、调制方式、多址连接方式一起，共同决定了卫星转发器和各地球站的信道配置、信道工作效率、线路组成以及系统的通信容量、服务质量和设备复杂度等技术指标。

这里,"信道"一词在不同的多址方式中有不同的含意,在 FDMA 中,指各地球站占用的卫星转发器的频道;在 TDMA 中,指各地球站占用的时隙;在 CDMA 中,指各地球站使用的正交码组;在 SDMA 中指各地球站所占用的波束。信道分配,就是卫星转发器怎样合理地将信道分配给地球站的问题。

目前,常用的分配制度有预分配(PA)、按申请分配(DA)、随机分配(RA)等三大类。

1. 预分配(PA)

1) 固定预分配方式(FPA)

在设计卫星通信系统时,将信道按地球站与其他站的通信业务量多少进行分配,分配完成后信道的归属保持不变。各地球站只能使用自己的信道,不论业务忙闲,均不能占用其他站的信道或出借自己的信道。这种方式称为固定预分配方式(FPA)。

在 FDMA 中,卫星频率被预先划分成多个频道,业务量大的地球站分到的频道多,反之就少;在 TDMA 中,卫星转发器的时隙被分成若干分帧,业务量大的站分到的分帧长度长,反之,则分到的分帧长度短。

这种分配方式的建立和控制简便,但信道利用率低,适用于通信业务量大的系统。

2) 按时预分配(TPA)

为了减少固定分配制度的不灵活性,可以采用按时预分配制度。事先对系统内各地球站间的业务量随时间或其他因素在一天内的变动规律进行调查和统计,预先约定每天按时间作几次站间信道的重分配。这种方式的信道利用率显然比固定预分配要高,但本质上还是一种固定预分配方式,适用于大容量线路,在国际通信网中应用较多。

2. 按申请分配(DA)或按需分配(DAMA)

固定预分配的主要矛盾是业务量随机变化而通道的分配却是固定的,两者难以达到很好的匹配。对于业务量较小且地球站较多的卫星通信网,最好采用灵活可变的信道分配制度,即卫星的信道不是或不完全固定分配给各站专用,而是根据地球站的申请和需求进行临时分配,使用完毕后仍收归公用,这种分配制度称为按申请分配(DA)或按需分配(DAMA)。

灵活可变的分配制度是对固定预分配制的一种重大改进,比较灵活,由于各站之间可以互相调剂通道,因而可用较少的通道为较多的站服务,基本上可以避免忙闲不均的不合理现象。在站多而业务量都较小的情况下,这种制度的通道利用率是很高的。但是,为了实现按申请分配,要使用比较复杂的控制设备,一般要在卫星转发器上单独开辟一专用信道作为公用传信通道,供各站申请、分配通道时使用。

常用的按需分配方式有以下几种类型:

(1) 全可变方式。发射信道与接收信道都可以随时地进行申请和分配,可选取卫星转发器的全部可用的信道。信道使用结束后,立即归还,以供其他各地球站申请使用。

(2) 分群全可变方式。这种方式是把系统内业务联系比较密切的地球站分成若干群,卫星转发器的信道也相应分成若干群,各群内的信道可采用全可变方式,但不能转让给别的群。群与群之间的连接有几种方法,其中之一是各群中设有一个主站,群内设有群的小区控制器(CSC)供群内各站与主站连接,另外,还设有群间的 CSC,使各群主站相互连接使用,通过主站的连接把信道分给两个不同样的地球站,以建立这两个站之间的通信连接。

(3) 随机分配方式(RA)。这种方式主要用在数据传送中。因为数据通信和话音通信不同，一般发送数据的时间是随机的、间断的、突发性的，信道真正用来传送数据的时间很短。对于这种突发式的业务，如果仍沿用 FDMA 或 TDMA 预分配方式，信道利用率会很低，即使采用按申请分配的方式也不会有多大改善。因为发送数据的时间如果远小于申请分配信道的时间，那么按申请的分配方式并不有效，而采用用户随机占用信道的方法则可以大大提高信道利用率。

随机分配方式(RA)是指卫星通信网中各地球站随机地占用卫星转发器的信道的一种多址方式。通信网中的各个用户可以根据需要随机地选用信道，和 DA 方式不同，用户在使用信道前不需要事先申请，而是采用一种随机争用的方法。当然，如果有两个以上的用户在同一时间争用一条信道，势必会发生"碰撞"，这可以采用重发的办法来解决。如何采取措施避免和减少"碰撞"，在发生"碰撞"以后如何恰当处理，是这种方式要研究的课题。

随机分配方式(RA)中最有效的是分组通信方式(或称为分组广播通信方式)，它是利用卫星通信的广播性进行数据传输与交换的动态分配技术，实现的方案主要是 ALOHA 方式。

4.4　国际通信卫星组织 INTELSAT

国际通信卫星组织(International Telecommunications Satellite Consortium，INTELSAT)正式成立于 1965 年 11 月，是世界上建立最早、发展最快、遍及全球的商业卫星通信组织，总部设在美国华盛顿。

凡是国际电信联盟(ITU)的成员国均可加入该组织，并可租用和使用 INTELSAT 的在轨卫星；非成员国经申请批准，亦可利用该组织的卫星进行通信及广播、无线电导航等。按照《国际通信卫星组织协定》的规定，凡参加国际通信卫星组织的国家必须是主权国的政府国家，加入后称之为"缔约国"；《国际通信卫星组织业务协定》应由缔约国政府或其指定的一个公营或私营机构签署，凡签署《业务协定》的机构称之为"签字者"。我国于 1977 年 8 月 16 日正式签署《国际通信卫星组织协定》，成为国际通信卫星组织的第 98 个成员国。我国信息产业部(原国家邮电部)为《业务协定》的签字者。

4.4.1　国际通信卫星系统发展概况

1961 年，J. F. Kennedy 提出了利用卫星开展商用通信业务的概念。1962 年，在最初的通信卫星条例基础上，建立了美国通信卫星公司(Communications Satellite Corporation，COMSAT)。1964 年 3 月，COMSAT 与休斯航空公司签订合同建造两颗自旋稳定卫星。在 1965 年成立的国际通信卫星组织(INTELSAT)中，COMSAT 占有 50% 以上的股份。

自 1965 年发射第一颗商用国际通信卫星 I 号(晨鸟)以来，INTELSAT 已先后推出了 9 代系列(IS-I 至 IS-VX)60 多颗卫星，承担了大部分国际性通信业务和全球性电视、广播业务。国际通信卫星系统的发展大概经历了 4 个阶段：

第一阶段(1965 年～1973 年)：开拓应用阶段。在此期间，共发射一至四代卫星 28 颗，其中失败 7 颗。卫星通信技术不断发展，通信容量逐代增加，卫星寿命也由过去的 3 年、5 年提高到 7 年。采用了宽、窄两种波束卫星发射天线，通信转发器、遥测与指令设备、天线系统均装在卫星平台上。此期间采用的频段为 C 频段(6 GHz/4 GHz),建立了 60 多个标准地球站(抛物面天线口径为 30 m),G/T 值为 40.7 dB/K。卫星通信从点到点通信发展到点到多点间的通信,基本通信体制采用频分多路、调频、频分多址(FDM、FM、FDMA)方式。在地球站管理方面,建立了国际通信卫星的地球站标准,使世界各国、各地区地球站的入网、开通有了统一的规定。

第二阶段(1973 年~1984 年):成熟提高阶段。此阶段,有 160 多个国家和地区建立了 500 多座地球站,从而构成了真正的全球通信网络,卫星通信技术与业务取得了重大进展。一是大容量、大功率的卫星一代代升空;二是 Ka 频段(30 GHz/20 GHz)投入使用,增加了 L 频段(1.6 GHz/1.5 GHz),并通过空间和极化分隔 C 频段和 Ku 频段,分别实现了 4 次和 2 次频率复用,为卫星通信提供了丰富的频率资源;三是引入了 SCPC(每载波单信道)、FDMA/DSI(时分多址/数字话音内插)数字技术;四是开辟了 IDR(中等数据速率)、IBR(国际通信卫星组织商用业务)和 TDMA(时分多址)技术方式,大大推动了卫星系统的数字化进程。在技术管理方面,建立了不同规模(天线口径)的地球站标准,开放了大量的小型用户接入卫星系统,满足了不同规模的国际通信干线的运营需要。

第三阶段(1984 年~1999 年):发展壮大阶段。发射升空了大容量、大功率的五代、六代和七代卫星,共计 29 颗。增加了卫星转发器的数量;扩大了通信容量;采用了新的卫星交换/时分多址(SS/TDMA)和数字电路倍增设备(DCME)等新技术;引入了大量的数字化业务技术(IDR、IBS、INTELNET 等)。此阶段,一方面全球对电视、广播、电话等传统业务的需求仍不断增加;另一方面计算机与通信技术相结合使新业务不断涌现。这些给国际通信卫星组网、卫星资源的有效利用等提出了许多新课题。同时,INTELSAT 在其他国际卫星系统、光纤光缆等电信市场的竞争情况下,迅速改革其政策与技术,降低成本,提高效益,以各种新业务和新技术灵活地吸引更多的用户。此阶段具有代表性的新成就,就是七代卫星投入使用(1993 年第一颗七代星升空)。

第四阶段(1994 年至今):先进优化阶段。此阶段的特点一是卫星通信大量启用新技术。脉码调制/移相键控/每载波单信道/按需分配(PCM/PSK/SCPC/DAMA)已广泛使用;时分多路/多相移相键控/时分多址(TDM/PSK/TDMA)技术不仅开始在大容量卫星系统中使用,也在小容量卫星系统中使用;数字卫星通信逐步取代模拟卫星通信。二是卫星更新换代快。1993 年七代星启用后,1995 年又发射七代半卫星,1997 年又升空了八代卫星,1998 年又发射了八代半卫星,2001 年发射了九代卫星,在这短短的 8 年间,卫星星体就上了 5 个台阶,星上转发器数量和通信容量继续增加。三是卫星通信业务不断扩大。随着因特网的发展,卫星传输因特网业务量与日俱增;视频业务不断扩大,长期租用和偶用业务并存,视频业务"一租即用",方便快捷;宽带 VSAT(BVSAT)业务在三大洋区域内广泛使用。

近年来,受高清电视、高速互联网接入等需求的推动,许多地区对卫星带宽的需求量已超过 Ku 频段所能够提供的极限,促使卫星工业使用更高的 Ka 频段,这也使全球卫星通信进入了应用高吞吐量(HTS)卫星的新技术阶段。HTS 卫星的设计不仅使用了更高频的 Ka 波段,而且采用多点波束结构,通过重复使用有限的频率资源获得更大的通信容量。可以这样说,卫星通信是个既传统又现代的话题,现代通信新技术始终不乏在卫星通信领域的用武之地。

4.4.2 中数据速率载波系统(IDR)

IDR 的概念最早于 1978 年提出,它是 INTELSAT 开辟的一种新的综合数字通信业务。当时,由于现代通信网有向 ISDN 过渡的趋势,INTELSAT 的信道由模拟向数字过渡已是大势所趋。因此,INTELSAT 拟通过三个途径来提供符合 ISDN 标准的数字业务,即时分多址系统(TDMA)、中数据速率载波系统(IDR)和超级 IBS(国际商用业务)。超级 IBS 实际上是具备 ISDN 性能的 IBS。

IDR 系统的特点主要是采用数字基带信号,是专为广大中、小容量用户设计的应用于公众业务(包括数字话音、数据、数字电视等多种数字通信业务)以及计算机通信等其他新业务的系统。这种系统投资较少,是 SCPC 的扩展,又比 TDMA 设备简单,在开通路数不多的情况下较经济。

INTELSAT 系统中的数字业务最早有 SCPC,其速率为 56 kb/s,后来引入了 TDMA,速率甚高,达到 120 Mb/s,两者之间差距很大。为了满足一些用户介于 56 kb/s 和 120 Mb/s 之间的各种传输速率的需要,提出了 IDR 方式,并确定其信息码率的范围为 64 kb/s~44.736 Mb/s,因此称为中速数据系统,有时也叫做 MCPC(TDM/PSK/FDMA)。

IDR 能提供符合 ISDN 要求的通信质量,用 IDR 方式建立的电路可通过国际通信卫星系统中的各种路由与国际公众电话网相连接,并可用作各种专用电路,建立专用的数字通信网,也可以与 ISDN 相连接。采用 IDR 方式工作时,可加上数字电路倍增设备(DCME),以提高电路的利用率。DCME 是由低速编码(LRE)和数字话音内插(DSI)技术组合而成的。低速编码采用 ADPCM,可将每路的信息速率由 64 kb/s 压缩到 32 kb/s,从而获得 2 倍的增益。DSI 增益可达 2.5 倍,话路越多,倍增效应越好。两种技术的组合,使总电路倍增增益可达 5 倍。所以,IDR 是一种新的、经济而有效的卫星通信方式。

IDR 载波主要用作下列各种国际或国内通信业务:话音通信;数据传输;数字电视;电视会议、伴音;文字资料分配;ISDN。

4.4.3 国际卫星通信组织的商用业务(IBS)

IBS 是国际卫星通信组织的商用业务的简称。

INTELSAT 为了适应信息时代的需要,充分利用卫星资源,扩大服务对象,加强商用业务的发展,于 1983 年发展了 IBS 全球系统综合数字业务。它的通信方式灵活多样,价格低廉,设备安装方便,受到世界各国的欢迎。

IBS 采用 Ku 频段或 V 频段,可提供话音、数据和电视会议等全部商业应用业务。INTELSAT 的 IBS 设备(如调制解调器,甚至电视会议编解码器等)采用开放式网络标准,以保证同国际网络的兼容性。

IBS 是为满足直接点对点数字通信市场的需要而出现的,但也可将其用于一点对多点通信业务。它可使用面向用户的地球站,通过小型天线建立具有临时性线路和永久性线路的通信网。

IBS 是透明(CLEAR)线路,该线路可视为端接在标准 IBS 站的数字"比特管道",这种管道几乎完全是点对点的。IBS 线路,以及通过这些线路所支持的地球站必须遵循一定的规范。

IBS 的通信体制和 IDR 大致相同，采用 TDM/QPSK/FDMA 体制，还采用了前向纠错 (FEC)和扩频等技术，传输速率为 64 kb/s~8.448 Mb/s。IBS 的主要应用包括：数字电话；会议电话；电视会议；高速传真；批量数据传输；电子转账；远地报刊印刷；主计算机之间互连；公共交换数据网扩展；专用线路电话网和各 PABx 之间互连；CAD/CAM；电子文件分配；音频节目内容分配。

但是，IBS 还不能与国际公用电话交换网连接。

4.4.4　VSAT 卫星网络系统与技术

VSAT(Very Small Apeture Terminal)，直译为"甚小孔径终端"，意译应是"甚小天线地球站"，是指一类具有甚小口径天线的智能化小型或微型地球站。这类小站可以很方便地安装在用户屋顶上，不必汇接中转，由用户直接控制电路，安装组网方便灵活。大量这类小站与一个大站协同工作，构成一个卫星通信网，能够支持范围广泛的单向或双向数据、话音、图像及其他综合电信及信息业务。VSAT 的出现，是 80 年代一系列先进技术综合运用的结果，是国际上 20 世纪 80 年代发展起来的一个卫星通信新领域。它的诞生给卫星通信的发展注入了新的活力，不仅改变了当前卫星通信行业的产品结构和生产规模，也使人们形成了新的通信组网概念。

近几十年来，由于信息革命与先进的卫星技术相结合，已经导致 VSAT 市场的迅速扩大。VSAT 系统之所以能够迅速兴起与发展，一方面与微波集成器件、大规模集成电路、微处理器和数字信号处理技术等的长足进步分不开；另一方面，也与当时国际上很多大型企业为提高公司管理水平，对通信(特别是数据通信)的迫切要求有关。它们要求通信系统具有一点对多点、多址接入、覆盖面大、组网迅速灵活和可靠传输数据的能力，和从多点到一点的数据采集能力。卫星技术特有的大面积覆盖特性，为这些应用提供了很有竞争力的性能价格比解决方案。而 VSAT 网络正好能满足这些要求，而且还能将通信延伸到用户的住地，不论此地原来是否具有基础通信设施。VSAT 的这些特征，很适合银行、新闻传媒、商业销售、汽车制造业等行业的应用。一些地域辽阔的发展中国家(如印度等)，也把 VSAT 系统用于公用通信网，以迅速改变国内某些地区通信落后的状态。我国也已把 VSAT 卫星通信确定为重点发展的高技术电信产业。

4.5　卫星移动通信技术

进入 20 世纪 90 年代，实现全球个人通信成为人类追求的新的发展目标。所谓全球个人通信，就是指任何人在任何地点、任何时间都能够和任何地方的人进行通话或通信。虽然现代地面移动通信的发展十分迅速，但对于海洋、沙漠等大面积的稀业务密度地区，用建立地面蜂窝网的方法来提供移动通信服务并不可行。一些幅员辽阔但经济发展很不平衡的发展中国家的边远地区和农村(包括一些矿山、海岛)还没有基本的通信手段。对于这些地区，利用地面通信网的延伸和扩展来覆盖显然也是不可能的。卫星具有大范围覆盖的能力，基于卫星的移动通信系统可较经济地为地面蜂窝网覆盖范围之外的用户提供移动通信业务。建立卫星移动通信系统可通过建立一些小型、低成本终端用户卫星链路与其他用户(可以是卫星系统用户，也可以是经过卫星系统网关进入地面公用网的用户)进行通信，在真正意义上解决全球通的问题。

4.5.1　卫星移动通信系统的分类、特点和主要技术

卫星移动通信系统的卫星可以是静止轨道卫星，也可以是非静止轨道卫星。

INMARSAT 是 20 世纪 80 年代最早建立起来的全球卫星移动通信系统，由 3～4 颗静止卫星组成。由于静止卫星与地面保持相对静止，能覆盖地球表面一定的区域，因此比较适合于建立区域性(或国家)卫星移动通信系统。但由于静止卫星轨道高，链路传播损耗大，地面移动终端小型化受到一定的限制，这样的系统终端通常为车载或船(机)载台，目前第三代 Inmarsat 系统已经可以支持小型便携终端了，但如果静止卫星系统要支持手持机，卫星还需要用较大的天线(如 L 波段的 13 m 天线)。

可以用于卫星移动通信的非静止卫星的轨道主要有低轨(LEO)、中轨(MEO)两种。在一些高纬度地区也可以采用椭圆轨道高轨道(HEO)卫星，欧洲国家曾考虑的"阿基米德 (Archimedes)计划"就是 HEO 系统，它由运行周期为 12 小时的四颗卫星组成，每颗卫星每天交替工作 6 小时，能为高纬度的欧洲地区提供不小于 56° 的高仰角覆盖。有代表性的中轨 (MEO)卫星移动通信系统主要有 Inmarsat - P、Odyssey 等。Odyssey(奥德赛)由美国 TRW 空间技术集团公司推出，由 12 颗高度为 10 000 km 的卫星组成，使用 L/S/Ka 波段。每颗卫星具有 19 个波束，容量为 2800 个话路，在全球设置 16 个地球站，总造价 27 亿美元。

卫星移动通信是系统庞大、技术复杂的现代化通信系统，它的主要技术特点和难点是：

(1) 卫星天线的波束应能适应地面覆盖区域的变化并能保持指向，用户移动终端的天线必须能在移动中保持对卫星的指向，或者是全方向性天线。

(2) 因为移动终端的 EIRP 有限，对空间段的卫星转发器以及星上天线都必须专门设计。

(3) 工作频段的下限由适合于移动地球站的小口径天线所能达到的增益而定，上限则受到雨衰等因素制约，因此一般只能在 200 MHz～10 GHz 之间。

(4) 多颗卫星构成的卫星星座，需要建立星间通信链路和星上处理、星上交换系统，也需要在地面建立具有交换和处理能力的关口站。

(5) 卫星覆盖区域的大小与卫星轨道高度和卫星个数有关。

(6) 采用 GEO 轨道需要的卫星个数少，但传播延时大，无法覆盖南北极地区；采用中、低轨道卫星传播延时小，损耗也小，手持终端容易实现，但卫星个数多，系统复杂。

4.5.2　静止轨道移动卫星通信系统

我们以 INMARSAT 系统为实例来简单介绍静止轨道移动卫星系统。

1979 年，国际海事卫星组织(INMARSAT)宣布正式成立，当时只有 28 个成员国。它先后租用美国 Marisat、欧洲宇航局 Marecs 和国际通信卫星组织的 Intelsat - V 的卫星来营运，构成了第一代的 INMARSAT 海事卫星通信系统。

虽然 INMARSAT 的最初用意只是提供海上通信业务，但这个组织很快就看到，其开发的新技术十分适合于其他移动通信市场。所以 1985 年该组织对公约作修改，决定把航空通信纳入业务之内，1989 年又决定把业务从海事扩展到陆地，并将"国际海事卫星通信组

织"更名为"国际移动卫星通信组织",该组织已成为世界上唯一一个为海、陆、空用户提供全球移动卫星公众通信和遇险安全通信业务的国际组织。

INMARSAT 第三代系统的空间段由四颗 GEO 卫星构成,分别覆盖太平洋(卫星定位于东经 178°)、印度洋(东经 65°)、大西洋东区(西经 16°)和大西洋西区(西经 54°)。系统的网控中心(NCC)设在伦敦国际移动卫星通信组织总部,负责监测、协调和控制网络内所有卫星的操作运行,包括对卫星姿态、燃料消耗情况、星上工作环境参数和设备工作状态的监测,同时对各地球站(岸站)的运行情况进行监督,并协助网络协调站对有关运行事务进行协调。

系统在各大洋区的海岸附近有一些地球站(习惯上称为岸站),并至少有一个网络协调站(NCS)。岸站分属 INMARSAT 签字国主管部门所有,它既是与地面公用网的接口,也是卫星系统的控制和接入中心,其主要功能是:响应用户(来自船站或陆地用户)呼叫;对船站识别码进行鉴别,分配和建立信道;登记呼叫并产生计费信息;对信道状态进行监视和管理;海难信息监收,卫星转发器频率偏差补偿;通过卫星的自环测试和对船站进行基本测试等。典型的岸站天线直径为 11~13 m。网络协调站对整个洋区的信道进行管理和协调,对岸站调用电话电路的要求进行卫星电路的分配与控制;监视和管理信道使用状况,并在紧急情况下强行插入正在通话的话路,发出呼救信号。

INMARSAT 系统由地面段和空间段组成,地面段包括网络协调站、岸站和船站(移动终端)。卫星与船站之间的链路采用 L 波段,上行频率为 1.636~1.643 GHz,下行频率为 1.535~1,542 GHz;卫星与岸站之间利用 C 和 L 双频段进行工作。传送话音信号时用 C 波段(上行频率为 6.417~6.4425 GHz,下行频率为 4.1920~4.200 GHz),L 波段用于用户电报、数据和分配信道。

INMARSAT 的船站主要有 A、B、C 三种标准型。A 型站是系统早期(20 世纪 80 年代)的主要大型船舶终端,采用模拟调频方式,可支持话音、传真、高速数据(用户电报),采用 BPSK 调制解调方式,速率为 56 kb/s 或 64 kb/s,并有遇险紧急通信业务。

B 型站是 A 型站的数字式替代产品,支持 A 型站的所有业务,比 A 型站有更高的频率和功率利用率(A 型站和 B 型站的带宽均为 50 kHz,B 型站使用的卫星功率仅为 A 型的一半),空间段费用大大降低,同时终端站的体积、质量比 A 型站减少了许多。

C 型站是用于全球存储转发式低速数据小型终端。船载或车载 C 型终端采用全向天线,能在行进中通信。便携式或固定终端采用小型定向天线。C 系统的信道包括信息信道和信令信道等,速率为 1200 b/s,其中信息信道传输速率为 600 b/s(也是 C 型终端传输速率)。这种 C 型站支持数据、传真业务,还广泛用于群呼安全网,车、船管理网,遥测、遥控和数据采集,以及遇险报警等。

另外还有其他不同用途的 D 型、E 型、M 型等特殊终端。

我国在 1979 年 INMARSAT 成立时就加入了该组织,成为缔约国之一。1991 年 6 月建成北京海事卫星地球站(A、B 型),1993 年开通 C 系统地球站,目前该站有 A 站两套、C 站、B/M 站、Mini-M 站等标准岸站设备,为印度洋和太平洋区域用户服务。整个系统采用计算机控制,是目前世界上 INMARSAT 系统中功能比较完善的地球站之一。

我国地域辽阔,各地区的固定通信系统发展不平衡,因此,INMARSAT 系统的便携的通信手段起到了很好的补充作用,特别是对地质勘探、登山、水利、新闻等部门帮助很大,在多次抢险救灾中，INMARSAT 通信系统也发挥了突出的作用，此外还对远洋船舶上的船员们提供了可靠、快速的通信服务，因此，INMARSAT 作为一种先进的通信手段，将在我国得到进一步的推广和发展。

4.5.3　中低轨道卫星移动通信系统

非静止轨道卫星系统支持地面用户之间通信所用的卫星为中、低轨道卫星，与静止卫星系统有许多不同的特点，其优点如下：

(1) 发射卫星所需的火箭推力小，发射费用低。可以一箭发射多颗卫星。

(2) 由于轨道高度低，链路传播损耗小，有利于为手持机提供服务。

(3) 传输延时较小，一般 GEO 卫星为 270 ms，而非静止卫星可小于 100 ms。话音通信不存在回声问题，利于实时性要求高的业务传输，同时有利于某些通信协议(如 TCP/IP)的采用。

(4) 采用极轨道或大倾角轨道时，可为高纬度地区提供通信服务。

(5) 可利用多普勒频移进行定位。

(6) 用于 VHF 和 UHF 频段时，无线设备成本低。

(7) 利用星上有源或无源的磁性装置与地球磁场的相互作用，可简易地实现卫星高度的控制。

然而，利用非静止轨道卫星的通信系统有一些特殊的技术问题需要解决：

(1) 由于一颗卫星不能对某一地区连续覆盖，必须利用多颗卫星构成星座，让多颗卫星交替互补工作，才能实现对服务区的连续覆盖。如果卫星间有星际链路，则位于系统覆盖区内任何位置的用户在任何时候都可以相互进行通信。但是，如果系统卫星之间没有星际链路，那么位于不同卫星覆盖区内的用户之间的通信需要地面网的支持，而且覆盖用户的卫星必须同时覆盖信关站，信关站之间必须通过地面网连接。这样，用户首先通过卫星与同在该卫星覆盖区内的信关站建立连接，再通过地面网连接与被呼用户同在一颗卫星覆盖范围内的信关站，从而建立用户之间的连接。于是，只有用户被"覆盖有信关站的卫星"覆盖时，用户才被"有效地覆盖"。

(2) 在通信过程中，用户天线应对运动中的卫星进行跟踪。

(3) 还需要补偿由于卫星与用户站的相对运动(包括卫星绕地球站的飞行和地球的旋转)而引起的传输信号的多普勒频移。

另外，卫星每天有若干时间处于太阳阴影的星蚀状态，这就要求星载电池单元有足够的供电能力。

如前面所述，同步卫星通信系统虽然在实现国际远距离通信和电视传输方面担当了主角，但是由于一些固有缺陷，使得它无法在个人移动通信上有所作为。相反，利用多颗低轨道卫星组成星座，通过星际链路自成系统却可以作为陆地移动通信系统的补充和扩展，如与地面公共电话网(PSTN)有机结合，就有可能实现我们所说的全球个人移动通信。

中、低轨道卫星属于非同步卫星，由于运转周期和轨道倾角的关系，卫星相对于地球上的观察者不是静止的，为了保证在地球上任一点实现 24 小时不间断的全球个人通信，必须精心配置多条轨道及一大群具有强大处理能力的通信卫星。这样一个庞大而又复杂的空间系统要实现稳定可靠的运转，涉及技术上和经济上的一系列难题。例如，卫星运行寿命短,组网技术和控制切换等比较复杂,投资高、风险大,与地面个人无线通信系统相比运营成本较大。因此,目前在经济成本方面并不处于优势地位。

1. 铱(Iridium)系统

1988 年,美国摩托罗拉公司成功研制一种"铱系统"。它的原始设计为 77 颗小型智能卫星,均匀有序地分布在离地面 785 km 上空的 7 个轨道平面上,通过微波链路形成全球连接网路。因其与铱(Iridium)原子的外层电子分布状类似,故取名为"铱系统"。后来为了减少投资、简化结构,轨道高度改为 765 km,卫星数目降至 66 颗,轨道平面降至 6 个圆形极地轨道,每条极地轨道上的卫星数仍为 11 颗。

"铱系统"的卫星与同一轨道平面上的相邻卫星之间(相距 4027 km)用双向链路相连,可以互相通信。相邻轨道的卫星之间也有交叉链路相连。链路均工作于 20 GHz 的频段,66 颗卫星在天上构成一个互联的网络。

卫星使用多波束,每个卫星有 31 个波束照射地面构成小区,以便频率复用。当卫星飞向高纬度和极区时,覆盖区减小,会自动逐步关闭最靠边上的波束,避免重复。在地面上不同地域还建有汇接站,每个汇接站均可和卫星以 20 GHz 的频段互联,汇接站和地面网络有相应接口。

地面上的移动终端可以是手持式终端,工作在 L 波段,功率消耗为 0.4 W,使用全向天线。当移动终端需呼叫地面系统的用户时,将信号发给卫星,经确认为本系统用户后,即将信号通过链路发给地面的汇接站,由汇接站转到地面系统的用户,经应答后构成通话信道。如果是呼叫另一"铱系统"用户,则将信号经过卫星之间的链路转发到被叫用户上空的卫星,由该卫星再转发下来,让用户接收,构成通信。假如在通话时,该卫星已飞出覆盖范围,则切换到另一进入本地区的卫星上,和蜂窝网的过区切换一样,只是在这里是天上的卫星网在移动。如果被呼叫的用户脱离原来的地区漫游来到另一地区,也一样要在系统上登记,以便地球上别的用户能呼叫他。整个网络也由网络控制中心来控制。这样,人们在世界上任何一个地方,都可以用手机和地球上任何一个角落的个人进行全球数字通信。

"铱系统"于 1998 年 11 月正式投入商业运行,由于市场定位与营销体制不当,在技术和资金运作上出了问题,于 2000 年停止服务。"铱系统"是一个在技术上比较成熟的低轨道卫星全球移动通信系统,目前虽然失败了,但毕竟为人类构建全球空中信息高速公路带来了希望的曙光。

2. 全球星(Globalstar)系统

全球星(Globalstar)系统是由美国劳拉公司和高通公司倡导发起的卫星移动通信系统。全球星系统也是以支持话音业务为主的全球低轨卫星移动通信系统。然而,该系统没有采用星际链路,系统用户通过卫星链路接入地面公用网,在地面网的支持下实现全球卫星移动通信。它只是地面网的补充和延伸,因此,该系统比铱系统简单、风险低、运营费用低,并对各国(地区)运营商有吸引力(全球星公司将系统空间段资源批发给各地的运营商)。

1) 空间段

全球星系统采用倾斜轨道星座。星座共 48 颗卫星,分布在 8 个轨道平面上(每轨道6颗卫星)。卫星轨道高度 1414 km,轨道平面倾角为 52°。星座内相邻轨道卫星的相位差为 7.5°。该星座能覆盖南、北纬70°之间的地区(最小仰角10°),卫星质量为 450 kg,星上电源功率为 1100 W，卫星设计寿命为 7.5 年，每颗卫星可提供 2800 条话音信道。

星上采用有源相控天线，形成 16 个点波束覆盖地面。天线设计使其覆盖边缘区域增益大于中心区域的增益，以补偿由于覆盖边缘因传播距离较远使损耗较大造成的影响，形成了波束中心地区与边沿地带的所谓"等通量覆盖"。

用户链路上行频率为 L 波段，频率为 1610.0～1621.35 MHz；下行为 S 波段，频率为 2483.5～2500.0 MHz。反向链路的 11.35 MHz 带宽和正向链路的 16.5 MHz 带宽被分别划分为 9 个和 13 个 1.25 MHz 子带。在所有波束中将采用频率再利用技术。系统的多址技术为 CDMA，扩频后的信道带宽为 1.25 MHz。馈送链路工作在 C 波段，为避免与卫星固定业务之间的干扰，采用反向频率工作模式，即上行为低频段 5091～5250 MHz，下行为高频段 6875～7055 MHz。

2）地面段

地面信关站具有呼叫处理、信道分配、用户管理（含移动性管理）和与地面网（PSTN 和 PLMN）接口的功能。如果覆盖呼叫用户（包括主呼和被呼用户）的卫星没有同时覆盖一个信关站，那么这种对用户的覆盖是无效的，此时用户无法通过当前卫星接入地面网。为此，全球星系统信关站的分布应足够密集，以保证星座运行过程中，每颗卫星的覆盖区内始终有一个信关站。每颗卫星覆盖范围的直径约为 5760 km，一个信关站的服务范围半径约为 1000 km，两信关站之间的距离应在 1000～3000 km 之间。全球星系统在我国有三个信关站，分别位于北京、广州和兰州。

各国（或地区）都有自己的网控中心（NCC）和星座控制设施，它们通过数据接口与信关站相连。NCC 与系统的所有数据库相连，共同实现数据库管理、系统软件装载管理和计费等功能。卫星操作中心通过星座控制设施对卫星工作状态进行监视，并在需要时根据遥控数据通道对卫星发出控制命令。此外，卫星中心还支持卫星的发射和测试。

用户终端有车载台和手持机两种，为了与地面蜂窝网兼容，制造商提供有双模式终端，除话音、数据终端外，还将推出寻呼和传信终端以及用户定位的用户终端。

3. 小 LEO 系统——Orbcomm

小 LEO 轨道通信系统（Orbcomm）是全球第一个低轨商用数据通信系统。系统由美国轨道科学公司和加拿大 Teleglob 公司开发、经营。

与以支持话音为主的大 LEO"铱"和全球星系统不同，Orbcomm 支持双向短数据信息传输并兼有定位功能。系统除用于全球用户的双向短消息报文传输外，还特别适用于远程数据采集、系统监控、车辆和船舶的跟踪定位，交通、环保、水利、地震等行业的管理，以及石油天然气传输管线的监控和检测等。系统投资较少、用户终端（手持机）简单，通信费用低，并支持用户的移动性。

系统设计发射的卫星数为 48 颗，实施过程中调整为 35 颗卫星。

系统地面段由信关站、网控中心和用户终端组成。信关站具有信道分配、与公用网（PSTN、DDN）或专网（PDN）接口（规程转换、电路接口）和网络管理功能。网控中心具有报文交换（报文处理、路由选择）功能和位置管理功能，并负责对系统空间段的管理，以保证卫星正常运作。用户终端可以是便携式手持机，它带有键盘和显示器，用于数据、传真的收发。

系统支持的业务包括数据报告的短信息、报文、全球数据报和指令，并提供定位功能。

系统运行过程中，信关站始终与过顶卫星保持联系，而卫星不断向服务区内广播控制信息，包括同步信号、当前与卫星连接的信关站 ID 标志和随机接入信道频率等。用户在发起呼叫时，首先通过随机接入信道向卫星发出"请求发送"信号，卫星作出应答并指定所分配的信道。源用户通过所分配的信道，将信息经卫星转发给信关站，由信关站通过 VSAT卫星链路或地面专用链路将信号传送给网控中心（NCC）。NCC 根据接收用户地址及站内存储的用户位置信息，将信号经 VSAT 卫星链路或地面专用链路传送给适当的信关站，再由覆盖该信关站的卫星转发给接收用户。这一通信过程是在地面网的支持下完成的。端到端的连接建立时间小于 3 s。如果源用户所在的某卫星覆盖区内没有信关站，信息将在卫星上存储，一旦卫星飞临所要求的信关站上空时再将信息转发给信关站和用户终端。

系统工作在 VHF 频段，卫星下行频率为 137～138 MHz，以 FDM 方式安排 12 路卫星至用户终端的用户链路和 1 路卫星至信关站的馈送链路。卫星上行频率为 148～150.05 MHz，实际用于地面固定和移动通信的频段为 148～149.9 MHz。

4.6　Ka 频段卫星通信

卫星通信使用到的频段有很多，目前已经涵盖 L、S、C、Ku、Ka 等微波频段。这些频段就类似架设在太空与地球之间的多条行车道，信息通过叠加在某一频段内的载波上进行传送，从而实现端到端的通信。频带的宽度就相当于公路的宽度，直接影响到信息传输的速度和数量。

无线电频率所处的频段越低，波长越长，电波绕射能力越强，受雨水和尘埃的衰减越小，对终端天线的方向性要求也低，它较适合用于移动通信环境，但缺点是带宽较小。而处于频率较高的无线电频段情况正好相反。人们早期使用的 L、S 频段就处于微波频段的低端，传递话音、文字等低速率信息不成问题，但很难满足当今社会多媒体视频等宽带内容的传输需求。而 C、Ku 频段相对较高，它们传输容量较大，是目前卫星通信领域的主流频段。

经过几十年的发展，目前 C 和 Ku 频段的卫星轨位已经十分紧张，地球赤道上空有限的地球同步卫星轨位几乎已被世界各国占满，这两个频段内的频率也已被大量使用，这就迫使人们去寻找和开发更高频段的频率资源来满足新的通信需求。

Ka 频段卫星通信在这方面优势明显，具体体现在三个方面。其一，Ka 频段工作范围为 26.5～40 GHz，远超 C 频段（3.95～8.2 GHz）和 Ku 频段（12.4～18.0 GHz），可以利用的频带更宽，更能适应高清视频等应用的传输需要；其二，由于频率高，卫星天线增益可以做得较大，用户终端天线可以做得更小更轻；其三，运用多波束技术和相控阵技术，可以让卫星上的天线灵活地改变指向，以满足多点通信和星上交换的应用需要。

基于此，越来越多的国家把注意力和研究重点放在了 Ka 频段宽带卫星通信的开发和运用上。统计资料显示，目前全球在轨的全 Ka 频段宽带通信卫星已有 20 余颗，到 2016 年全球 Ka 频段商用通信卫星将达到 50 颗左右。就我国而言，加紧 Ka 频段卫星研制及相关应用研究，对于跟踪国际先进卫星通信技术、更好地利用航天技术服务民众生活的意义十分重大。因此，我国也已经开始了 Ka 频段卫星通信部署的准备工作，2017 上半年发射的中星 16 号卫星将为正式开启 Ka 频段应用创造条件，这颗卫星投入运营后，我国将正式步入使用国产 Ka 频段宽带卫星进行多媒体通信的崭新时代，这对中国航天未来抢占通信卫星新的技术制高点具有重要的战略意义。

由于我国目前在 Ka 频段卫星通信领域的应用还刚刚起步，没有成熟的部署和运营案例，本节将主要介绍国外的 Ka 频段宽带卫星业务的现状和发展情况。

4.6.1　Ka 频段卫星通信的发展

到 20 世纪末，卫星通信的设计主要是围绕广播电视业务进行的，设计的关注点是覆盖范围，而不是通信容量。卫星通信最开始的十年，通信卫星主要工作在 C 频段（4～6 GHz）。随着时间的推移，80 年代出现了更高频率的 Ku 频段（10～14 GHz）卫星。直到近十年，Ku 卫星仍占全球卫星通信的主导地位。

近年来，受高清电视、高速互联网接入等需求的推动，许多地区对卫星带宽的需求量已超过 Ku 频段所能够提供的极限，促使卫星工业使用更高的 Ka 频段，这也使全球卫星通信进入了应用高吞吐量（HTS）卫星的新技术阶段。

新一代高吞吐量卫星（HTS）的设计不仅使用了更高频的 Ka 波段，而且采用多点波束结构，通过重复使用有限的频率资源获得更大的通信容量。HTS 卫星采用类似于地面蜂窝网的技术，各个点波束采用不同频率和极化的组合而彼此独立工作。

例如，采用休斯公司 Juipter 高吞吐技术的 EchoStar17 号卫星，它有 60 个点波束。EchoStar17 号卫星与 Spaceway3 合起来形成了对美国国土的优化覆盖。

简单分析一下，一颗采用 60 个点波束的 HTS 卫星，如果每一个点波束为出向 500MHz 和回传 500MHz 的容量（典型的 Ka 频段分配），则此颗卫星将拥有 60 GHz 的容量。因此通过频率复用，HTS 能够获得比常规卫星多得多的带宽。采用点波束覆盖，卫星下行 EIRP 和上行 G/T 值比常规的赋形波束高出许多，HTS 卫星的 bit/Hz 值一般可以达到 2～3，而 Ku 波段卫星的 bit/Hz 值仅仅在 1～1.6 之间，这样，一颗 HTS 卫星的传输总容量可以轻易地突破 100 Gb/s。

一颗卫星，不管是按最大化容量或是最大化覆盖设计，其星体设计、建造、发射的成本大致相同，所以 HTS 卫星的每比特费用要远低于广覆盖设计的卫星。

国际上 Ka 波段卫星传输技术已经达到很高的成熟度，卫星网络的性能、可靠性和可用性都能与 Ku 波段网络相媲美。Ka 关口站的射频传输设备（RTF）有支持 750 W 输出功率的行波管放大器，卫星终端的 Ka 射频部件采用最先进的砷化镓单片微波集成电路，工作稳定可靠、性价比高。为提高射频部件的可靠性、降低其体积、重量、耗电量和成本，美国休斯公司甚至专门设计并委托美国芯片设计制造商生产高性能 BUC 用 MMIC 芯片组，并在其美国 Shady Grove 工厂生产 Ka 波段的射频单元。

4.6.2　HTS 卫星的点波束设计及卫星容量

设计 HTS 卫星的波束大小需要权衡卫星的容量与覆盖。小波束可以做到较高的容量，因为小波束会有较好的链路特性，从而有更高的频谱效率和通信容量。举例来说，EchoStar17号卫星采用 0.5°左右（或略大，直径约 300 km）的就是小用户波束。

当今卫星工业的技术水平有能力制造容量超过 200 Gb/s 的 HTS 卫星，但这并不意味着每一个运营商都应该部署这样的大容量卫星。目前全球 50 多个启动的 Ka 卫星项目（无论是已在轨还是计划发射），大部分卫星都采用部分载荷为 Ka 频段波束的方式。2013 年发射的 Hispasat 亚马逊 3 号卫星有以下负载：33 个 Ku 转发器，19 个 C 转发器，9 个 Ka 点波束。其每个 Ka 点波束容量是上下行各 500 MHz，则该卫星具有 9 GHz、相当于 20 Gb/s 的 Ka 波段数据通信能力。

目前，欧洲、非洲、中东、拉丁美洲地区的 HTS 卫星服务提供商倾向于选择部分 Ka 载荷卫星或小容量的全 Ka 波段卫星，主要原因是：

（1）小地域覆盖，目标覆盖区域可能仅是一个中等大小的国家和地区。

（2）预期填充率较缓慢，发展中国家的填充率可能比北美或欧洲等发达地区慢，立即部署大载荷的 HTS 卫星不具备经济性方面的好处。

（3）成本低，在卫星上安装部分载荷的费用远小于发射一颗全 Ka 波段的 HTS 卫星。

所以，卫星容量不一定越大越好。事实上，只有在市场预测卫星的填充率很高或者总容量能被迅速消耗的情况下，卫星容量才是越大越好。卫星通信市场需求多种多样，较小的卫星容量可以使宽带卫星运营商运用较小投资切入市场。

4.6.3　Ka 频段宽带地面系统的发展

从沃尔玛应用全球第一个 VSAT 网络开始，VSAT 技术在各方面都有了很大的进步。20 世纪 80 年代，一套 VSAT 终端成本超过 1 万美元，数据传输能力为 9.6～64 kb/s。今天 Ku 或 Ka 频段的 VSAT 小站成本小于 1000 美元，却拥有 10～20 Mb/s 的吞吐能力。但是，VSAT 系统的基本架构并没有明显改变，这种架构为传统的 36 MHz 的 C/Ku 卫星网络而设计，也同样很好地应用于采用点波束架构的高吞吐量卫星。

高吞吐量卫星与传统卫星有一些关键性的区别：高吞吐量卫星有超过 100 MHz 的高容量波束；每个关口站支持多达 10～20 个点波束，拥有超过 5 Gb/s 的通信容量；单个远端站的传输能力；克服雨衰对 Ka 频段影响的能力。

高吞吐卫星的出现对地面 VSAT 系统有了更高要求。应用于 Ka 波段 HTS 卫星的地面通信系统应该支持空间段和关口站资源的高效利用，同时拥有高性能、高性价比的应用小站终端。

1．DVB - S2 标准扩展

DVB - S2/ACM（自适应编码和调制）为现在主流 VSAT 系统所采用，但是 DVB - S2 标准当初是为 36 MHz 和 54 MHz 转发器解决覆盖应用而设计，最高才支持 45 Mb/s 的传输速率、16APSK 调制的技术体制。新一代高吞吐卫星的每个波束都为大容量，只有采用 DVB - S2 扩展载波才能实现更高的容量以及更好的链路性能。比如，美国休斯公司的 JUPITER 系统已经对其 DVB - S2 标准进行了多项扩展，其出向载波可以支持最高达 200 Mb/s 的符号率、32APSK 或者更高的调制方式，这样一个出向载波最高可以支持近 1 Gb/s 的信息速率。

2．高效率、高可靠的关口站

VSAT 应用需求的提升对主站及关口站的容量有了更高的要求，这与上面所提及的信道容量相关，但最后还要体现在设备硬件的支持能力上。使用一个传统的 36 MHz 转发器，VSAT 主站容量要达到 80～100 Mb/s，在大多数 VSAT 系统中其主站设备需要占用一个或一个半机柜，但使用多点波束结构的高吞吐量卫星，地面关口站需要支持 1～10 Gb/s 的容量。考虑建设一个 5 Gb/s 的关口站，若采用一个半机柜仅支持 10 Mb/s 吞吐量的传统 VSAT 系统，则总共需要多达 25 个设备机柜，还不包括流量管理设备(Packet Shaper)、路由器、交换机和其他应用终端。关口站体积庞大、耗电量高，对空调要求也高，这些都意味着高昂的建设和运营费用。

3. 高性能小站终端

据统计，每个美国家庭互联网连接设备的数量已经增长到 5.7 台，由于连接设备数量的增加，远端卫星小站需要面对更大的工作压力，要求地面通信系统的用户端卫星终端支持很高的传输容量和强大的处理能力。现在，美国休斯公司的卫星终端支持高达 100 Mb/s 的 IP 包吞吐量，可以满足高端企业和政府机构的使用要求。

4. Ka 频段雨衰的挑战

雨衰是 Ka 频段卫星通信系统面临的最大挑战。对于关口站和数以万计的小站用户，整个系统如何克服雨衰对上下行链路传输可用度的影响，是需要重点关注的技术问题。

Ka 频段 HTS 卫星通信系统的出向信道需要采取以下技术来抵消雨衰的影响：① 关口站上行功率控制；② 卫星的自动电平控制(ALC)；③ 关口站射频系统备份；④ 出向载波的自适应编码和调制；⑤ 使用大口径天线以获得较大的 EIRP。

入向信道消除雨衰能力采用以下技术：① 远端小站的上行功率控制；② 入向信道的自适应编码；③ 动态使用不同符号率的入向信道。

采用以上技术措施以后，Ka 频段 HTS 卫星通信系统已经在高雨衰区取得了广泛的成功，如在美国的佛罗里达州，美国休斯公司 Ka 波段宽带网络的可用度可以达到 99.7%。

5. Ka 频段同频干扰的挑战

由于 HTS 卫星采用点波束、频率复用的方式增加容量，同频干扰问题便成为困扰 HTS 卫星系统正常运营的主要因素，在数万个小站对准一个卫星同频工作时，必须有效控制每个小站的上行频谱密度，否则，同频上行干扰将成为 HTS 卫星运营商和所有用户的噩梦。因此，采用系统和链路提供雨衰储备余量而不是增加小站硬件配置的方式应是 Ka 波段 HTS 卫星克服雨衰问题的主要方向。

4.6.4　Ka 频段 HTS 卫星的现状

1995 年，休斯公司启动 SpaceWay 宽带卫星计划，对星上载荷、链路设计和地面通信系统进行研究开发。2000 年，全球互联网泡沫破灭，卫星通信市场需求下降，休斯公司先后将设计建造的 Spaceway1 和 Spaceway2 号 Ka 波段宽带卫星交给 DirectTV 电视直播公司，用于高清电视的直播到户业务。这两颗卫星于 2005 年 4 月和 11 月发射并投入运营。

2005 年，Anik F-2 satellite 卫星发射并投入运行，共有 45 个点波束，6 个关口站，分布在美国和加拿大的部分区域，这个卫星在美国称为 Wildbule 卫星。2005 年 8 月，泰国的 iPSTAR 卫星发射并投入运行，该卫星有 84 个点波束，7 个广播波束，3 个成形波束，最大容量为 45 Gb/s。上述 4 颗 HTS 卫星发射并投入运行，标志着全球卫星通信行业进入了一个 HTS 卫星主导的新时代。

2008 年，休斯公司 SpaceWay3 号卫星发射，该卫星是全球第一颗采用星上再生中继和星上交换系统的 Ka 波段 HTS 卫星，覆盖全美的 500 多个点波束可以提供 13 Gb/s 的总容量，现在其在线用户达到 33 万。

2011 年，美国卫讯公司的 ViaSat－1 号 HTS 卫星发射并投入运营，该卫星总容量超过 120 Gb/s，美国卫讯公司使用该卫星在北美地区推出了品牌为 Exede 的卫星宽带互联网服务，它与 Wildlue 卫星一起，填补北美地区地面有线电缆公司宽带互联网服务区域留下的空白市场，截止到 2014 年第一季度，ViaSat－1 号上有 40 多万的在线小站用户。

2012 年，美国休斯公司的 Jupiter1 号卫星发射并投入运营，该卫星的总容量超过 120 Gb/s，休斯公司使用了新一代的 HTS 卫星通信系统和小站终端 Jupiter 系统，截止到 2014 年第二季度，Jupiter1 号上有 60.5 万个在线卫星小站用户，现在仍以每月 2 到 3 万个的速度增长，加上休斯公司拥有的 31 万个企业和政府 VSAT 用户，美国休斯公司在北美运营的在线卫星小站达到 120 万个以上。

根据在线用户的发展速度，休斯公司的 Jupiter1 卫星容量在 2015 年使用完毕，卫讯公司的 ViaSat－1 卫星容量也将在 2016 年达到使用容量。2016 年，美国休斯公司和美国卫讯公司分别发射了 Jupiter2 和 ViaSat－2 号 HTS 卫星，这两颗卫星的总容量均将超过 150 Gb/s，北美和全球的 HTS 卫星应用将达到一个新的高度。表 4－6－1 给出了过去几年内 Ka 频段 HTS 卫星的运营、容量和使用地面系统厂家的情况。

采用 HTS 卫星技术的下一代宽带 VSAT 网络给全球范围带来更经济、性能更好的宽带服务。从 2005 年开始，高吞吐量卫星的发射及应用促进了整个 VSAT 行业的显著增长，并显著改变着全球卫星通信市场的格局。

在企业市场和家庭消费者市场中，美国休斯公司保持着 50％左右的市场份额，在企业市场和消费者家庭市场中，美国的 iDirect 公司和 ViaSat 公司超越其他竞争对手，现在分别居于市场份额的前两位。

表 4－6－1　Ka 频段 HTS 卫星的运营、容量和使用地面系统厂家的情况

序号	卫星	运营年度	总容量	使用系统	运营公司
1	SpaccWayl 和 2	2005 年	13 Gb/s	休斯直接平台	DireeTV
2	Wildblue/Anik F3	2005 年	33 Gb/s	卫讯 Surfbeam	Wildblue/Telesat
3	SpaccWay3	2008 年	13 Gb/s	休斯 HN 系统	休斯公司
4	AMC15	2010 年	6 Gb/s	休斯 HN/HX 系统	SES
5	Hylas－1	2010 年	10 Gb/s	休斯 HN/HX 系统	Avanti
6	KASAT	2010 年	70 Gb/s	卫讯 Surfbeam	Eutelsat
7	YahsatlA	2011 年	1.6 Gb/s	休斯 HN/HX 系统	Yahsat
8	ViaSat－1	2011 年	140 Gb/s	卫讯 Surfbeam	美国卫讯
9	YahsatlB	2012 年	9.2 Gb/s	休斯 HN/HX 系统	Yahsat
10	Jupiter 1	2012 年	120 Gb/s	休斯 Jupiter	休斯公司
11	Hylas－2	2012 年	36 Gb/s	休斯 HN/HX 系统	休斯公司
12	Amazonas 3	2013 年	16 Gb/s	休斯 Jupiter	Hispasat

序号	卫星	运营年度	总容量	使用系统	运营公司
13	三颗 Inmarsat 5	2015 年	55 Gb/s	iDireet	Inmarsat
14	Turksat 4B	2014 年	10 Gb/s	休斯 Jupiter	Turksat
15	AM－5	2014 年	10 Gb/s	休斯 HN/HX	RSCC
16	AM－6	2014 年	10 Gb/s	休斯 HN/HX	RSCC
17	Intelsat EPIC 网络	2015 年	20～60 Gb/s	休斯 Jupiter	Intelsat
18	Eutelsat65 WEST A	2016 年	24 Gb/s	休斯 Jupiter	休斯公司
19	ViaSat－2	2016 年	150 Gb/s	卫讯 Surfbeam	美国卫讯
20	Jupiter 2	2016 年	150 Gb/s	休斯 Jupiter	休斯公司

总之，受地面宽带不覆盖、或覆盖不足区域对高速上网需求的推动，HTS 卫星正在给全球带来高经济效益的宽带连接和应用。作为卫星应用的重要领域，卫星 VSAT 行业将持续、健康成长为世界主流的电信基础设施的关键组成部分，而 Ka 波段的宽带卫星业务更是未来发展的重中之重。

4.6.5 Ka 频段 HTS 卫星的应用模式

不同于 C 频段和 Ku 频段卫星的开放运营模式，Ka 频段 HTS 由于具有精确覆盖、星状网结构的特点，是采用开放式运营还是采用封闭式运营模式，需要根据卫星容量、卫星覆盖、细分市场、运营商对卫星产业链、对地面互联网接入商的控制力，以及是否在特定市场具有完善的市场营销渠道、售后服务网络等因素综合考虑。在运营商覆盖美国东西海岸人口密集区域、超过 100 Gb/s 容量的 EchoStar 17 卫星时，美国休斯公司采取了封闭式运营方式。封闭式运营方式由一个卫星运营企业负责卫星操控、建设地面网络系统，再直接或通过多个零售合作伙伴向最终用户提供卫星宽带服务。

为了能使封闭式系统盈利，卫星服务提供商必须进行巨大的投资，包括卫星和地面系统的建设和运营。宽带服务提供商还需要有一个完整的业务支持系统(BSS)来运营业务，功能包括订单处理、小站安装调度、小站服务激活、计费、客户关系管理(CRM)、帮助热线等业务。更重要的是，服务提供商必须投入巨资来发展完整的业务分销渠道，以将宽带卫星服务带给最终用户。

这样的业务基础设施是不容易搭建的，可行的解决方案是将 BSS 系统外包，并将Mb/s资源整体出售给已经存在的分销渠道，比如，美国休斯公司 Ka 频段业务在北美最大的分销商就是 DirectTV、Dish 等卫星直播电视运营商。

与封闭模式相比，开放式模式是卫星运营商将卫星带宽出售给各个服务提供商，由各服务商建设地面网络系统、开发自己的 BSS，然后将 Mb/s 服务计划通过分销渠道或直接销售到最终用户。这种模型对卫星运营商很有吸引力，因为它减少了相关的巨大投资和市场风险，从而将自身重点放在其擅长和核心任务——发射和运营卫星。

目前，采用封闭式系统模式的 Ka 频段 HTS 运营商仅有美国休斯公司和美国卫讯公司，他们在北美取得了巨大的成功。但是，这两个厂商在 Ka 频段地面系统占有双寡头垄断地位，对 Ka 频段产业链的控制力是其他厂商无法比拟的。另外，北美市场单一性、透明性和高消费者群体的存在以及金融资本的发达、卫星产业链的完善，也为开放式系统在北美的成功运用提供了坚实基础。相比之下，北美之外的国家和地区均缺乏这样的市场条件去运用封闭式系统运营模式。今后一段时期，相信开放式系统运营模式将在全球各地蓬勃发展，由卫星运营商发射带有 Ka 频段 HTS 载荷的卫星，然后按 MHz 为单位提供给服务提供商。

这种商业模式有多个具体做法，虚拟网络运营商（VNO）就是其中一种。VNO 一次来源于地面移动蜂窝网的实践，之所以说这个运营商是"虚拟"的，是因为其使用的卫星网络设施不是自己投资的，好处是不需要花费巨资去投资设备和系统就可以开展运营服务，而对构建设施的卫星运营商来讲，他们会因租赁设备和系统、提供基础设施而收益。

4.6.6　Ka 频段 HTS 卫星的应用

1. 宽带互联网接入

讨论 HTS 卫星的应用要从互联网接入开始，因为这是当今卫星行业增长最快的应用，也是维系卫星工业生存发展的关键应用。对于卫星互联网接入业务，服务提供商要针对不同的应用市场制定系列服务套餐计划。

在提供卫星宽带互联网接入服务时，最重要的是在流量高峰期间，地面网络系统要有能力对卫星带宽进行有效的管理和分配，以使得所有在线用户均获得平等、公正的互联网接入服务。此外，地面网络系统需要用到一些手段，如以最大带宽限制的形式确保卫星容量不被某个用户垄断，影响其他用户的互联网访问体验。

鉴于 HTS 卫星通信经济性方面的优势，服务提供商能够提供与地面 4G/LTE 服务抗衡的包月服务资费，美国 AT&T 在 2013 年 6 月向公众提供每月 10GB 的服务计划，价格为每月 120 美元。相比之下，同等带宽配额的 HughesNet GEN4 服务每月仅为 40 美元。

2. 远程教育

全球许多国家都在投资改造电信基础设施，给所有的学校，即使是最小的社区和村庄，提供高速上网的服务。对于地面通信（如 DSL 或电缆）不发达或不足的地方，宽带卫星通信是一种理想的解决方案。由于每个学校都会有许多电脑设备一起工作，因此需要大量的带宽，HTS 卫星是解决教育行业互联网接入需求的最佳方案。

3. 基站回传

3G、4G 移动蜂窝网对中继电路的带宽要求很高，4G/LTE 基站的中继电路带宽通常要求下行 100 Mb/s 上行 50 Mb/s 的信息速率。在市区和主要交通要道开展 3G、4G/LTE 业务时，地面回传采用光纤手段。若要对边远地区进行覆盖 3G、4G/LTE 覆盖，因为蜂窝基站的距离较远，使用地面通信手段的成本过高，这时候卫星回传手段就显出技术优势。移动运营商要将 3G、4G/LTE 服务延伸到偏远地区，HTS 卫星系统大有用武之地。

4. 政府和企业通信线路备份

对于政府和企业，卫星通信最有意义的应用是做地面线路的备份。地面和卫星相结合，互为备份，确保任何情况下企业的数据都能正常传输。此外，卫星电路可以根据要求灵活调整带宽分配。

5. 动中通

HTS 卫星系统可以很经济地提供大容量带宽，但 HTS 卫星系统的移动终端需要在多波束间移动，要进行频繁的波束切换。因此，地面通信系统必须具有多普勒效应补偿、快速出向载波锁定、自动波束切换等功能，以全面支持车载、铁路、船载、机载动中通应用。一般而言，一个系统动中通需要具备以下的基本要求：

(1) DVB - S2/ACM 和自适应入向选择功能：当移动小站在切换点波束时，其接收的关口站出向载波参数以及小站的 TDMA 突发能持续得到优化。

(2) TDMA 扩频：为了克服因使用小口径天线而带来的邻星干扰，系统支持对 TDMA 载波的 2 倍、4 倍、8 倍等频谱扩展，以降低载波的功率谱密度。

(3) 多普勒效应补偿：此功能可以解决高速运动(车辆、高铁、飞机)带来的频率偏差、时钟偏差，保证运动小站的通信质量。

(4) 出向信道飞轮和快速捕获：移动中的卫星小站会频繁遇到遮挡(比如车载动中通的树、桥、火车隧道等)，影响小站对出向信道的接收。当发生这种情况时，系统的"飞轮"技术帮助失锁小站保持时钟状态 30 s；如果出向信号在 30 s 内被重新捕获，小站马上恢复通行。

(5) IP 状态稳定：卫星电路连接中断后(例如火车在隧道里)，移动小站的 IP 会话能保持在 30 s 以上；一旦遮挡消失，用户无需重新建立 IP 会话。

4.6.7 Ka 频段 HTS 卫星的关口站技术的发展

应用点波束和频率复用技术以后，HTS 卫星的容量以及为用户提供的平均带宽均有大幅增加；相应地，地面关口站的架构和能力也需要进行大幅提升。

1. 关口站的馈电波束

要最大化使用小站覆盖区域的频率资源，其配套的关口站必须也要有相应的频谱分配。通常的 Ka 网络是 4 个用户点波束对应一个特定的关口站波束，这样的组合使用所分配的全部频谱。假设一颗有 48 个用户点波束的 Ka 卫星，每波束带宽 500 MHz，全网采用 4X 频率复用模式。在每个极化(POL)方向上 4 个 250 MHz 频段形成 1 GHz 带宽，这样关口站总共有 2 GHz 的上行带宽。一个关口站支持 4 个 500 MHz 的用户点波束，全网 48 个用户点波束共需要建设 12 个这样的关口站。

2. 基带设备

基带设备包括调制和解调设备、系统时钟单元、中频分配电路、倒换开关、关口站服务器、与地面互联网之间的接口设备等。数据中心机房适合放置关口站室内基带设备。

关口站的调制器发射 DVB - S2 载波到每个点波束；解调器解调从每个小站发射的 TDMA 回传载波；时钟单元提供时钟信号给关口站的调制器和解调器，从而使全网小站与关口站保持时钟同步，每个小站都在最精确的时刻进行 TMDA 突发。

关口站配置有 IP 数据处理和 Web 加速功能服务器。IP 处理功能给小站分配所需的卫星带宽，Web 加速补偿因与地球同步轨道卫星之间的距离而导致的长传输时延，以提升用户的互联网浏览体验。

一个关口站中所有的电源分配单元、开关部件、数据和 IF 接口设备、调制器、解调器、时钟分配单元和服务器都是冗余配置，整个关口站不能因单点故障而引起服务中断。

3. 关口站的高密度和高处理能力

Ka卫星的高容量也给关口站设备的体积和造价提出了挑战。部署高处理能力、高容量的地面关口站设备可以缩减占用机房面积、降低耗电及每个用户的成本。

为了解决以上问题，美国休斯公司与HP公司合作，整个先进的数据中心技术和先进的卫星通信技术，形成一个面向未来的模块化、可扩展的关口站架构。此架构可以充分应用数据中心的虚拟化技术，支持网络规模的不断发展。数据中心的高密度特性使Ka关口站比Ku频段的主站设备体积小了很多。

4. 天线和射频设备

为充分保证Ka卫星馈电波束的EIRP，G/T性能，要尽量将中频和射频部件安装在关口站天线馈源舱（Antenna Hub）内。这样的安装方式减短波导、同轴电缆的连接长度，最大化地保证端到端射频信号指标，同时也方便对射频设备的维护操作。

Ka频段关口站射频设备的安装位置非常重要，重要原因是波导元件的插入损耗很大。30 GHz频段的波导损耗为每米0.4 dB，将高功率放大器（HPA）安装在靠近天线馈源口的位置，这样可以有效地解决波导插入损耗的问题，又提高关口站的EIRP值，有助于优化整个Ka频段系统的性能。为获得系统高可用度，RF系统须作冗余配置。相当数量的关口站部署在偏远地区，因此Ka频段关口站需要有一些特殊的功能，例如要能进行远程管理，要有全面的故障检测功能，要能自动检测故障并自动切换到冗余部件等。

为保持大载波调制后的信号整体性，上行链路的各个主要部件都要符合严格的幅度和相位响应指标要求。关口站的整个传输环节，包括中频（IF）和射频（RF）部分，都要保证250 MHz带宽上的幅度、群延时和相位响应的性能均衡。要确保尽可能低的幅度和相位失真，在评估全路径性能指标时要考虑关键部位间的连接，例如：① 要对信号传输全程的每个设备建模，并做性能分析；② 部件间的接口要满足最低电压驻波比；③ 同轴电缆盒波导要支持最佳幅度平坦度和相位响应指标；④ 必要时需使用斜率均衡器来保证幅频和相频指标符合设计要求；⑤ 对每单个器件、整个系统要做100%的性能验证。

5. Ka关口站的精确上行雨衰消除技术

与Ku频段相比，Ka频段信号更容易受到降雨的影响。当关口站遭受恶劣天气时，关口站的上行功率控制单元分析接收到的信标变化，相应调整上行衰减器的设置，从而使卫星端接收的关口站上行信号通信量维持不变。

Ka频段的大载波特性带来了新的问题，下雨时，上行功率控制单元检测信标值的减少量，并据此计算针对整个上行链路所需要的增益调整值。由于Ka系统的上行频段很宽（约2 GHz），为使卫星接收的上行通信密度维持恒定，在整个2 GHz上行频段的不同频率部分所需要的增益调整幅度是不一样的。与简单、一视同仁的Ku频段上行功率调整方法相比，现在Ka频段精确控制技术能做到十分之几分贝的功率调整精度。

由于技术体制等缘故，我国现有的卫星运控系统与Ka频段卫星并不能匹配，Ka频段高通量通信卫星的地面运控系统也要进行全新的设计与建设。与C和Ku频段传统卫星不同的是，Ka频段宽带卫星通信系统的设计更加注重天地一体，卫星运营商不能仅仅考虑空间段卫星的运行管理，还要合理规划和应用地面段网络，其中，涉及产业链各个环节利益的商业模式创新极为重要。

当今社会大数据、云计算、多源信息融合、移动互联网、多星组网、陆海空天信息网和信息安全保障等技术的迅速发展,对通信技术提出了更多更新更高的要求,除了要发展 Ka 频段通信技术以外,也要大力发展光通信、太赫兹和量子通信等技术。

习题与思考题

1. 将卫星通信系统与其他通信系统进行比较,简述其优、缺点。你认为卫星通信特别适合哪些应用领域?

2. 计算距离地面高度为 1000 km 的圆轨道卫星的运行周期和轨道速度。

3. 用卫星周期公式计算地球同步卫星距离地面的高度(地球半径为 6378 km)。

4. 什么是有效全向辐射功率 EIRP? 若 Ku 频段(12 GHz)直播卫星发射器馈送给天线的功率为 10W,要求 EIRP 为 55 dBW,试求天线增益和天线直径(设天线效率为 0.60)。

5. 卫星链路的传播损耗为 200 dB,余量和其他损耗为 3 dB,地球站接收机的 G/T 值为 11 dB/k,卫星 EIRP 为 45 dBW,试计算地球站接收到的载噪比 C/N。(假设带宽为 36 MHz)

6. 与 FDMA 相比较,TDMA 方式有何优点? 为什么?

7. 同步卫星轨道是否一定是圆轨道卫星? 为什么?

8. 多址连接与多路复用是否是同一个概念? 分析它们的相似之处和不同之处。

9. 什么是卫星分组数据通信的关键性能指标? 有哪几种 ALOHA 协议? 它们在内容上有什么差别? 它们与 Internet 的发展有什么关系?

10. 简述 VSAT 卫星网络系统的特点。为什么 VSAT 卫星的工作频率要从 C 波段向 Ku 波段转移? VSAT 卫星网络有哪些应用领域?

11. 在 FDMA 系统中,各个载波利用相同的功率和相同的带宽,设每个载波带宽为 5 MHz,转发器带宽为 36 MHz。下行链路的 EIRP 为 34 dBW,输出回退量为 6 dB,传播损耗为 201 dB,接收地球站的 C/T 值为 35 dB/K。如假定已调节到单载波运行,求它的载噪比 C/N。允许连接到此系统的载波数是多少?

12. Ka 频段卫星系统最大的优势是什么? 与 C 波段卫星通信系统相比,有什么缺点?

第5章 数字广播电视通信

　　声音广播与电视，是无线电波被人类发现以后首先大规模应用的通信领域，当时实现的仅仅是单向的通信，而且是一点对多点的广播方式，与我们今天对通信的理解，似乎并不是同一回事。但是从信息传播的本质意义上来说，广播与电视技术归入通信技术并不成问题。更何况一个多世纪以来，广播与电视同样经历了从模拟到数字、从简单到复杂的演变过程，并且正与卫星通信和移动互联网相互渗透和融合，因此，本章将集中介绍广播电视通信中的新亮点和新技术，这也是本书与其他通信技术类书籍的不同之处。

　　上一章已经提到，卫星通信的设计很大一部分是围绕广播电视业务开展的，所以要求卫星能覆盖尽可能大的地面面积。换句话说，卫星设计的关注点是覆盖范围，而不是通信容量。近年来，受高清电视、高速互联网接入等需求的推动，许多地区对卫星带宽的需求量已超过 Ku 频段所能够提供的极限，开始使用 Ka 频段，全球卫星广播电视通信因此也进入了应用 HTS 卫星的新技术阶段。对于这部分技术内容，读者可参阅第 4 章第 6 节，本章不再赘述。

5.1 数字音频广播

　　1919 年，在美国匹兹堡的一个车库里诞生了世界上第一个无线电广播电台，从那以后，无线电广播一直是人类最重要的信息传媒之一。20 世纪以来，通信技术伴随着电子技术和计算机技术的发展也取得了长足的进步，传统的模拟声音广播受到来自各方面的挑战，电视、Internet 等现代多媒体的崛起使得声音广播的受众范围不断缩小。但是，不管人类文明怎么发达，听觉始终是人们最直接、最简洁、最方便且廉价的接受信息的途径之一，因此，音频广播不会消失，只是在技术手段和传播方式上将适应社会的需要，朝着更加先进和高效的方向发展。

　　在过去的几十年中，调频(FM)广播曾以最好的声音质量受到听众的欢迎。但是，这种模拟的传输方法缺乏对多径传播的抵抗能力，在移动接收时，由于无线信道的频率选择性和时间选择性，多径传播会造成严重的衰落，使接收质量下降。随着技术的发展和人们物质生活水平的提高，人们对声音广播的质量又提出了新的要求，例如希望广播能达到 CD 的质量水平。理论和实践都告诉我们，模拟方式的 FM 广播质量已经没有改变的可能，唯一的出路就是走数字音频广播的道路。

5.1.1 数字音频广播 DAB 系统

1. DAB 的诞生与发展

　　数字音频广播(DAB)的出现是继调幅广播和调频广播之后声音广播的第三次技术革

命，是无线电广播事业发展的一个新的里程碑。DAB 是以数字技术为手段，可以由固定或移动接收机接收的高质量的声音和数据广播。也就是说，DAB 不只是单一的声音广播，它还可以传播多种形式的数据信号，如各种文字信息、静止画面、计算机程序等，因此有人把 DAB 又称为数字多媒体广播（DMB）。

数字音频广播（DAB）的开发和研究由欧共体率先发起，当时称为尤里卡 - 147 高技术开发计划。1995 年开始首先在英国和瑞典投入使用，目前在欧洲各国已相当普及。DAB 标准化后得到 ITU 的承认和推荐，在其他国家和地区也得到了一定的发展，如加拿大、新加坡、中国香港、澳大利亚等。据不完全统计，目前全球已有超过 3 亿人能够接收 400 多套不同的 DAB 广播，已经有十多种不同的 DAB 接收机投放市场。1996 年，中国与欧广联合作，在广东佛山、中山和广州建立了 DAB 先导网。2000 年，北京、天津、廊坊的 DAB 单频网也进行了开通试验，但未正式进行广播。美国和日本坚持按照本国情况研究适合本国的数字音频广播制式，日本的方案 ISDB - T 尚在试验之中，美国的方案 IBOC 已开始试播。

2. DAB 的优势和特点

与现行广播相比，DAB 的主要优势和特点是：

（1）音质好，可提供 CD 质量的声音节目；

（2）抗多径干扰能力强，可保证高速移动状态下的接收质量，可在恶劣环境下接收；

（3）发射功率小，覆盖面积大，频谱利用率高，可大幅度提高广播覆盖率；

（4）业务构成灵活，可作为多媒体数据的无线传播平台。

3. DAB 的不同的覆盖方式

DAB 信号可以用不同的覆盖手段传送到用户的接收机，主要有以下几种方式：

（1）数字同步网。DAB 可以以单频网（SFN）同步运行，实现多套节目（如 6 套 CD 质量的立体声节目）的大面积覆盖，只需一个 DAB 频率块。采用同步网技术，在相同的频谱宽度内，可传递的节目是用传统的方法所传递节目的 3 倍多，或者说在传送相同数量的节目时，所需的频谱宽度仅为传统方法的 1/3。同步网的覆盖区域越大，DAB 系统频谱利用就越经济。

（2）本地电台。当本地电台不可能提供多达 6 套节目的时候，可以用较少节目来占满 DAB 可提供的整个数据通道容量，这时同时提高传输信号的差错保护度（即人为提高冗余度，降低信道编码率），可以进一步降低误码率，使发射台的作用距离增大，扩大电台的覆盖面积。

（3）卫星。卫星传送的优点是它有相当大的覆盖区域，对于全国性节目来说，通过卫星进行全国的覆盖可能是最经济的方案，可以节约大量地面同步网建设、节目和数据馈送以及维护、运行的费用。DAB 应用的 COFDM 传输方法，支持移动接收的直播卫星。

（4）有线传输。DAB 信号能很好地用有线传输的方法送到用户接收机。最简单的方法是将由空中接收的 DAB 信号直接变为电缆工作频率传送给用户，但由于是在电缆中传送，不像在空中无线传送那样要求有很高的差错保护度，这种方法的缺点是频谱利用不经济。实际上，在有线电缆网中一个 DAB 频率块可以传送 9 套 CD 质量的立体声节目，同时，还留有更多的容量用于传送数据业务。然而对于小型电缆分配网来说，将 DAB 信号变换成另外的标准涉及费用问题。

5.1.2　DAB 的传输模式和工作频段

欧洲在开发 DAB 时，提出过下列要求：

(1) 可工作在 30 MHz～3 GHz 的频率范围；

(2) 在行车速度在约 200 km/h 时仍可移动接收；

(3) 能强有力地对抗多径接收产生的衰落，特别是在同步网中。

用一个唯一的传输模式去覆盖这么宽的频率范围并满足所有要求是不可能的。因此，DAB 规定了工作于不同频段的四种传输模式，如表 5-1-1 所示。

表 5-1-1　DAB 的传输模式和工作频段

参　　数	模式 I	模式 II	模式 III	模式 IV
带宽/MHz	1.536	1.536	1.536	1.536
载波总数	1536	384	192	768
总的调制符号持续期/μs	1264	312	156	623
保护间隔/μs	246	62	31	123
发射台间最大距离(SFN)/km	74 km	20 km	10 km	40 km
频率范围(移动接收)	≤ 375MHz	≤ 1.5GHz	≤ 3GHz	≤ 750MHz
应用	仅地面	卫星和地面	卫星，有可能地面	仅地面

DAB 这样的设计思想使得 DAB 能在不同的传输信道条件下灵活地调整传输模式，以取得良好的广播质量。

5.1.3　DAB 的数据广播业务

数字音频广播(DAB)是一种新的多媒体广播系统，在传送具有 CD 质量的声音信号进行声音广播的同时，还可以附加传递数据业务。DAB 系统的数据流可以传送到住宅、办公室、PC 和其他的终端设备。附加信息可以以数据、电文和图像的形式在 DAB 接收机的显示器上显示，或者通过插在 PC 上的 DAB 卡接收数据业务并显示。

附加的数据业务可以是与声音广播有关的业务，称为节目伴随数据，简称 PAD，也可以是与声音广播节目无关的数据业务，称为非 PAD 数据业务。

PAD 含有关于正在传送的声音节目的重要信息。例如，它可以是介绍节目概况的广播电文、关于节目主持人的信息或者听众热线的电话号码。利用 PAD 也可以进行多种控制，例如传送动态范围控制(DRC)和音乐/语言识别控制等信息。

未来的 DAB 的独立数据业务，对于固定接收来说主要有：电子报纸(可根据自己的需要选择某部分内容)，软件或计算机游戏，公共信息(如气象预报、股票信息、航班信息、大型公众活动的通告等)。对于移动接收来说，独立的数据业务可以成为同汽车司机或用户的公共联络工具，为他们传送急需的信息，这些信息包括详尽的交通信息、城市停车场信息、旅馆床位信息、个人寻呼信息、编码的地图、图文信息、导游信息等。

5.1.4 DAB 的主要关键技术

1. 信源编码技术

在 DAB 中采用了 MUSICAM(掩蔽型自适应通用子频带综合编码与复用)信源编码方法，它可以把一套立体声节目的数据率从 2×768 kb/s 降到 2×96 kb/s，在主观质量、数据率、处理过程所造成的时延以及编码器的复杂程度等方面提供了最佳的折中方案。它是 MPEG-1 声音编码标准的第二层，适用于 32 kHz、44.1 kHz、48 kHz 的取样频率，将来 DAB 也可使用 MPEG-2 声音编码标准的第二层，即进行多声道环绕声或多语言的声音编码、半取样频率低比特率编码。

宽带声音一般基于人耳感觉特性的频域波形进行编码，如子带编码和变换编码。MUSICAM是一种成功的子带编码算法，图 5.1.1 为 MUSICAM 编码器的原理方框图。

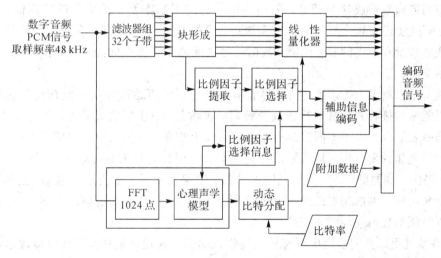

图 5.1.1 MUSICAM 编码器的原理方框图

在编码器中，分析滤波器组将整个声音频带划分为 32 个子带，子带的划分模拟了人耳的听觉特性。编码以帧为单位进行，经过计算子带的掩蔽门限并采用比特分配算法将可用比特分配给每个子带，使各子带的掩蔽门限与噪声之比保持在相近的数值。掩噪比越大，说明量化噪声被掩蔽得越彻底。因此，只要提供足够的比特，就能保证各子带的量化噪声低于掩蔽门限，不被人耳察觉。最后，根据所分配的比特数，对子带抽样进行不同码长的 PCM 编码，比特分配结果作为辅助信息同声音数据一起传送。

MUSICAM 可以在每单声道以 100 kb/s 左右的码速率保持 CD 质量，压缩比为 7 : 1。

MUSICAM 解码器相对简单，只需根据传送的比特分配信息将不同长度的 PCM 码还原成子带抽样，经合成滤波器组输出，解码器的复杂度仅为编码器的1/3，主要集中在滤波器组。因此，MUSICAM 算法特别适合于廉价的 DAB 接收机的需要。

2. 信道编码与调制技术

DAB 采用了编码正交频分复用传输技术，即 COFDM 技术。COFDM 技术的最大特色就是具有良好的抗多径干扰的能力。在 DAB 中，信道编码采用可删除型的卷积编码，编码率可变，根据数据的重要性不同以及应用条件不同，实施不同的差错保护（UEP）等级。OFDM 调制使依次排列的成正交关系、相距很近的子载波构成一个宽带系统，共占据 1.536 MHz 带宽。每个子载波传送的数据经频率交织后再分配给各个子载波，先进行差分编码，然后对各个子载波进行四相相移键控（4DPSK）调制，可同时传送 6 套以上能达到 CD 质量的立体声节目及数据业务。

3. 同步网技术

同步网又称单频网（Single Frequency Network）。这里的"单频"是指同步网中的所有发射机都工作在中心频率相同的、带宽为 1.536 MHz 的频率块上。这样，在满足一定条件的情况下，多个发射台的信号可以相互补充，特别是在每个发射台覆盖区边缘，各发射台发射的功率起到相互帮助的作用，提高了传输的可靠性。

为什么 DAB 可以以同步网的方式工作呢？

如前所述，DAB 数字广播系统为了抵御在移动无线电信道中出现的多径传播现象，采取了一系列措施来解决这个问题：采用码率兼容的可删除型卷积编码进行传输差错的修正；采用多载波正交频分复用的宽带系统；不同的 DAB 工作模式，有不同的符号持续期、不同的载波数量和不同的载波间隔；数据符号之间使用了保护间隔；对数据流进行时间交织和频率交织；等等。

正是由于采取了上述措施，使得尽管有不同时延的直达波和反射波在接收天线叠加，接收机仍能够对接收的信息进行正确的解码。实际上，对于接收机来说，不论是所有信号来源于同一发射台但由于不同时延而在接收天线上相遇，还是天线上的信号有一部分是来自其他同步工作的发射台，其实际效果是一样的。因此，处在不同地点的很多 DAB 发射台，可以工作于相同的频率，发射相同的节目，以覆盖不同大小要求的范围。这就是 DAB 系统可以采用单频网的基本道理。DAB 的同步工作能力，正是通过解决由多径传播引起的移动接收时所出现的问题而实现的。

DAB 系统可以使同步网中所有到达接收机的信号建设性地相加，从而形成总的信号，只要这些信号间的时延差不超出保护间隔的范围。

如果一个信号与直达接收机的信号相比时延差超过了保护间隔时间，那么这个信号既提供有用成分，也提供干扰成分，有用成分的贡献随着时延差的增加而降低，而干扰成分的破坏作用将随着时延差的增加而增强。如果时延差超出了 OFDM 符号的整个长度，则该信号的贡献将完全消失，全部变成破坏性的符号间干扰。

当 DAB 的工作模式确定以后，相应的保护间隔的时间长度就决定了同步网发射台之间最大的距离。

5.1.5 数字 AM 广播

数字音频广播（DAB）工作在 30～3000 MHz 的频率范围内，开播 DAB 必然要挤占其他无线电通信的频率资源，这是 DAB 不能很快得到推广的重要原因之一。传统的模拟调幅（AM）广播包括长波（LF）、中波（MF）和短波（HF）广播，其工作频率在 30 MHz 以下。AM 广播由于具有全世界标准统一、接收机价格低廉、传播距离远等独特的优势，至今仍是地球上普及率最高、覆盖面最广的信息传播媒体。据不完全统计，全球 160 多个国家大约有 1 万 5 千余个广播电台、25 亿台收音机仍在工作和使用。但是模拟 AM 广播的固有缺陷使它在和其他声音传播媒体的竞争中明显处于劣势，为了提高 AM 广播的质量，让 30 MHz 以下宝贵的频率资源继续为人类的信息传播服务，人们很自然地把目光投向了 AM 广播的数字化。

1. 世界数字无线电组织 DRM

1998 年 3 月，以欧洲为主的世界上最有影响的 20 个与广播有关的组织机构和厂商在中国广州签署了数字调幅广播谅解备忘录，成立了世界数字无线电组织（Digital Radio Mondiale，DRM）。经过两年的努力，该组织提出了一个统一的数字 AM 技术标准。2001 年 9 月，欧洲电信标准协会（EISI）发布了这一标准，它在 2001 年 4 月已得到了国际电信联盟（ITU）的认可。

DRM 是包括长波、中波和短波广播频段的一种数字音频广播系统（见图 5.1.2）。

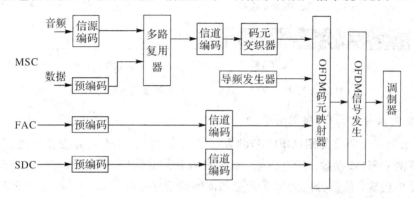

图 5.1.2　DRM 系统在传输端的系统结构

MSC 是传送音频信号和业务数据的主通道；FAC 提供信道带宽及其他参数，还提供业务选择信息，实现快速扫描；SDC 给出如何解码 MSC，如何找到同样数据的替换源（替换频率）等信息，还给出复用包内的标志，包括与模拟信号同播业务的连接。

信源编码器和数据流预编码器的输出，可在信道编码中应用不同级别的误码保护方法，从而提高系统在易错信道中的性能。MSC 还通过时域和频域的交织将输入的相邻数据比特分散，从而提高对抗突发干扰的能力。加上为进行信道估计的参考导频和同步信号以后，构成 OFDM 信号单元映射，OFDM 信号发生器采用统一的时间索引，把每一码组都转换成信号的时域样本，源源不断地产生 OFDM 信号。调制器将 OFDM 信号的数字样本调制成模拟信号后发射。

1）音频信号编码

为了在给定码率下获得最佳音质，适应不同的传输内容和节目内容（音频或语音），DRM 采用三种高效的信源编码方法：ACC（先进音频编码）、CELP（码激励线性预测）和 HVXC（谐波矢量编码）。这些编码方法都属于 MPEG－4 标准。ACC 还采用了一种叫做 SBR（频带复制）的增强方法，它使用音频信号的包络频谱来扩展音频信号的带宽，以达到近似 FM 的音质。

2）带宽与频谱占用

按照 ITU 对调幅广播的规定，标准带宽为中波 9/10 kHz，短波 10 kHz。除标准带宽之外，DRM 系统还支持半信道模式（带宽 4.5/5 kHz）和双信道模式（带宽 18/20 kHz）。在半信道模式下，系统可以在 9/10 kHz 带宽内实现模拟与数字广播的同播。双信道模式则为今后频谱资源许可时用来扩大数字广播的容量（如高保真立体声广播）。

如果要对同一套节目进行模拟调幅和数字广播的同播，DRM 建议将模拟广播与数字广播安排在相邻频道。图 5.1.3 是几种不同带宽情况下同播时占用频谱的实例。

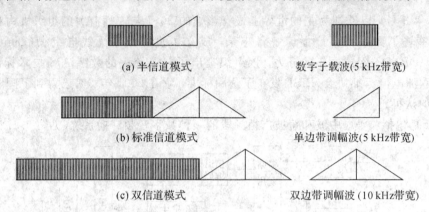

(a) 半信道模式　　　　　　　　数字子载波(5 kHz带宽)

(b) 标准信道模式　　　　　　　单边带调幅波(5 kHz带宽)

(c) 双信道模式　　　　　　　　双边带调幅波 (10 kHz带宽)

图 5.1.3　DRM 系统的频带宽度和频谱占用方式

3）传输方式与 OFDM 参数选择

DRM 采用正交频分复用（OFDM）的多载波传输方式。在不同频段和不同信道条件下，可选用不同的 OFDM 参数。所有数据、编码音频和相关数据信号都被均匀分配到大量相邻正交子载波中传输，依据分配的信道带宽和需要的信号强度等因素可调整子载波个数。

根据不同的信道条件，DRM 的 OFDM 参数可以有 A、B、C、D 四种稳健性模式。模式 A 针对长波和中波的地面波传输，另外三种则针对中波（晚间）和短波的天波传输的各种恶劣信道环境。

4）信道编码、交织与调制方式

DRM 采用信道编码和调制联合优化的多级编码（MLC）方案。信道编码采用约束长度为 7 的卷积码，并利用删除功能来改变编码率。MSC 信道的缺省星座为 64QAM 和 16QAM，在信道允许的条件下用前者，在多普勒扩展和时延扩展比较严重时用后者。在每一种情况下，对一个给定的业务，可以通过改变码率和星座大小以达到所要求的不等差错保护（UEP）特性。MSC 信道提供两级不等保护特性，在 64QAM 时，通过采用分级（hierarchical）调制得到第 3 级保护。分级调制通过不同的映射模式实现，分为标准映射（SM）、对称分级映射（HMsym）和前两者的组合映射模式（HMmix）。对 SDC 和 FDC 则采用统一的等差错保护（EEP）。

在传输中还配合使用时域交织和频域交织，将突发性错误分散。时域交织以比特为单位进行，有两种交织深度，长交织时间为 2 s，短交织时间为 400 ms；频域交织在各载波间进行。

2. 美国的 IBOC 数字音频广播系统

美国在进行数字音频广播开发中遇到了重新申请频率资源的困难，于是，以美国数字无线电（USA DR）和朗讯数字广播（Lucent DR）为主的几家公司提出了带内同频技术

(IBOC)，在原有的调频和调幅波段内实现数字音频广播。2000 年，这两家公司合资成立了 iBiquity 数字公司，全面进行 IBOC 数字广播系统的开发和推广工作。该系统 2001 年也得到了 ITU 的推荐。2002 年 10 月，美国联邦通信委员会(FCC)正式批准在 FM 和 AM(中波白天)频段采用 IBOC 技术进行数字广播的方案。

如图 5.1.4 所示为 AM 中波波段的 IBOC 数字广播发送端的结构框图。

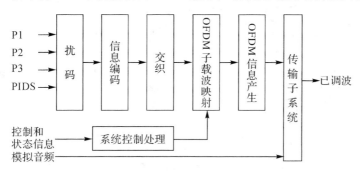

图 5.1.4　AM IBOC 发送端的系统结构

AM IBOC 系统提供四种业务模式：MA1、MA2、MA3 和 MA4，分别用于混合方式和全数字方式两种不同的播出方式。每种业务模式的数据传送通过不同的逻辑信道的组合来实现。四个逻辑通道为 P1、P2、P3 和 PIDS，其中 P1、P2、P3 为普通音频和数据通道，PIDS 为 IBOC 参数专用通道，P1、P2 的稳健性高于 P3，P1、P3 可用于所有业务模式，P2 只用于业务模式 MA2 和 MA4，能提供相对较高的数据容量。表征逻辑通道的特性参数为：数据传输率、加载时间和稳健性。决定这些参数的主要因素为：信道编码率、交织深度、分集延迟和调制星座。

1）音频编码

AM IBOC 系统采用 iBiquity 数字公司自有知识产权的先进的感知音频编码(PAC)方案。

2）带宽与频谱占用

在混合方式中，数字信号与模拟音频信号在同一信道内传输，以模拟载频为中心频率，模拟信号占据 ±5 kHz 带宽，数字信号则扩展到 ±14.5 kHz。数字子载波分占三个频带区域，分别称为边带 I、边带 II 和边带 III，模拟调幅信号和边带 III 数字载波处在同一边带内。边带 I 和边带 II 则分别处在模拟载频的上下边频。为了防止模拟信号与数字信号之间的相互干扰，边带 III 的数字子载波功率电平比模拟载频低 35 dB，另外，边带 II 和边带 III 内的数字子载波被两两对称地安置在模拟载波两边，调制信号互为负共轭，使数字载波信号与模拟载波正交，从而最大可能地减小数字载波对用包络检波方式进行模拟音频解调时产生的干扰，也使得有高电平中波载波时，数字载波能成功地解调，其代价就是数字信道的边带 II 和边带 III 的信道容量减小了一半。

在全数字方式中，数字信号独占原来模拟调幅广播的频带，信号带宽减小到 ±10 kHz，模拟载波保留作为数字子载波的频率参考，把边带 I 移到中间，边带 II 和边带 III 占据两侧。图 5.1.5 为 AM IBOC 系统在混合方式下和全数字方式下的频谱占用示意图。

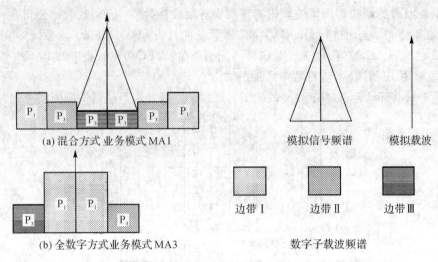

(a) 混合方式 业务模式 MA1　　　　模拟信号频谱　　　模拟载波

(b) 全数字方式业务模式 MA3　　　　　数字子载波频谱

边带 Ⅰ　　　边带 Ⅱ　　　边带 Ⅲ

图 5.1.5　AM IBOC 系统在混合方式下和全数字方式下的频谱占据

3）传输方式与 OFDM 参数选择

和 DRM 相同，IBOC 也选择 OFDM 的多载波传输方式。因为主要考虑美国国内的中波广播信道，所以参数选择比较单一。

4）信道编码、交织与调制方式

信道编码采用多层 RS 码和卷积码级联编码方式。

为了提高信道编码的纠错能力，对抗突发误码，采取了时间交织和频率交织技术。

5）时间延迟分集和音频填补

在模拟信号和数字同播的混合方式中，采用时间延迟来支持时间分集接收，其工作原理如图 5.1.6 所示。在发射子系统将模拟音频信号与数字信号混合前，先把模拟信号相对数字信号延迟 T_{dd} 时间，该延迟增加了传输时的时间扩展。若由于严重衰落在某一时刻损伤了数字信号的 5 和 6 部分，则在接收机中，将数字信号相对于模拟信号延迟 T_{dd} 时间，就可以用未被损伤的模拟信号的 5 和 6 部分来填补。

(a) AM IBOC 发射信号　　　　　　　　(b) AM IBOC 接收信号

图 5.1.6　时间延迟分集和音频填补工作原理

3. 中国的数字 AM 广播研究

在模拟调幅广播的数字化问题上，前述的两个比较成熟的体系——欧洲的 DRM 系统和美国的 IBOC 系统虽然都已得到了国际电信联盟（ITU）的认可，经过演播室和现场测试取得了预期的良好效果，但与各国的实际国情并不完全适合，因此世界各国的想法和做法并不一致。我国学者在数字 AM 广播上也做了大量的研究和探索，国家广电总局广播科学研究院、北京广播学院、清华大学、上海交通大学和东南大学等都先后发表了相关的研究论文。

由于欧美两种数字 AM 广播体系的共同特点是彻底摒弃了传统 AM 广播保留载波的

双边带调幅，重起炉灶设计了一套适合数字载波传输的调制方法。这样做为克服传统双边带调幅的固有缺点——功率消耗大和频带利用率低扫清了道路，但也带来了一个十分现实的问题，即必须对现有的模拟调幅发射机进行不同程度的改造和更换，并且开发设计全新的数字广播接收机。这两个系统是欧美发达国家根据自身经济和文化发展需要研究和设计的，这样的开发思路是和他们的经济基础相适应的；而对于中国这样地域辽阔、拥有大量地方中波调幅广播电台的发展中国家来说，如果直接采用欧美方案实现调幅广播数字化，将面临巨大的改造资金和技术投入的困难。如果新型数字广播收音机由于结构复杂，生产成本过高，短期内难以形成市场的话，将不能激发生产厂商的投资热情，反过来还会使数字化改造更加步履艰难。因此，东南大学吴乐南教授领导他的研究生团队在国家自然科学基金支持下对我国的数字 AM 广播体系进行了长期深入的研究，并提出了一种简单可行的数字化方案。下面对这一方案做一简要的介绍。

1) 总体思路

传统的保留载波的双边带调幅方式有很多缺点。由于载波并不携带有用信息却消耗了大量功率，造成通信效率低下，但也正是因为传统 AM 调制方式的这些缺点，换来了收音机可以采用简单的包络检波方式进行信息解调的优点，而收音机成本的低廉恰恰是调幅广播在全球普及的一个重要原因。

DRM 方案在完成数字基带调制以后，必须把信号分解成幅度部分(包络信号)和相位部分，包络信号送到脉冲调宽(PDM)发射机或脉冲阶梯调制(PSM)发射机的幅度调制器，作为高频末级功放电子管的屏极电压，相位信号则加到发射机的射频通道，在分解成 I 和 Q 两个正交分量后分别对数字频率合成器进行控制，产生相位调制的射频载波，再加到高放末级电子管栅极。这两路信号在高放末级必须严格按照一定的时间同步进行信号组合，才能产生一个单边带的高频数字调制载波，通过天线发射出去。图 5.1.7 是该方案的发射系统信号传输框图。

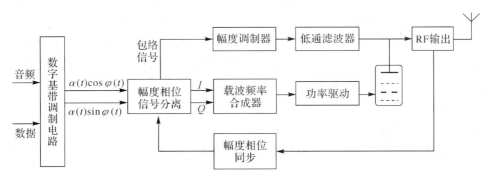

图 5.1.7　DRM 方案数字调幅广播发射系统框图

为此，现有的模拟调幅发射机需要做以下改动：去掉现有的音频处理器，增加一台数字调制器；更换一台数字频率合成器；对发射机调制器的低通滤波器截止频率进行高端扩展，重新调整发射机中和电路；等等。对于一些未经过老设备改造的屏调、乙类屏调或自动屏调式发射机，由于它们的音频通路和射频通路的相移是不易进行调整的，而且其音频通路是窄带设计的，无法通过改造来实现上述过程，因此只能更换发射机。

为了避免大规模的发射机改造和更换，可以采用这样的方法：对音频信号进行数字编码，与其他附加数据混合后实现基带信息数字化，数字基带信号通过 D/A 变换以后直接送入发射机的音频接口，射频调制仍沿用传统的双边带调幅方法。图 5.1.8 是这一方案的发射系统信号传输框图。

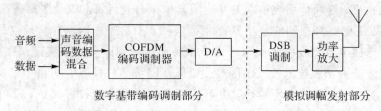

图 5.1.8　不改动发射机的数字广播系统框图

与欧美方案相比，虽然该方案中双边带调幅效率低的问题没有得到彻底解决，但现有的任何形式的模拟发射机都可以不做改动就用来传输数字音频。而且，在接收机端，可以灵活地采用非相干解调或相干解调两种方案。非相干解调就是仍采用包络检波的方式取出数字基带信号，然后再解码得到传递的音频和附加数据，现有的收音机只要在检波输出加接一块解码集成电路就可以用来收听数字广播，这可以作为一种普及型收音机的解调方法。相干解调的方案从收音机的中频输出端取出信号，由于是双边带信号，因此上下边带的数字信息是相同的，可以分别对上下边带进行相干解调后再叠加，理论上可得到 3 dB 的解调增益，取得更高的接收信噪比，但收音机的复杂度增加，可以用来作为高档收音机的解调方法。

由于这一方案完全在原有的调幅广播管理体制内实现，数字广播产生的信号所占的频率和功率谱都不会超出原来模拟广播电台的工作范围，因此广播电台只需选择合适的空余频道就可以开播数字 AM 广播，而无需申请新的频率资源，最大限度地简化了从模拟向数字转化的手续。

总之，这一方案的最大好处就是保护了原有的大功率发射设备投资，减轻了广播电台技术改造的负担，并为开发结构简单、能兼容接收模拟和数字广播的普及型收音机提供了可能，使广大广播收听者只需增加少量费用就可以享受数码广播带来的一系列优越性。这样，国家、广播电台、听众和收音机生产商的利益和需求都将得到满足，形成一个良性的生产和消费链，可以大大加快模拟调幅广播数字化在中国的进程。

2) 实现技术

这一方案的技术难度在于如何解决在音频带宽(4.5 kHz 或 5 kHz)这样窄的频带内，实现质量优良的数字广播所必须达到的数据传输率和允许的误码率。实现过程中可以采用以下技术：

(1) OFDM 多载波传输技术。OFDM 是一种频带利用率很高的多载波数字通信技术。它的最大优点是抗多径，对频率选择性衰落能有效抑制。中短波无线电传输信道是典型的频率选择性信道，DRM 和 IBOC 系统都采用这种传输技术。由于这一方案只有 4.5 kHz 或 5 kHz 的可用带宽，比 DRM 系统小一半，比 IBOC 系统(30 kHz)更是小很多，因此，更加合理、经济地选择 OFDM 参数，如子载波数目、子载波频率间隔、周期头长度、参考导频的插入密度和插入位置等，是设计成功的关键。

(2) 先进音频压缩编码算法。压缩编码的目的是在保证声音质量的基础上，去除冗余信息，用尽可能低的码速率来传输高质量的声音信息，只有这样才能实现在进行声音广播的同时传输其他数据信息。也只有通过信源编码将数据速率降下来后，才能腾出余地给信道编码从而增强系统的鲁棒性。经过对 AAC 编码方式进行深入的研究，通过局部改进其编码方式和算法，目前已做到在 16 kb/s 时仍能保持音质良好，如能进一步降低码速率，就可以取得与 DRM 系统相当的音频质量。

广播节目在播放音乐和单纯语言类节目时所需要的码速率可以有很大差别，采用可变速率编码方式可以根据节目内容自动调整数据帧结构。比如，在播放语言类节目时可以同时传输信息量大的附加数据，而在播放音乐类节目时则传输少量附加数据，甚至关闭数据通道，全部数据流用来传输高质量音乐信息。

（3）高效信道编码与调制方法。信道编码和调制是保证数字信号在模拟信道上有效而可靠传输的基本手段。尽管信道编码和基带调制作为单项技术都已相当成熟，但是针对中波广播信道设计一种合理的编码和调制方式的优化组合结构仍在探索中。为了进一步提高信道编码的纠错性能和带宽效率，可以采用纠错能力更强的 Turbo 码结合 MLC 进行信道编码。经研究和仿真，COFDM＋DAPSK 的调制方式是一种可以采用的编码调制方法，这种方式虽然在某种程度上增加了调制发送端的复杂性，但和 COFDM＋QAM 调制方式相比，不需要在接收机端进行信道均衡，可以大大降低接收机的复杂度，这对于生产低成本收音机，加快数字 AM 广播的发展，具有十分重大的意义。

5.2　数字电视

数字电视有三种广播传播方式。

（1）地面数字电视广播。地面数字电视广播是由电视台在地面 VHF/UHF 广播信道上开路传输数字电视节目的广播，是最普及的电视广播方式。由于地面广播信道情况复杂、干扰严重，面临多径传播而带来的符号间干扰，因此技术上的要求比较高，是我们要重点介绍的无线通信内容。

（2）卫星数字电视广播。卫星电视广播是利用卫星作为微波中继站的一种电视广播通信手段。我们已在第 4 章详细介绍了卫星通信技术，在本章第 3 节还将专门介绍卫星数字电视广播的内容。

（3）有线数字电视广播。有线数字电视广播是利用电缆或光纤作为传输信道的广播电视系统，由于信道条件好，因此质量高，节目频道多，便于开展按节目收费（PPV）、节目点播（VOD）及其他双向业务。

5.2.1　世界主要数字电视标准

正如模拟电视有 PAL、NTSC、SECAM 等制式一样，数字电视也要制定本身的标准。目前世界上最主要的数字电视标准有三种：美国的 ATSC、欧洲的 DVB 和日本的 ISDB。其中前两种标准用得较为广泛，特别是 DVB 已逐渐成为世界数字电视的主流标准。

1. ATSC 标准

美国高级电视系统委员会（Advanced Television System Committee，ATSC）于 1995 年

经美国联邦通信委员会正式批准成为美国的高级电视(ATV)国家标准。ATSC 标准规定了一个在 6 MHz 带宽内传输高质量视频、音频和辅助数据的系统,在地面广播信道中可靠传输约 19 Mb/s 的数字信息,在有线电视频道中可靠传输 38 Mb/s 的数字信息,该系统能提供的分辨率达常规电视的 5 倍之多。ATSC 被加拿大、韩国、阿根廷、中国台湾地区以及墨西哥采用,亚洲及中北美洲的许多国家也正在考虑使用。

2. DVB 标准

DVB(Digital Video Broadcast,数字视频广播)是欧洲广播联盟组织的一个项目。该项目有 200 多个组织参加,其主要目标是找到某一种对所有传输媒体都适用的数字电视技术和系统。因此,它的设计原则是使系统能够灵活地传送 MPEG - 2 视频、音频和其他数据信息,使统一的 MPEG - 2 传送比特流,使用统一的服务信息系统,使用统一的加扰系统(可有不同的加密方式),使用统一的 RS 前向纠错系统,最终形成一个统一的数字电视系统。不同传输媒体可选用不同的调制方式和通道编码方式,其中,卫星数字电视广播 DVB - S 采用 QPSK,有线数字电视广播 DVB - C 采用 QAM,地面数字电视广播 DVB - T 采用 COFDM。所有的 DVB 系列标准完全兼容 MPEG - 2 标准,同时制定了解码器公共接口标准、支持条件接收和提供数据广播等特性。目前,DVB 已经扩展到欧洲以外的国家和地区,世界上有 30 个国家、200 多家电视台开始了 DVB 各种广播业务,100 多个厂家生产符合 DVB 标准的设备。

3. ISDB 标准

日本数字电视 ISDB(Integrated - Services Digital Broadcasting)标准于 1993 年 9 月制定,它的特点是:既传输数字电视节目,又传输其他数据的综合业务服务系统;视频编码、音频编码、系统复用均遵循 MPEG - 2 标准;传输信道以卫星为主。原来打算 2005 年才开始使用数字电视广播,后迫于欧洲和美国的发展形势,提前到 2000 年开始,并提出了适用于地面数字电视广播的 ISDB - T 制式。

5.2.2 DVB 传输系统与关键技术

上述三种数字电视广播传输系统中,目前被世界各国最为看好的是欧洲提出的 DVB 系统,它有可能成为世界数字电视的主流系统。我国的卫星数字电视广播系统信道编码与调制规范基本上采用 DVB - S 标准,有线数字电视广播系统信道编码与调制规范基本上采用 DVB - C 标准,因此,我们以 DVB 为典型系统介绍数字电视传输中的一些关键技术。

DVB 是一个数字电视系列标准,它以 MPEG - 2 标准为基础,内容涵盖了数字电视广播的各个方面。它不光适用于广播电视系统,还适用于电信网络系统以及其他存储媒质,如磁盘、光盘等。但尽管如此,广播信道仍是 DVB 最主要的传输媒质,绝大多数用户将通过广播信道接收 DVB 节目,DVB - S、DVB - C、DVB - T 为 DVB 的核心传输标准。

因为调制到中频以后,DVB 数字信号在信号形式上与模拟电视信号已经没有差别,所以,DVB 传输系统主要是指中频以下的部分。对传输系统而言,所要达到的最根本的目标是将发射端复用器生成的 MPEG - 2 TS 码流无失真地、完整地传送给接收端的解复用器。但是,在实际信道中总是存在各种干扰,无失真的理想指标在实际应用中是达不到的,进入接收端解复用器的 TS 码流中总会混有一定数量的误码,因此传输系统在实际应用中所要达到的目标就是使传输误码足够少，以达到系统设计的误码指标。为了实现这些目标，DVB 传输系统采用了以下关键技术。

1. 扰码

数字通信理论在设计通信系统时都是假设所传输的比特流中"0"和"1"出现的概率是相等的，各为 50%，实际应用中通信系统的技术设计性能指标首先也是以这一假设为前提的。但实际系统的码流中可能会出现连续的"0"或连续的"1"，出现这种情况时，会造成系统达不到原定的设计指标，更为严重的是，连续的"0"或连续的"1"会给解码系统提取比特时钟带来困难。所以，必须采取措施，保证在任何情况下进入 DVB 传输系统的数据码流中"0"与"1"的出现概率基本相同。办法是让传输系统用一个伪随机序列对原始 TS 码流进行扰乱处理。这样，无论原 TS 码流是何种分布，扰乱后的数据码流中的"0"与"1"的概率接近 50%。从信号功率谱的角度看，扰码实际上相当于将数字信号的功率谱扩展了，使其分散开了，因此扰码又被称为"能量扩散"。加扰改变了原 TS 码流，在接收端只要在纠错解码时按逆过程对加扰的码流进行解扰处理，就可以恢复原 TS 码流。

2. 纠错编码和交织技术

数字通信虽然与模拟通信相比有较强的抗干扰能力，但当干扰较大时仍然可能发生信息失真，因此必须采取措施进一步提高传输系统的可靠性。纠错编码是数字通信中的一项特有的技术，又称为信道编码。

但是，任何纠错编码的纠错能力都是有限的，当信道中的干扰较严重，在传输信号中造成的误码超过了纠错编码的纠错能力时，纠错编码将无法纠正错误。DVB 通信系统中采用了两级纠错的方法来提高系统的纠错能力。如果把整个通信系统，包括传输信道在内看成一个传输链路的话，那么处于外层的纠错编码称为外层纠错编码，而处于内层的纠错编码称为内层纠错编码。内层纠错编码首先对传输误码进行纠正，对纠正不了的误码，外层纠错编码将进一步进行纠正。两层纠错编码可以大大提高纠正误码的能力，如果内层纠错编码将传输误码纠正到 10^{-3} 的水平，即平均每 1000 个传输数码中存在一个误码的话，经过外层纠错编码后，误码率一般可降至 10^{-5} 的水平；而如果内层纠错编码将传输误码纠正到 10^{-4} 的水平，经过外层纠错编码后，误码率一般可降至 10^{-8} 的水平。在目前的 DVB 传输系统中，外层纠错编码采用 RS 码，内层纠错编码采用卷积码。

内层的卷积纠错编码虽然具有很强的纠错能力，但一旦发生无法纠正的误码时，这种误码常常呈现突发(连续发生)的形式。此外，信道中还存在着诸如火花放电等强烈的冲激噪声，也会在卷积解码后的码流中造成连续的误码。这些连续误码落在一组外层 RS 码中，就可能超出 RS 码的纠错能力而无法被纠正。为避免这种情况，在两层纠错编码之间加入了数据交织环节。数据交织改变了符号的传输顺序，将连续发生的误码分散到多组 RS 码中，使落在每组 RS 码中的误码数量大大减少，这样就不会超出 RS 码的纠错能力，使 RS 码能够将其纠正过来。实践证明，应用交织技术可在保持原有纠错码随机错误能力的同时，提供抗突发错误的能力，其能够纠正的突发错误的长度远大于原有纠错码可纠错的符号数。因此在现代通信和广播系统中广泛应用了交织技术。

从原理上看，交织技术并不是一种纠错编码方法。在发送端，交织器将信道编码器输出的符号序列按一定规律重新排序后输出，进行传输或存储；在接收端进行交织的逆过程，称为去交织，去交织器将接收到的符号序列还原为对应发端编码器输出序列的排序。

3. 数字调制

DVB 传输系统是数字传输系统，因此采用的调制技术是数字调制技术。

数字调制的基本任务有两个：第一个任务同模拟调制一样，将不同的节目传输信号搬移到规定的频带上，这一功能是由调制器和解调器实现的，它实质上是一个载波耦合的过程；第二个任务是控制传输效率，在 DVB 传输系统中，可根据需要将频带利用率从 $2 \, \mathrm{b/(s \cdot Hz)}$ 提高至 $6 \, \mathrm{b/(s \cdot Hz)}$，这相当于提供了 $2 \sim 6$ 倍的压缩，这一功能是由映射和反映射实现的。实际上，数字调制的主要目的在于控制传输效率，不同的数字调制技术正是由其映射方式区分的，其性能也是由映射方式决定的。

与模拟调制不同，数字调制过程实际上是由两个独立的步骤实现的：映射和调制。映射将多个二进制比特转换为一个多进制符号，这种多进制符号可以是实数信号（在幅度调制中），也可以是二维的复信号（在 PSK 和 QAM 调制中）。例如在 QPSK 调制的映射中，每两个比特被转换为一个四进制的符号，对应着调制信号的 4 种载波。多进制符号的进制数就等于调制星座的容量。在这种多到一的转换过程中，实现了频带压缩，应该注意的是，经过映射后生成的多进制符号仍是基带数字信号。经过基带形成滤波后生成的是模拟基带信号，但已经是最终所需的调制信号的等效基带形式，直接将其乘以中频载波即可生成中频调制信号。

4. 均衡

实际的传输信道不可能是完全理想无失真的，因而经过传输后这种波形常常会遭到破坏，进而引起符号间的串扰。符号间串扰与噪声干扰不同，它来自传输信号本身，某个采样点处的符号间串扰来自于相邻信号采样点。符号间串扰严重时会使整个系统无法工作，必须对其进行校正，这个校正的过程称为均衡。

均衡在模拟通信系统中也经常采用，但一般在频率域中进行，称为频域均衡，在数字通信系统中采用的是时域均衡。时域均衡在时间域内进行，采用有限冲激响应滤波器（FIR）实现，它的优点是可以利用数字信号处理理论和超大规模集成电路技术，具有设计准确、实现方便的特点。时域均衡一般是在匹配滤波器后插入一个横向滤波器（也称横截滤波器），它由一条带抽头的延时线构成，抽头间隔等于符号周期。每个抽头的延时信号经加权后送到一个相同的电路输出，其形式与有限冲激响应滤波器（FIR）相同，相加后的信号经抽样送往判决电路。每个抽头的加权系数是可调的，通过调整加权系数可以消除符号间干扰 ISI。

均衡器的均衡效果主要由抽头数和均衡算法决定。均衡算法常用的有迫零算法和最小均方畸变算法等。

均衡器分预置式和自适应式两种。预置式均衡器在信息传输前先对信道特性进行估计，并设置好抽头加权系数，这些加权系数在信息传输开始后不再改变。预置式均衡器的结构比较简单，但如果信道的特性在信息传输过程中发生了变化，会对均衡效果产生较大影响，这时就必须采用自适应式均衡器。自适应式均衡器在信息传输过程中不断地调整抽头系数，以适应信道特性的变化。但自适应式均衡器的结构比较复杂，且抽头系数的收敛速度较慢，影响通信系统的稳定。因此在实际应用中常将上述两种方式综合起来，即采用带预置均衡的自适应均衡器。这种均衡器在信息传输前先对信道特性进行估计，初步设置抽头加权系数；在信息传输开始后，再利用定期发送的训练序列对抽头系数进行调整，以跟踪信道特性的变化。这种方式既可以跟踪 ISI 的变化，又可以防止抽头系数收敛速度过慢。

在实际信道中还存在噪声干扰，它会对均衡器的收敛产生影响。为了进一步改善性能，实际应用中常采用判决反馈式均衡器。与横向均衡器不同，判决反馈均衡器是一种非线性滤波技术。在判决反馈均衡器中，一个横向滤波器用于线性的前向滤波处理，其判决结果反馈给另一个横向滤波器。

反馈均衡器的抽头系数由前向均衡器所造成的信道冲激响应拖尾所决定。判决反馈均衡器的均衡效果优于具有同样抽头数的横向均衡器。美国 GA 系统中采用的就是 256 抽头的判决反馈均衡器。均衡器技术比较成熟，被广泛应用于各种通信领域，但它有两个缺点：一是结构复杂，成本较高；二是仅对时延较短的 ISI 效果比较好，对时延较长的 ISI 效果比较差，在这种情况下就要采用另一种新技术——OFDM（正交频分复用）。

5. 同步与时钟提取

同步是指接收机在某个系统工作频率上与发射机保持一致，其间的偏差不超出设计规定的范围。载波同步在数字通信系统中也同样需要，但在数字通信系统中还有两种更重要的同步。

第一种同步是比特和符号同步。数字接收信号在解调后就以符号或比特的形式呈现，为了准确地在采样点处读写信号数值，接收机首先需要生成一个在标称频率上与发送符号或比特的频率一致的本地读写控制信号，这个读写控制信号称为符号时钟或比特时钟，接收机中的解码及其他信号处理都是在符号时钟或比特时钟的控制下进行的。为了保证正确地采样信息，接收机中必须采取措施将本地时钟与信号频率间的偏差控制在系统允许的范围之内，这种措施称为"锁相"，实现锁相的设备称为锁相环。

第二种同步是传输帧同步。在数字通信系统中传输数据时，是将数据分成具有一定格式的组来传输的，这种组称为传输帧。纠错编/解码、数据交织/反交织以及均衡都是按数据帧进行的，因此接收机在进行数据处理前必须提取出帧同步。

实际上，整个 DVB 接收机的工作都是建立在同步的基础上的，在开机或频道切换后，接收机的首要任务就是建立上述三种同步，尤其是符号同步、比特同步和帧同步。只有当这三种同步建立以后，接收机才能进入正常工作状态。同步系统的性能对接收机非常重要，许多接收机在实际应用中工作状态不稳定都是由其同步系统所导致的。

5.3　卫星数字广播电视

5.3.1　卫星广播电视的发展

在卫星数字广播电视领域，世界主流系统由开始的群雄逐鹿发展到目前的三足鼎立：美国推出的 Direc TV 系统、日本推出的 Perfec TV 系统以及欧洲的 DVB-S 系统。其中最成功的是欧洲的 DVB-S 数字卫星电视系统。目前 DVB-S 标准几乎为大部分卫星广播数字电视系统所采用,我国也选用了 DVB－S 标准。

1. 美国 Direc TV 数字卫星电视系统

数字卫星革命是 1994 年从美国的 Direc TV 公司开始的。该公司属于休斯通信公司,它在全北美播出 175 个频道,信号用 18 英寸(注:1 英寸≈2.54 厘米)的碟形天线接收,当年用户人数就超过了 80 万。1994 年 4 月 17 日美国首家数字卫星系统 Direc TV 正式开播,该系统共租用了 30 多个卫星转发器,采用 MPEG－2 标准,传送数字压缩电视信号,并计划开播 500 余个频道的电视节目。

Direc TV 系统使用了美国视讯公司(CLI)生产的 Magnieude 数字电视编码器,并以多频道单载波(MCPC)方式和 CLI 独创的统计复用技术,使整个传输系统处于最佳状态。每个频道的数字带宽在 3～7 MHz 之间变动。每个转发器可传送 5～6 套图像质量达到广播级要求的电视节目。数字卫星电视接收机采用 RCA 公司生产的设备,Direc TV 采用了 Ku 频段,接收系统使用的天线直径为 46 cm,安装十分方便,可以直接作为个体用户终端使用。

美国联邦政府规定,从 1998 年 11 月起,美国三大电视网必须有一个电视频道播送数字电视节目,到 2006 年,全美所有电视台必须完全停止发射模拟电视信号,代之以数字电视信号,完成模拟电视向数字电视的过渡,否则联邦政府将依法收回有关电视台的营业执照。由此可见,美国的数字卫星电视有着非常好的发展前景。

2. 欧洲的 DVB－S 数字卫星电视系统

欧洲 1995 年实施数字电视 DVB 标准,并把重点放在标准清晰度电视(SDTV)上,利用 ASTRA 卫星系列把 4 颗直播卫星 DBS 共同定位于 19.2°E,可直播几百套数字电视 DTV 节目。1996 年年底,已有意大利、法国、德国、比利时等国的 7 颗卫星开始进行数字电视的 DBS 广播。1997 年起,又有英国等国的 3 颗卫星进行数字电视 DTV 广播。

DVB－S(ETS 300 421)为数字卫星广播系统标准。数据流的调制采用四相移键控调制(QPSK)方式,工作频率为 11/12 GHz。在使用 MPEG－2 MP@ML 格式时,用户端若达到 CCIR 601 演播室质量,码率为 9 Mb/s;若达到 PAL 质量,码率为 5 Mb/s。一个 54 MHz 转发器传送速率可达 68 Mb/s,可用于多套节目的复用。

DVB－S 卫星数字电视传输系统是用在 11/12 GHz 的固定卫星服务(FSS)和广播卫星服务(BSS)的波段上,传输多路标准清晰度数字电视(SDTV)或高清晰度数字电视(HDTV)的信道编码和调制系统。DVB－S 传输系统的应用范围十分广泛,既适用于一次节目分配,可通过标准的 DVB－S 用户综合接收机解码器(IRD)直接向用户家中提供标准清晰度数字电视(SDTV)或高清晰度数字电视(HDTV)业务,也就是所谓的直播到户或直接到户(DTH)服务,又适用于二次节目分配,即通过再次调制进入共用天线电视系统(SMATV)或 CATV 前端,向用户传输标准清晰度数字电视(SDTV)或高清晰度数字电视(HDTV)业务。

DVB－S 数字卫星系统的主要特点如下:

(1) DVB－S 传输系统既可用于标准清晰度数字电视(SDTV),又可用于高清晰度数字电视(HDTV)。

(2) DVB－S 传输系统适用于不同带宽卫星转发器。凡符合 MPEG－2 码和复用标准的数字电视业务都可进入 DVB－S 传输系统,因为传输系统的信道帧格式是与 MPEG－2 的

TS 包格式相匹配的。

（3）DVB－S 传输系统允许用户传送不同电视业务结构的节目，其中可包括多路不同的声音和数据业务，所有业务码流通过时分复用最终都在一路数字载波上传输。DVB－S 标准中，主要规范的是发送端的系统结构和信号处理方式，对接收端则是开放的，各厂商可以开发各自的 DVB－S 接收设备，只要该设备能够正确接收和处理发射信号，并满足 DVB－S 中所规定的性能指标。

3. 日本 PerfecTV 数字卫星系统

虽然日本模拟卫星广播起步较早，但数字卫星广播电视较美国与欧洲各国要晚一些，现正在迎头赶上。PerfecTV 系统是采用日本 PerfecTV 公司技术的数字卫星广播系统。PerfecTV 公司是由东京的四大投资商贸公司支持的股份公司，也是日本第一家进行数字卫星广播的公司，目前该公司租用日本卫星系统公司的两颗卫星进行数字广播。

日本的 PerfecTV 目前有 100 余个频道播出，其中大多数频道是收费的。除了 PerfecTV 公司外，日本还有几家公司亦计划开展数字卫星广播业务。1998 年 5 月 PerfecTV 和 SKY. TV 合并为 SKY PerfecTV 公司，现频道数为 170 个。由美国休斯公司控股的Direc TV－JAPAN 公司也在进行投资调研，准备与日本的另两家公司推出可播出 100 个频道的新系统。

5.3.2　卫星数字电视和声音广播

卫星数字电视是利用地球同步卫星将数字编码压缩的电视信号传输到用户端的一种广播电视形式。卫星数字电视主要有两种方式：一种是将数字电视信号通过卫星传送到有线电视前端，再由有线电视台将其转换成模拟电视信号后传送到用户家中。从严格意义上来说，早期卫星通信中的电视信号传输不属于卫星电视广播，而应称为卫星电视分配或转播。因为当时的卫星功率太小，地面接收要用大型地球站，然后再分送给本地的电视台转播给用户，这种形式已经在世界各国普及多年。另一种方式是利用广播卫星直接向地面传送电视信号，广大个体用户和集体用户直接用天线接收卫星提供的电视节目，该系统称为直播卫星系统。

1. 直播卫星电视

随着航天技术、微电子技术、数字编码压缩技术的突破性进展，卫星数字电视由原来 C 波段转播进入了数字 Ku 波段直播卫星阶段。

数字直播卫星电视就是将数字电视信号直接传送到用户家中的卫星电视，英文缩写为 DTH(Direct To Home)，用于直播卫星电视的广播卫星称为直播卫星，其英文缩写为 DBS(Direct Broadcast Sation)。因此，直播卫星电视又称为 DTH－TV 或 DBS－TV，或者简称为 DTH 或 DBS。

在 C 波段要实现 DTH 十分困难，因为 ITU 对地面 C 波段信号能量密度有严格限制，卫星不能用大功率进行广播，否则会对地面 C 波段微波中继通信造成干扰。而在 Ku 波段可采用大功率的广播卫星，有利于实现 DTH 的节目传送。经过多年的发展，大功率、大容量的 Ku 频段直播卫星技术业已成熟，一般家庭用户仅需 0.5 m 左右的小天线便可直接接收来自卫星的声音广播和电视广播。卫星直播数字电视还可以进行加密管理，通过对用户授权提供按次付费电视(PPV)、高清晰度电视等先进的电视服务，不受中间环节限制。此外 DTH 方式还可以开展许多电视服务之外的其他数字信息服务，如因特网高速下载、互动电视等。采用通信卫星双向传输和数码处理技术，还可以使全世界的观众能在同一时刻看到声画合一的电视直播画面。

在全球，卫星直播电视是数字电视领域中发展最快的一个方面，占据了 70％以上的用户市场。目前，通过卫星观看数字电视的观众已达数千万。亚洲区直播卫星电视业近期获得了新的发展，2003 年陆续有几个直播卫视新系统投入运行或进行测试，预示着家庭数字直播卫视市场在亚洲有着巨大的发展空间。

直播卫星电视的优点很多，概括起来有以下几点：

(1) 覆盖面广。目前，我国电视覆盖的人口覆盖率达到了 86％以上，但因为我国地域广阔，人口众多，人口的密度分布极不均匀，从国土的覆盖率来看，我国的电视覆盖率还很低，大约只有 50％左右。如果利用一颗大功率直播卫星，就能够获得 100％的人口覆盖和国土面积的覆盖。

(2) 费用较低。在现有的状态下，根据测算，利用有线电视的方式，人口覆盖率每增加一个百分点，需要投资 30 亿元。而且，进一步扩大覆盖范围，所付出的代价急剧增大。卫星广播系统的卫星转发器虽然较昂贵，但由众多用户分担后是微不足道的，实际的代价与地面设备几乎相当，甚至更低。

(3) 可靠性高。目前应用广泛的有线电视必须通过漫长的传输系统，每一个中间环节出现问题都将造成信号损失，严重时会导致信号中断。而直播卫星电视方式传输信号所经过的环节接点少，信号通过的路径是太空，所受到的干扰因素较少，相对来说可靠性较高。

(4) 建设周期短。建设卫星电视系统所牵涉的范围比较小。目前，卫星发射的技术已经相当成熟，虽然有过发射失败的例子，但总的来说，成功的概率还是较高的。地面上行站的建设周期一般只需数月，与组建庞大而又漫长的有线电视网络相比，建设速度要快得多，运行、管理和维护所动用的人力较少。我国广播电视事业发展的重点是覆盖，覆盖的重点在于农村和地形复杂、交通不便的老少边穷、山沟、海岛、沙漠和边疆地区。利用直播卫星解决覆盖问题是最有效、最廉价的方法。

2. 卫星数据广播

卫星的宽覆盖特性可以支持一种重要的数据广播系统，它是一个点到多点的系统，上行站接收来自中心站数据库服务器的数据，然后将数据装配为分组。分组数据流由上行站发往卫星，然后由卫星向覆盖范围内的众多数据单收站(RO)进行广播，分组数据按地址由各自的接收机接收，也可进入地面数据分组交换网 Internet。

RO 终端的数字信号处理器能识别分组的地址并恢复数据，这样就可以将数据传送给用户终端或相应的存储器。同时，系统允许用户终端通过公用电话网将较短的数据信息传送给中心站(多点—点)，这些短信息可以向系统反馈信息或提出请求，如要求系统传送某些附加的数据信息。具有这种拨号能力的数据广播网可实现多点到点的交互式业务。

近年来，Internet 在世界范围内发展迅猛，Internet 这种交互式业务在通过地面网后，其交互性往往受到复杂网络结构的制约，而简洁的卫星网络结构可以大大改善交互性。卫星网对于没有高速数据用户线的用户的接入更具有重要意义，它可以解决这些用户的数据通信需求。目前的商用直接个人系统(direct PC)已能提供中等速率的卫星 Internet 业务，通过卫星链路的下载速率可达 400 kb/s。

数据广播往往可以作为视频广播的附加信息进行传输（因为视频广播的功率和带宽都比较大，而附加数据广播信息时所需增加的功率和带宽很小），这样就更增加了视频广播 DTH 系统的吸引力。数据广播的信息流也可作为现代数字式 DTH 数据流的一部分，使数据广播的速率达到每秒兆比特的数量级。

3. 卫星数字声音广播

20 世纪 80 年代末，世界上最早的数字卫星直接广播系统 DSR 在欧洲出现。开发 DSR 是为了使声音信号尽可能以 HiFi 质量传输，并通过卫星进行分配。为了尽可能地利用传输容量，在一个 27 MHz 带宽的转发器上，安排了 16 套立体声节目的数据包的传输。在 DSR 中，没有考虑数据广播业务，也没有进行数据率压缩。每套节目仅实现 A/D 转换（32 kHz 取样频率，16 bit 量化），在多路复合后，进行 DQPSK 调制，形成基带信号，再变为中频和射频送往卫星。卫星的下行发射频率是 12.625 GHz。

DSR 虽然有很好的声音质量，但由于没有采用数字压缩技术，频谱利用率低。随着现代广播通信技术的发展，已经被新的系统所淘汰。

1992 年世界无线电通信行政大会（WARC - 92）指配 L 波段为卫星数字音频广播的专用频率。其频率为 1452～1492 MHz，带宽为 40 MHz。卫星数字音频广播的音质纯真，音域、声感效果好，已经成为现代音频广播的最新技术，在卫星数字音频广播领域里，比较典型的系统有阿斯特拉（ASTRA）数字卫星广播系统和美国世广公司（WorldSpace）的全球数字声音广播的系统。

习题与思考题

1. 数字音频广播与传统音频广播相比的优势何在？有哪些新的特点？为什么 DAB 又可称为数字多媒体广播？

2. 什么叫同步网（单频网）？为什么数字广播可以采用同步网的方式运行？

3. 数字 AM 广播与数字音频广播 DAB 的主要区别是什么？为什么还有必要开发数字 AM 广播？

4. 世界上已经开始运行的数字 AM 广播有哪两种体制？各有什么特点？我国的数字 AM 广播研究取得了哪些进展？

5. 简述 ATSC、DVB 和 ISDB 三种数字电视标准各自的技术特点。

6. 为什么数字通信要进行扰码？为什么交织技术能克服突发性的数据错误？

7. 和卫星数字电视、有线数字电视相比，地面数字电视的传输条件差在什么地方？DVB - T 最主要的技术特色是什么？

8. DVB - T 的 OFDM 帧中的导频符号起什么作用？为什么可以起到这些作用？

9. 卫星广播最大的优势是什么？和一般通信卫星相比，广播卫星有什么特殊要求？

10. 什么叫直播卫星系统？为什么 DTH 系统的载波频率倾向于从 C 波段移到频率更高的 Ku 波段？为什么说直播卫星系统是很有发展前景的数字广播电视系统？

第6章 接入网技术

6.1 以太网接入技术

20世纪80年代，计算机局域网(Local Area Network，LAN)得到迅速的发展和普及。LAN又称以太网，是计算机互联网最初的基本构造单元，起源于20世纪60年代末，成熟于20世纪80年代，受益于现代通信技术的快速发展，其应用范围延伸到了众多通信应用领域，包括公众宽带通信网络的接入部分和骨干部分，以及各类工业与控制的行业。当人们用电缆线把局部区域内的计算机、工作站连接起来，实现了计算机之间的数据传输和共享时，以太网的好处得到了公认。

1977年12月13日，施乐(Xerox)公司的R. M. Metcalfe等人申请的名为"带冲突检测的多点数据通信系统"的发明专利得到美国专利局的正式授权，标志着早期以太网走向成熟。经过30多年的发展，以太网技术逐渐成为计算机互联网，尤其是接入网的重要技术手段。最具代表性的就是IEEE 802.3 10BASE的以太网，采用双绞线作为基本传输介质，在教育、生产和办公自动化中发挥了很大的作用。本节将简单介绍以太网的一些基本概念，为下一章阐述无线局域网技术作一些铺垫。

6.1.1 带冲突检测的载波侦听多址接入(CSMA/CD)

以太网采用的多址接入控制，名为带冲突检测的载波侦听多址接入(Carrier Sense Multiple Access with Collision Detection，CSMA/CD)，它是在ALOHA技术的基础上，保留了多址接入的能力，引入了载波侦听和冲突检测两个改进机制演变而来的。实际上，正是这两个改进，才促成了以太网的成功。

(1) 载波侦听：就是指一个站点在发送数据之前，先要检测并判断共享信道是否已有其他站点正在发送数据。对于10BAS5而言，就是探测信道中是否存在信号。如果存在信号时，准备发送数据的站点就要一直等待，直到信道中无信号时才能发送数据。

(2) 冲突检测：一个站点在发送数据的时候，需要持续地接收广播信道中的物理信号，并与发送的信号进行比对，如果比对结果不一致，则推定本站点与网络中其他站点在同时占用信道。这时，无论本站点还是其他站点，所有正在发送的数据都不可能被接收站点正确地接收，也就是说发生了冲突。一旦检测到冲突，站点立即停止发送，等待一段时间后再重启发送流程。

为了减少退避后再次发生冲突的可能，以太网采用一个名为"二进制指数退避"的算法来得到随机性的后退时间，以应对多个站点对共享信道的争用。CSMA/CD方法与早期的

ALOHA 系统相似，均为随机多址接入的方式，但相比之下，CSMA/CD 方法具有更高的资源利用效率和更好的系统吞吐性能。

6.1.2　算法描述与性能分析

1. 算法描述

CSMA/CD 控制算法由以太网 MAC 子层负责实施，包括以帧为单位的数据分拆和重装，以及媒质访问控制。如图 6.1.1 所示为以太网 MAC 控制过程及相互调用关系，图中，帧发送器、帧接收器位于 MAC 子层的服务对象（通常是 LLC 子层）之内，发送比特、等待和接收比特为物理层的控制功能。

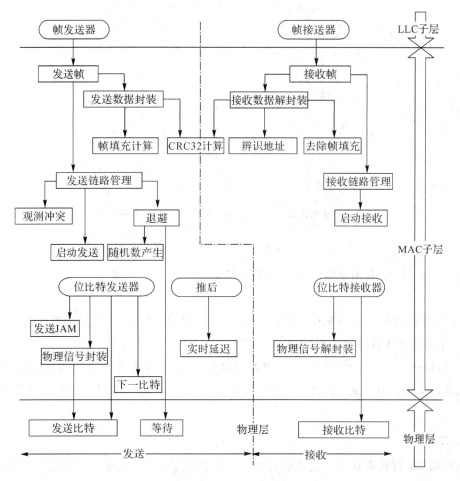

图 6.1.1　以太网 MAC 控制过程与相互调用关系

从图 6.1.1 可见，MAC 层的发送帧功能，需要经由发送数据封装，再调用帧填充和 32 位循环冗余校验（32 bit Cyclic Redundancy Check，CRC32）两个计算功能，然后与来自上层的数据构成一个帧单元，再调用发送链路管理过程进行发送控制。MAC 层的接收帧功能完成相反的处理，包括去除帧填充、CRC32 计算以及辨识地址处理。对于无差错、本地可以接受的数据帧，则调用接收链路管理进行接收。

图中，圆角矩形框所表示的部件是自动执行的逻辑功能实体，它们通过单向箭头线调用不同的基本逻辑功能。

如图 6.1.2 所示为以太网子层发送的逻辑控制流程，为简单起见，省略了装帧和物理信号封装等处理细节。MAC 层接受的流程较为简单，主要功能是鉴别所收到的数据帧的正确性，并依据 MAC 地址来判别是否需要把数据帧传给 LLC 或其他服务层。

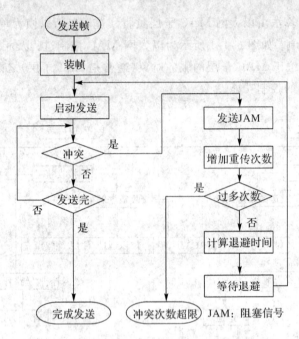

图 6.1.2 以太网 MAC 子层发送的逻辑控制流程

图 6.1.2 中，计算退避时间采用以下公式：

$$d = r \times T_0 \qquad\qquad (6-1-1)$$

其中：d 为等待时长，T_0 为单位时隙，r 为 $[0, 2^k]$ 之间满足一致分布的随机整数，k 为 $\min(m, 10)$，m 为发生连续冲突的次数。

从式（6-1-1）可以看出，以太网中若有超过 1024 个站点同时争用共享信道，则必然发生二次以上的连续冲突。换言之，共享式传输媒质的以太网，其站点容量大致在 1000 台左右。

2. 性能分析

众所周知，评价多址接入技术优劣的一个重要指标，是共享通信带宽的有效利用率或吞吐率。从 CSMA/CD 算法的描述可以看出，主要有两个因素影响以太网的吞吐性能：① 冲突发生的持续时长，因冲突期间的信道占用为一种无效占用；② 退避时长，因退避期间信道有一定的概率处于空闲状态，未被利用。

以太网规范制定了最小帧长的限制，对应的数据发送时长为 T_0。一个站点从开始发出数据之时，在 T_0 时长内，如果有第二个站点刚好准备发送数据，而第二个站点还未收到前一站点发出的物理信号（或载波），则必然产生冲突。设网络传输达到统计稳定状态时，有

$n<2^{10}$ 个站点等待数据发送。考虑近似情况，一个站点选择退避时长 $r=0$ 的概率为 $1/n$，选择 $r>0$ 的概率为 $1-\left(\dfrac{1}{n}\right)$。$n$ 个站点中，只有一个站点选择了 $r=0$ 的概率，即以无冲突占用信道的概率为

$$p = n \times \left(\dfrac{1}{n}\right) \times \left[1-\left(\dfrac{1}{n}\right)\right]^{n-1} = \left[1-\left(\dfrac{1}{n}\right)\right]^{n-1} \qquad (6-1-2)$$

对于一个待发数据帧，以 p 的概率被直接发送，以 $(1-p)p$ 的概率经一次延迟后被发送，以 $(1-p)^2 p$ 的概率经二次延迟后被发送，……，因此，站点平均延迟发送的次数为

$$W = \dfrac{1-p}{p} \qquad (6-1-3)$$

所以，以太网带宽的有效占用或吞吐率为

$$E = \dfrac{T}{T + W \times T_0} \qquad (6-1-4)$$

其中，T 为数据帧在无冲突情况下的平均传送时间，近似为平均帧长与传输带宽之比。当 n 足够大的时候，由式（6-1-2）可知，$p \approx 1/e$，所以，$W \approx e-1$。

对于 10BASE5，T_0 对应于 64 B 长帧的传送时间，即为最小帧长（64 B）与带宽之比。所以有

$$E \approx \dfrac{L}{L + (e-1) \times 64 \ B} \qquad (6-1-5)$$

其中，e 为自然对数的底数，L 为平均帧长（单位为 B）。

从式（6-1-5）可知，若 $L=64$ B，则 $E \approx 37\%$；若 $L=1500$ B，则 $E \approx 93\%$。一般而言，网络负载较大时，网络中长帧比重较大，因此以太网能有较理想的吞吐性能。

6.1.3　10 兆以太网的编码

10 兆以太网采用曼彻斯特码（Manchester Coding）基带编码方式，它用一个周期的正负对称方波表示"0"，而用其反向波形表示"1"，即"0"码用"01"表示，"1"码用"10"表示。由于在每个码元周期的中心点都存在电平的跳变，这种编码方式在传送逻辑数据的同时携带了发送端的时钟信息，因此也称为自同步码。

图 6.1.3 给出了曼彻斯特码编码器的逻辑结构图。其时钟的工作频率为 10 MHz，占空比调整电路按规范要求将输出脉冲的占空比调整为 0.5，并与同步后的输入数据信号进行异或运算，再经过前置放大器（PA）放大，发送到传输媒质（对于 10BASE5 为同轴电缆，对于 10BASE-T 为双绞线）。

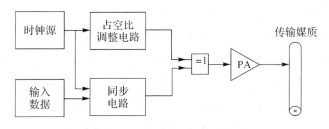

图 6.1.3　曼彻斯特码编码器的逻辑结构图

曼彻斯特码具有较好的抗信道干扰能力，接收端可以从编码中找到用于解码的时钟信息，解码过程比较简单。图 6.1.4 给出了曼彻斯特码解码器的逻辑功能结构，其中，时钟提取电路从接收到的数据中取出时钟信号，与本地时钟信号源通过数字锁相环进行同步，保证了输出频率的稳定，再通过占空比调整电路生成占空比为 0.5 的 10 MHz 脉冲，并与接收到的数据信号进行异或运算，恢复出原始数据。

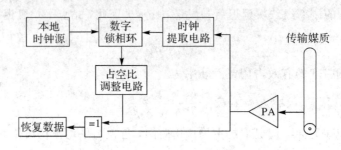

图 6.1.4　曼彻斯特码解码器的逻辑功能结构

6.1.4　百兆以太网和千兆以太网的编码

1. 百兆以太网编码

10BASE5 以太网所采用的曼彻斯特编码，被沿用至 10BASE2、10BASE－T 和 10BASE－F 等不同类型传输媒质的以太网。受百兆带宽的光纤分布式接口（Fiber Distributed Data Interface，FDDI）的成功应用及其在铜线上的延伸应用（Copper Distributed Data Interface，CDDI）的影响，10BASE－T 的无屏蔽双绞线和 10BASE－F 的光纤成为提升以太网传输带宽的首选对象。但是，曼彻斯特编码的实际码速率为 20 Mb/s，物理层与 MAC 层之间的速率也达到了 10 Mb/s。为降低百兆以太网的电路设计成本，人们采用了一个改进的设计方案，即在物理层与 MAC 层之间引入并行传输方式，以及相应的协调子层功能，实现串行位比特与并行数据之间的转换，并形成一个媒质无关接口（Media Independent Interface，MII），在线路编码上采用高效的编码方法，以降低线路上的码速率。

百兆以太网的 MII 以 4 bit 为单位分拆或装配逻辑数据，传输码速率仅为 25M baud，100BASF－TX 采用 4b5b 码，编码效率为 80%，高于曼彻斯特码 50%。

所谓 4b5b 编码（有时出于方便还写作 4B5B），就是用 5 bit 长的码组来表示 4 bit 的信息，对应关系如表 6－1－1 所示，所增加的 1b 是冗余的，是为了应对全 0 的空闲传输状态，以便在基带编码中为接收端提供持续性的时钟同步信息。表中，/J 码与/K 码组合，由物理层功能实体负责插入和提取，用以表示数据帧的开始（Start of Stream Delimiter，SSD），/T 码和/R 码组合，表示数据帧的结束（End of Stream Delimiter，ESD），同样由物理层处理。所有有效信息经编码后，一个码组中至少存在 2 个 1。经 3 电平的多级发送码（Multi－Level Transmit，MLT）编码后，MLT 码可携带充足的时钟信号。

表 6-1-1　4b5b 编码表

名称	4b 信息	5b 码	说　明	名称	4b 信息	5b 码	说　明
/0	0000	11110	十六进制 0	/B	1011	10111	十六进制 B
/1	0001	01001	十六进制 1	/C	1100	11010	十六进制 C
/2	0010	10100	十六进制 2	/D	1101	11011	十六进制 D
/3	0011	10101	十六进制 3	/E	1110	11100	十六进制 E
/4	0100	01010	十六进制 4	/F	1111	11101	十六进制 F
/5	0101	01011	十六进制 5	/I	—	11111	空闲
/6	0110	01110	十六进制 6	/J	—	11000	SSD♯1
/7	0111	01111	十六进制 7	/K	—	10001	SSD♯2
/8	1000	10010	十六进制 8	/T	—	01101	ESD♯1
/9	1001	10011	十六进制 9	/R	—	00111	ESD♯2
/A	1010	10110	十六进制 A	(其他)	—	…	无效

注：表格第 2 列为编码前的数据，第 3 列为编码后的数据。

3 电平 MLT(MLT-3)采用 3 个电平状态 0、+1、-1 来编码形成物理信号，如图 6.1.5 所示。

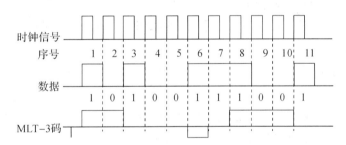

图 6.1.5　MLT-3 编码实例示意图

图中，我们可以看到，当输入数据序列为 10100111001 时，MLT-3 的编码规则是：遇 1 按正弦波的电位顺序(0，+1，0，-1)迁移电平状态，遇"0"则不改变电平状态。因此，1 的作用等同于状态迁移触发信号。图 6.1.5 中，设第 1 位数据"1"编码为+1，第 2 位数据"0"仍为+1，第 3 位数据"1"编码为 0。依此，第 6 位数据"1"编码为-1，第 7 位数据"1"编码为 0，第 8 位数据"1"编码为+1，第 11 位数据"1"编码为 0。

如果输入数据为连续的逻辑 1，经 MLT-3 编码后，形成一个周期为时钟信号 4 倍的交变信号，即 MLT-3 物理信号频率约为时钟频率的 1/4。对于 100 Mb/s 的以太网，采用 4b5b 编码后的码频率为 125 MHz，所以 100BASE-TX 的线路信号频率大致可以降低到 31.25 MHz。

如果数据为连续的逻辑 0，则 MLT-3 码等同于直流电平信号。对于随机出现的逻辑 0 和 1，MLT-3 码的功率谱分布在 0～31.25 MHz 频段。因此，100BASE-TX 可以选用工作频段在 0～100 MHz 的 5 类 UTP(Unshielded Twisted Paired，非屏蔽双绞线)电缆，但是显然不能采用 0～16 MHz 的 3 类 UTP 电缆。

此外，一旦发生连 1 的情况，线路信号的功率集中在 31.25 MHz，会对电磁环境产生不利的影响。因此在进行 MLT-3 编码之前，引入随机性的扰码处理成为必然之选。

現代通信新技術

图 6.1.6 给出了 100BASE - TX 编码器的功能结构示意图，其中扰码器采用 11 位长的线性反馈移位寄存器生成一个周期为 2047 位的随机序列。

扰码处理对应的特征多项式为

$$X[n] = X[n-11] + X[n-9] \qquad (6-1-6)$$

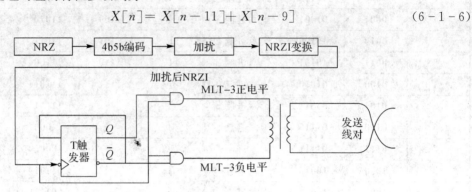

图 6.1.6　100BASE - TX 编码器结构示意图

图 6.1.6 中，NRZI(Non - Return - to - Zero Inverted，不归零翻转)的作用是提供时钟信息，以应对长时连 1 的位比特串。NRZ(Non - Return - to - Zero，不归零)码型用低电平状态和高电平状态表示二进位 0 和 1，因此，连续出现的 1 表现为持续性的高电平信号。而 NRZI 用电平上升沿或下降沿表示 1，码元间不变表示 0，且前后两个 1 选用不同的电平变化沿，所以连续出现的 1 对应高低电平的接连变化，表现为交变的时钟信号。

2. 千兆以太网编码

百兆以太网(100BASE - TX)需要 31.25 MHz 的传输信号带宽，因此不能采用 3 类 UTP 电缆。为此，IEEE 制定了 100BASE - T2 和 100BASE - T4 标准，采用更高效的脉冲幅度调制(Pulse Amplitude Modulation，PAM)编码和双向传输技术。虽然 100BASE - T2 和 100BASE - T4 没有得到广泛应用，但这一技术推动了基于 5 类 UTP 电缆的千兆以太网 1000BASE - T 的发展。图 6.1.7 为 1000BASE - T 的 UTP 线对的应用结构。该结构中共有 4 组线对，每一组通过混合器实现数据的同时发送和接收。其中单独一组线对采用 5 级 PAM 编码(简称 PAM5)传送 2 bit 信息，250 Mb/s 的数据速率对应于 125 兆的码速率。

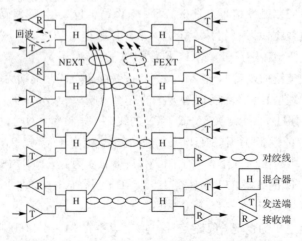

图 6.1.7　1000BASE - T 的线对结构及干扰源类型

点虚线表示远端串扰（Far End Cross Talk，FEXT），实线表示近端窜扰（Near End Cross Talk，NEXT），短划虚线表示回波（ECHO）。为简单起见，图中只描述了第一组双绞线的干扰环境。从图中可以看出，由于 4 组线对物理上约束在一条线缆中，对于接收而言存在不可忽略的近端串扰、远端串扰以及因混合器阻抗匹配不理想而产生的回波（ECHO）。相比而言，NEXT 和 ECHO 的影响占主导地位。

1000BASE - T 采用 5 级 PAM 线路编码技术，4 组物理独立的并行线对各自独立编码，因此构成一个 4 维 PAM5（4D PAM5）编码，也称为 PAM5×5×5×5 编码。4D PAM5 可编码 $5^4 = 625$ 个信息量，大于 2（比特每线对）×4（线对）＝8 个比特的信息量（$2^8 = 256$）。4D PAM 的冗余部分用于增大码距，以应对传输线的环境噪声、信号衰减、码间干扰和 FEXT。

如前所述，4D PAM5 提供了较为丰富的编码冗余。发信机如果能充分利用这些编码冗余，增大编码的码距，则不仅可以提高前向纠错（Forward Error Correction，FEC）能力，还可以减少相邻 UTP 线对间的 FEXT。网格编码是一个增大码矩的成熟技术，且容易实现。

网格编码有多种表示形式，从实现的角度看，采用表格索引方式最为简单。为此，1000BASE - T 采用从加扰数据（sc）映射到 4D PAM5 码的计算过程。其间运用了一个 3 位长的码字 cs，其值由下式计算得到：

$$cs_n[2] = sd_n[7] \oplus cs_{n-1}[1]$$
$$cs_n[1] = sd_n[6] \oplus cs_{n-1}[0]$$
$$cs_n[0] = cs_{n-1}[2]$$

虽然理论上 10GBASE - T 可以延用相似的编码技术，但信号处理逻辑的成本限制了 UTP 电缆继续应用于 10 Gb/s 以太网。

6.1.5　以太网物理层的自适应

从以上各节的介绍可以看出，UTP 电缆可用于 10 Mb/s、100 Mb/s 和 1000 Mb/s 的以太网。如何根据实际情况，自动配置以太网接口装置的协议模式，成为应用平滑升级的一个重要需求。此外，UTP 电缆的交叉、直通连线方式，也是一个在工程应用中容易产生误操作的地方，如何根据对端设备的状况，自动调整线对之间收发匹配，自然成为一个颇具实用性的功能需求。

图 6.1.8 给出了 10 Mb/s 或 100 Mb/s 具有自适应功能的以太网物理层结构，引入了速率的自动协商（AutoNeg）和 UTP 电缆的自动交叉（AutoMDI - X）两个控制功能模块。

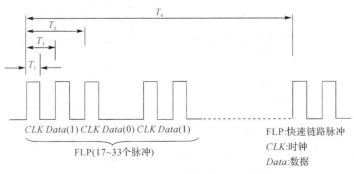

图 6.1.8　自动协商信息的 FLP 结构

1) 自动协商(AutoNeg)

物理层图 6.1.4 给出了曼彻斯特码解码器的逻辑功能结构的目标,是在相互连接的两个网卡或端口之间,选择一个最佳的网络接口标准。比如,如果一个网卡支持 10BASE‐T 和全双工或单双工,另一个网卡还支持 100BASE‐TX,则这两个网卡能相互告知彼此能力,最终选择工作在 10BASE‐T 全双工模式。

AutoNeg 采用带外传输方式完成能力信息交换和操作模式选择。具体说来,也就是运用了一组名为快速链路脉冲(Fast Link Pulse,FLP)的编码和传输手段。

一组 FLP 由 33 个脉冲组成,相继两组之间间隔一定时长并周期性出现,如图 6.1.8 所示。

FLP 中设 33 个脉冲位置,奇数位用于传送时钟脉冲,偶数位用于传送自动协商的协议信息。规范要求 $T_1=100$ ns,$T_2=125$ μs,$T_3=62.5$ μs,$T_6=16$ ms。FLP 的单脉冲频率为 10 MHz,则 20 MHz 的本地时钟可以满足采样要求。因此,FLP 的接收可以采用目前最简单的直流信号检测方法,得到 16 位编码信息。

16 位编码信息中,前 5 位为选择字段(固定为二进制数 00001),接下来 8 位为能力字段,随后 3 位分别为本端故障指示、回给对端的确认和有后继信息的指示。能力字段的前 5 位分别表示是否支持 3 类 UTP 的 10BASE‐T、全双工 10BASE‐T、5 类 UTP 的 100BASE‐TX、全双工 100BASE‐TX、100BASE‐T4,对应位置 1 为支持,置 0 为不支持。后继信息指示置 1 时,随后一组 16 位编码携带了对 1000BASE‐T 的能力支持信息和主从时钟选择的控制信息。

2) 自动交叉(Auto MDI)

10BASE‐T 运用了 2 组 LTP 线对,分别用于发信和收信。为方便工程应用,LTP 电缆与以太网接口设备之间的连接,通过名为 RJ45 的一种媒质相关接口(Media Dependent Interface,MDI),以方便手工插拔。RJ45 连接器有 8 个针脚,按序编号为 1～8。1000BASE‐T 中,TA 对应于(1,2),TB 对应于(3,6),TC 对应于(4,5),TD 对应于(7,8)。但对于 10BASE‐T,相互连接的网络端口,一端的发送对应于另一端的接收,因此需要采用图 6.1.9 所示的连接方式。

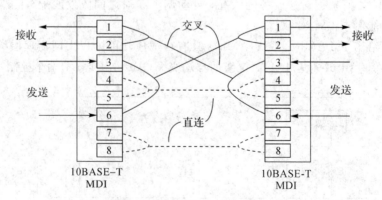

图 6.1.9 10BASE‐T 的 UTP 电缆交叉连接结构

所谓交叉是指,一端 MDI 的(1,2)线对,需要连接到另一端 MDI 的(3,6)线对,表示为 MDI‐X。这种交叉,适用于主机与主机、集线器与集线器或集线器与交换机的对接。出于工程方便考虑，集线器和交换机这种网络设备，在其网络端口之内，通常采取了内部交叉结构。因此，主机与集线器或交换机的 UTP 连接，不再需要交叉，这种连线方式称为直通。而针对级联组网，一些集线器和交换机配置了专门的上联端口，以便采用直通方式连接上联设备。

图 6.1.10 给出了 Auto MDI－X 的工作原理图，其中开关可以运用 MOS 集成电路器件来实现，起开关控制作用的逻辑信号，运用了一个伪随机数生成电路。网卡加电后，初始工作于 MDI 状态（不做内部交叉），连续检测线路上的信号，如果在 65 ms 时检测到 FLP/NLP 信号，保持 MDI 状态不变；如果未检测到该信号，随机数生成的反馈移位寄位器向前移一位，并由 S[10]控制交叉开关。如果 S[10]为 1，开关倒换，网卡接口工作于 MDI－X 状态，并发送 FLP 脉冲。如果 S[10]为 0，保持 MDI 不变。

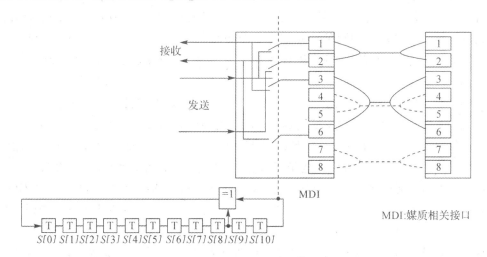

图 6.1.10 AutoMDI－X 的工作原理图

在理想情况下，S[10]产生 1 的概率为 50%，UTP 电缆两端同步执行 MDI－X 和 MDI 的概率为 50%，再次同步执行相同操作的概率仍为 50%。如此，连接发生 20 次（时长 1.3 s）执行相同 MDI－X 和 MDI 切换的概率为 $1/2^{20} < 10^{-6}$。换言之，经 1.3 s 以后。UTP 电缆两端能以 $1-10^{-6}$ 的概率自动完成有效连接。因此，在可接受的时长内，AutoMDI－X 能完成正确互连。

6.2 无线宽带接入技术

随着人们对宽带无线数据传输需求的日益增长，各种无线宽带接入技术也相继产生。目前广泛应用的无线宽带接入技术主要有 802.11x、802.16 系列和 McWiLL（Multicarrier Wireless information Local Loop）。

802.11x 是无线局域网的重要标准，定位于固定或移动等应用场合，在满足室内环境的应用方面已取得了巨大的成功，但其总体设计和业务提供方面还不能很好地适应室外的无线宽带接入应用。我们将在第 7 章详细讨论 802.11x 无线局域网的各个标准。

802.16 系列标准由 IEEE 于 1999 年开始进行标准化，当时的目标是建立一个全球统一的宽带无线接入标准。基于 IEEE 802.16 的宽带无线接入技术又称为 WiMAX，于 2007 年被 ITU 接纳为 3G 标准之一，所以 802.16 也可以作为第 3 代移动通信技术的一个代表。

McWiLL 则定位于城域应用，支持广覆盖和移动应用场合，能很好地适应室外复杂的物理环境，2010 年正式列入 ITU 的标准文本 M.1801，成为宽带无线接入的国际标准之一，目前已广泛应用于公网运营、机场、油田、煤矿等行业市场。

6.2.1 IEEE 802.16 系列标准

无线城域网的推出是为了满足日益增长的宽带无线接入（Broadband Wireless Access，BWA）市场需求。虽然多年来 802.11x 技术与许多其他专有技术一起一直被用于 BWA，并获得很大成功，但是 WLAN 的总体设计及其提供的特点并不能很好地适应室外的 BWA 应用。当其用于室外时，在带宽和用户数方面都将受到限制，同时还存在着通信距离等其他一些问题。基于上述原因，IEEE 决定制定一种新的、更复杂的全球标准，这个标准应能同时解决物理层环境（室外射频传输）和 QoS 两方面的问题，以满足 BWA 和"最后 1000 m"接入市场的需要。

最早的 IEEE 802.16 标准是在 2001 年 12 月获得批准的，是针对 10～66 GHz 高频段视距（LOS）环境而制定的无线城域网标准。但目前所说的 802.16 标准主要包括 802.16a、802.16d 和 802.16e 三个标准。根据是否支持移动特性，IEEE 802.16 标准可以分为固定宽带无线接入空中接口标准和移动宽带无线接入空中接口标准，其中，802.16、802.16a、802.16d 属于固定无线接入空中接口标准，而 802.16e 属于移动宽带无线接入空中标准。

IEEE 802.16d 是固定宽带无线接入的标准，该标准定义了三种物理层实现方式：单载波、OFDM（256 点）、OFDMA（2048 点）。由于 OFDM、OFDMA 具有较高的频谱利用率，在抵抗多径效应、频率选择性衰落或窄带干扰上具有明显的优势，因此 OFDM 和 OFDMA 成为 IEEE 802.16 中两种典型的物理层应用方式。

IEEE 802.16e 是移动宽带无线接入的标准，该标准后向兼容 IEEE 802.16d。它的物理层实现方式与 IEEE 802.16d 基本一致，主要差别是对 OFDMA 进行了扩展，可以支持 2048 点、1024 点、512 点和 128 点，以适应不同载波带宽的需要。为了支持移动性，802.16e 在 MAC 层引入了很多新的特性。

有了这样一个全球标准，就能使通信公司和服务提供商通过建设新的无线城域网，来为目前仍然缺少宽带服务的企业与住宅提供服务。IEEE 802.16 基站安装在高楼上，用广播的方式发射无线信号，用户使用移动互联网装置（Mobile Internet Device，MID）、带有 IEEE 802.16 功能的笔记本电脑或者 IEEE 802.16 调制解调器等用户终端设备接收信号。

美国联邦通信委员会 FCC 规定无线局域网 IEEE 802.11 的发射功率在 100 mW 以内，而 IEEE 802.16 的发射功率大约为 100 kW，因此，无线城域网的信号覆盖范围要比局域网大得多，可达几千米到十几千米，如果多个基站相互联网，则可以覆盖几十千米的范围。802.16 作为一种接入网技术，可以把无线局域网的热点连接到互联网，也可以作为 DSL 有线接入方式的无线扩展或者替代，实现最后一千米的宽带接入，还可以实现在服务区内的漫游。

IEEE 802.16 的工作环境包括 10～66 GHz 频段视距（LOS）和 2～11 GHz 频段的非视

距(NLOS)的宽带固定接入系统。在 10～66 GHz 频段，由于波长短，因此主要是视距传送，不考虑多径因素，典型信道带宽为 25 MHz 和 28 MHz。当原始数据速率大于120 Mb/s 时，10～66 GHz 频段的 LOS 环境非常适合小型办公室/家庭式办公室、中型和大型办公室的点对多点的访问服务应用。

2003 年 1 月通过审批的 802.16a 扩展使用较低的 2～11 GHz 波段，支持非视距连接。这是无线宽带接入技术的重大突破，因为传输点与接收天线之间再也无需有视距连接。依靠 802.16a，运营商能够使用一个发射塔来支持更多的用户，从而显著降低了服务成本。

802.16e 标准在 2005 年 11 月获得批准，客户机将能够在 802.16 基站之间自由切换，从而使用户能够在各个服务区之间任意漫游。802.16 工作组内新组建的网状网络特别委员会(Mesh AdHoc Committee)当前正在研究改进基站覆盖范围的方法。网状网络可使数据从一点跳跃到另一点，绕过高山等障碍。只需少量网格即可带来单个基站覆盖范围的大幅度改进。如果这一小组的提案得以采纳，他们将成为特别任务组 F 着手 802.16f 标准的开发。

英特尔通信工程师 D. J. Johnston 领导的 IEEE 802Handoff 研究小组是另外一个致力于解决异构 802 网络之间漫游问题的小组。这里的关键是切换流程的实施，即如何将移动设备从一个基站切换到另一个基站，从一类 802 网络切换到另一类 802 网络(比如从 802.11b 到 802.16)，甚至从有线网络切换到 802.11 或 802.16。工作组的目标是实现切换流程的标准化，这样设备在不同类型的网络间漫游时也可以实现互操作了。

目前，WLAN 用户可以在一幢建筑物或一个热点周围移动并保持连接，但是如果他们离开，连接就会断开。依靠 IEEE 802.16e，用户将能够保持“最佳连接”，在热点内使用 802.11 连接，离开热点但仍然在 WiMAX 服务区内时可以连接到 802.16。Johnston 预计，等到 802.16e 能成功嵌入到 PDA 或笔记本电脑(或者通过 802.16e 支持卡进行添加)的那天时，用户将可以在整个城域网内保持始终连接。例如，笔记本电脑在有线连接时可以通过以太网或 802.11 进行连接，而在城市或郊区漫游时则依靠 802.16 保持连接。

6.2.2　McWiLL 系列标准

中国通信标准化协会(China Communication Standards Association，CCSA)于 2007 年开始进行 McWiLL 系列标准的制定工作，包括 SCDMA(Synchronous Code Division Multiple Access)宽带无线接入系列通信行业标准和支持集群业务的 SCDMA 宽带无线接入系列通信行业标准，基于 SCDMA 宽带无线接入技术的 McWiLL 于 2010 年被 ITU 列入了 ITU 标准文本 M.1801 中，成为宽带无线接入的国际标准之一。

1. McWiLL 的网络架构

如图 6.2.1 所示，McWiLL 采用基于 IP 的扁平化网络架构，系统可灵活地接入各种业务网关，这些网关与 McWiLL 空中接口的 DAC(Data Access Control)/VAC(Voice Access Control)功能模块相匹配，可以提供丰富的多媒体集群业务，系统各网元之间的通信全部基于通用的 IP 交换和路由技术。

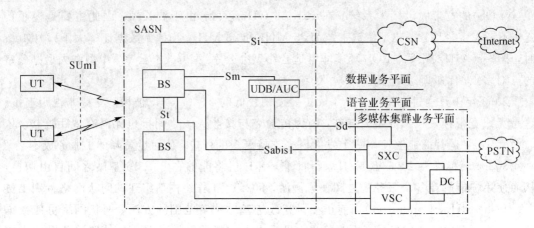

图 6.2.1 McWiLL 网络参考模型

McWiLL 系统采用点到多点的拓扑结构，由用户终端（User Terminal，UT）、无线接入服务网（SCDMA Access Service Network，SASN）和多媒体业务平面组成。其中无线接入服务网由基站（BS）、用户数据库（UDB）或鉴权中心（AUC）组成。多媒体集群业务平面由交换控制平台（SXC）、调度台（DC）和视频业务控制器（VSC）组成。无线接入服务网为用户提供完整的无线接入网络功能，调度台（DC）实现集群调度业务和视频会议、视频调度业务功能，交换控制平台（SXC）是实现语音业务、集群调度业务的集中控制平台，视频业务控制器（VSC）是实现视频会议、视频调度业务的控制平台。

McWiLL 系统通过连接业务网（Connection Service Network，CSN）把基站接入到因特网，实现数据业务；通过交换控制平台（SXC）和公共电话交换网（PSTN）连通，实现语音业务。

2. McWiLL 空中接口协议架构

McWiLL 宽带无线接入标准的空中接口协议架构如图 6.2.2 所示。图中，物理层和数据链路层属于 McWiLL 宽带无线接入标准范畴。

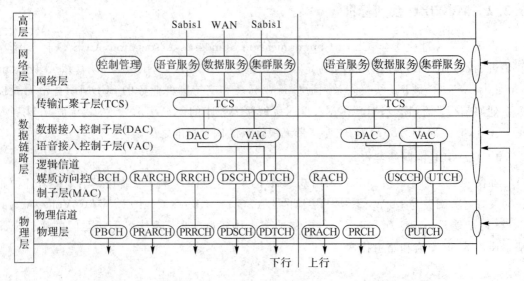

图 6.2.2 McWiLL 宽带无线接入标准的空中接口协议架构参考模型

1）McWiLL 物理层

物理层支持比特流在无线信道上的传输，向高层提供数据传输业务，支持智能天线及其增强技术、码扩正交频分多址（CS - OFDMA）、自适应调制编码、多输入多输出（MIMO）和空分多址（SDMA）等关键技术的实现，需要完成以下功能：

（1）信号的发送和接收；

（2）信号的编解码和差错控制；

（3）下行和上行同步；

（4）随机接入；

（5）物理层测量；

（6）上行和下行波束成形；

（7）向高层提供服务的接口。

2）McWiLL 数据链路层

数据链路层支持自适应调制编码、动态信道分配、业务质量（QoS）服务等级等关键技术的实现，其基本功能包括以下几个方面：

（1）实现数据的可靠同步传输；

（2）对终端进行上行同步控制，减少用户间信号干扰；

（3）针对不同的优先级业务，采用不同的纠错重传机制；

（4）无线资源的分配和调度，包括带宽资源和功率资源的分配，通过适当的资源分配算法优化系统的整体性能；

（5）连接的建立、维护和释放，包括动态带宽分配、切换处理等；

（6）信道映射，负责把逻辑信道映射到合适的物理信道；

（7）提供省电操作，使终端能够在空闲时进入睡眠模式，有业务时能够被唤醒进行正常的通信。

第7章 无线局域网

7.1 概　述

有线局域网最大的麻烦就是布线繁琐，造成计算机后的各种电缆泛滥成灾。此外，有线局域网的另一个缺憾就是无法支持移动计算。随着社会的发展，人们对计算机的依赖性日益增加，为了实现任何人在任何时间、任何地点均能进行数据通信的目标，要求传统的计算机网络由有线向无线发展的呼声也越来越高。

无线局域网(Wireless Local Area Network，WLAN)是无线网络的一个重要分支，它使局域网技术应用于无线信道成为可能。无线局域网的自由度和机动性，使其既可以应用于楼宇之中，也可以应用于建筑物之间，因此，无线局域网的解决方案已经开始成为商务客户宽带网络连接的一种可选方案。目前，无线局域网已首先在医疗、教育和企业办公等领域得到普及，并迅速向人类社会生产与生活的其他领域拓展。

7.1.1　无线局域网的发展历史

无线局域网(WLAN)是计算机间的无线通信网络。相比有线通信悠久的历史，无线网络的历史并不长，特别是充分发挥无线通信的"可移动"特点的无线局域网是 20 世纪 90 年代以后才出现的事情。

1971 年，夏威夷大学的几名科学家创造了第一个基于"封包技术"的无线网络，这个被称作 AlohaNet 的网络首次将网络技术和无线通信技术结合了起来。为了使分散在 4 个岛上的 7 个校区里的计算机能和放置在瓦湖岛上的中心计算机进行通信，AlohaNet 通过星形拓扑结构将中心计算机和 7 台远程工作站连接起来，提供双向数据通信，当时的数据传输速率为 9.6 kb/s，无线局域网就此诞生。

20 世纪 80 年代以后，美国和加拿大的一些业余无线电爱好者、无线电报务员开始尝试设计并建立了终端节点控制器，将各自的计算机通过无线收发报设备连接起来。所以，业余无线电爱好者使用无线联网技术，要比无线网络商业化早得多。

伴随着以太局域网的迅猛发展，无线局域网以其安装简便、使用灵活等优点赢得了特定市场的认可。但也正因为当时的无线局域网是作为有线局域网的一种补充，使得基于IEEE 802.3 架构上的无线网络产品存在着极易受干扰、性能不稳定、传输速率低且不易升级等缺陷，不同厂商之间的产品也互不兼容，从而限制了无线局域网的进一步发展。于是，规范和统一无线局域网标准的 IEEE 802.11 委员会在 1990 年 10 月成立，负责局域网标准的制订和开发。1990 年 11 月，IEEE 召开了 802.11 委员会，开始制订无线局域网标准。1997 年 6 月 26 日，标准完成，于 1997 年 11 月 26 日正式发布。

IEEE 802.11 无线局域网标准的制定是无线局域网发展历史中的一个重要里程碑。承袭 IEEE 802 系列的传统，IEEE 802.11 规范了无线局域网络的媒体访问控制（MAC）层和物理（PHY）层。特别是由于实际无线传输的方式不同，IEEE 在统一的 MAC 层下面规范了各种不同的实体层，以适应当前的情况及未来的技术发展。

　　起初，无线计算机网络采用无线媒体仅仅是为了克服地理障碍，或是为了免除布线的烦恼，使网络安装简单，使用方便，而对网络中节点的移动能力并不重视。然而，进入 20 世纪 90 年代以后，随着功能强大的便携式电脑的普及使用，人们可以在办公室以外的地方随时使用携带的计算机工作，并希望仍然能够接入其办公室的局域网，或能够访问其他公共网络。这样，支持移动计算能力的计算机网络就显得越来越重要了。

　　1985 年，美国联邦通信委员会（FCC）授权普通用户可以使用 ISM 频段，从而把无线局域网推向了商业化。FCC 定义的 ISM 频段为 902～928 MHz、2.4～2.4835 GHz、5.725～5.875 GHz 三个频段。1996 年，中国无线电管理委员会开放了 2.4～2.4835 GHz 频段。ISM 频段为无线电网络设备供应商提供了所需的频段，只要发射机功率的带外辐射满足无线电管理机构的要求，则无需提出专门的申请就可使用这些 ISM 频段。1998 年，各无线设备供应商已经推出了大量基于 IEEE 802.11 标准的无线网卡及访问节点，使得无线局域网在各种有移动要求的环境中被广泛接受。

　　802.11 标准主要针对网络物理层和媒体访问控制层进行规定，重点是 MAC 层，因此使得各种不同厂商的无线产品得以在物理层上进行互连，使得无线局域网的"多点接入"和"多网段互联"两大特点更易于实现。标准使核心设备执行单芯片解决方案，降低了采用无线技术的代价，从而打通了无线局域网的普及之路。

　　1999 年，IEEE 802.11 工作组又批准了 IEEE 802.11 的两个分支：IEEE 802.11a 和 IEEE 802.11b。IEEE 802.11a 扩充了无线局域网的物理层，规定该层使用 5 GHz 频段，采用正交频分复用（OFDM）调制数据，传输速率为 6～54 Mb/s。这样的速率既能够满足室内的应用，也能够满足室外的应用。IEEE 802.11b 是 IEEE 802.11 标准物理层的另一个扩充，规定采用 2.4 GHz ISM 频段，调制方式采用补偿编码键控（CCK）。它的一个重要特点是，多速率机制的媒体接入控制（MAC）能够确保当工作站之间距离过长或干扰太大、信噪比低于某一个门限的时候，传输速率能够从 11 Mb/s 自动降低到 5.5 Mb/s，或者根据直接序列扩频技术调整到 2 Mb/s 和 1 Mb/s。

　　迄今为止，IEEE 已经开发并制定了 IEEE 802.11、IEEE 802.11a、IEEE 802.11b、IEEE 802.11g、IEEE 802.11n、IEEE 802.11 ac 以及 IEEE 802.11 cd 等多项标准，我们将在下一节进一步介绍这些标准的主要内容。与此同时，欧洲电信标准化协会（ETSI）的宽带无线电接入网络（BRAN）小组也致力于无线局域网标准的制定，相继推出了 HiperLAN/1 和 HiperLAN/2 这两个无线局域网标准。

　　目前无线局域网产品所采用的技术标准主要有 IEEE 802.11 系列、欧洲的 HiperLAN 系列、HomeRF、IrDA（红外）和蓝牙等，它们分别适用于不同的实际环境。一般来说，IEEE 802.11 系列适用于办公室中的企业无线网络，HomeRF 和 IrDA 适用于家庭中移动数据/语音设备之间的通信，而蓝牙技术则应用于任何需要用无线方式替代线缆的场合。目前这些标准还处于并存状态，但从长远的角度看，随着产品与市场的不断发展，这些标准将逐步走向融合。特别是 IEEE 802.11 系列标准，由于该系列标准的开放性，使得它们已经被全球大多数厂商和认证产品所支持，成为了目前市场的主流。

7.1.2 无线局域网的结构与工作方式

无线局域网具有无需布线、安装周期短、后期维护容易、网络用户容易迁移和增加等优点，可以在有线网络难以实现的情况下大展身手。我们可以从网络拓扑、网络接口、传输方式、应用环境等几个方面来了解它的基本特点。

按照与有线局域网的关系，无线局域网可分为独立式与非独立式两种：独立式无线局域网是指整个网络都使用无线通信的无线局域网，非独立式局域网是指局域网中无线和有线网络设备相结合使用的无线局域网。目前非独立式无线局域网在实际应用中处于主流，它以有线局域网为基础，通过配置无线访问点、无线网桥、无线路由器、无线网卡等设备来实现无线通信，网络功能的实现还要依赖于有线局域网，可以看做是有线局域网的扩展和补充。

一个典型的无线局域网由多个无线工作站 STA（Station）和一个无线访问点 AP（Access Point）构成，结构如图 7.1.1 所示。无线工作站 STA 是指配备有无线局域网适配器的无线客户端，如笔记本电脑或者掌上电脑等。无线工作站 STA 可以移动，并可以直接相互通信或者通过 AP 进行通信。无线访问点 AP 是指配备有无线局域网适配器的网络设备，它不可移动，其功能与蜂窝电话网络的基站类似，无线客户端可以通过无线访问点与有线网络或其他无线客户端进行通信。

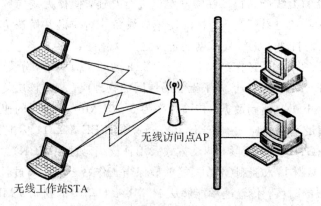

图 7.1.1 无线局域网的典型结构

1. 网络拓扑

WLAN 中使用的拓扑结构主要有三种形式：点对点型、Hub 型和全分布型。这三种结构解决问题的方法各有千秋，目的都是让用户在无线信道中获得与有线 LAN 兼容或相近的传输速率。

1）点对点型

典型的点对点结构是通过单频或扩频微波电台、红外发光二极管、红外激光等方法连接两个固定的有线 LAN 网段，可以看做是一种网络互连方案。无线链路与有线 LAN 的连接是通过桥路器或中继器完成的。点对点拓扑结构简单，采用这种方案可获得中远距离的高速率链路。由于不存在移动性问题，收发信机的波束宽度可以很窄，虽然这会增加设备调试难度，但可减小由波束发散引起的功率衰耗。

2）Hub 型

Hub 型拓扑由一中心节点（Hub）和若干个外围节点组成，外围节点既可以是独立的工作站，也可以与多个用户相连。中心 Hub 作为网络管理设备，为访问有线 LAN 或服务器提供逻辑接入点，并监控所有节点对网络的访问，管理外围设备对广播带宽的竞争，其管理功能由软件具体实现。在此拓扑中，任何两个外围节点间的数据通信都需经过 Hub，所以这种路由方案是一种典型的集中控制方式。

采用这种结构的网络，具有用户设备简单、维护费用低，网络管理单一等优点，并可与微蜂窝技术结合，实现空间和频率复用。但是，用户之间的通信延迟差，网络抗毁性能较弱，中心节点的故障很容易导致整个网络的瘫痪。

3）完全分布型

完全分布型结构要求相关节点在数据传输过程中发挥作用，类似于分组无线网的概念。对每一节点而言，或许只有网络的部分拓扑知识（也可通过软件的安装获取全部拓扑结构），但它可与邻近节点以某种方式分享对拓扑结构的认识，由此完成一种分布路由算法，即路由上的每一节点都要协助将数据传送至目的节点。

分布式结构抗毁性能好，移动能力强，可形成多跳网，适合较低速率的中小型网络；但对于用户节点而言，它的复杂性和成本较其他结构大幅度提高，网络管理困难，并存在多径干扰和"远—近"问题，同时随着网络规模的扩大，其性能指标下降较快。但在军事领域中，分布式无线 LAN 具有很好的应用前景。

2．网络接口

一般来讲，网络接口可以选择在 OSI 参考模型的物理层或数据链路层。一种方法是从物理层接入网络，使用无线信道替代通常的有线信道，而物理层以上各层不变。这样做的最大优点是上层网络操作系统及相应的驱动程序可以不做任何修改。这种接口方式在使用时一般作为有线局域网的集线器和无线转发器，用以实现有线局域网间互连或扩大有线局域网的覆盖范围。

另一种方法是从数据链路层接入网络。这种接口方法并不沿用有线局域网的 MAC 协议，而是采用更适合无线传输环境的 MAC 协议。在实现时，MAC 层及其以下层对上层是透明的，通过配置相应的驱动程序来完成与上层的接口，这样可保证现有的有线局域网操作系统或应用软件可在无线局域网上正常运行。目前，大部分无线局域网厂商都采用数据链路层接口方法。

3．传输方式

1）红外（IR）系统

红外无线 LAN 在室内的应用正在引起极大的关注。由于它采用低于可见光的部分频谱作为传输介质，其使用不受无线电管理部门的限制。红外信号是视距传输，检测和窃听困难，对邻近区域的类似系统也不会产生干扰，如果采用微蜂窝技术，小区频率复用度可为 1。

由于红外频段频率太高，不能像射频那样进行调制解调。如果采用聚焦波束的点对点方案，在距离为 30 m 时可达到的比特速率至少为 50 Mb/s，但出于安全考虑，其发射功率受到限制；漫射（diffuse）技术可为用户提供移动能力，但由于多径干扰以及对环境变化的敏感，一般工作于较低速率；准漫射技术(quasi-diffuse)综合了两者的优点，是目前红外LAN研究的热点，也是发展的方向。在实际应用中，由于 IR 系统具有很高的背景噪声(日光、环境照明等)，一般要求的发射功率较高，而采用现行技术，特别是 LED，很难获得高的比特速率(>10 Mb/s)。

2) 射频(RF)系统

RF 无线 LAN 是目前最为流行的 WLAN，按频段可划分为 3 类。

(1) ISM 频段。ISM 频段又称为工业、科研、医学频段，位于电视和蜂窝电话使用的UHF 频段高端。由于此频段频谱资源拥挤，可用的带宽较少，所以必须采用扩频技术。扩频技术把原始信息的带宽变换成带宽宽得多的类噪声信号，对窄带用户的干扰很小，由于扩频处理增益的作用，扩频宽带信号可以与窄带信号共事相同的频带。鉴于此，FCC 在1985 年开放了 ISM 的 3 个频段，902~928 MHz、24~2.4835 GHz、5.725~5.85 GHz，允许输出功率小于 1 W 的扩频电台免许可证使用，这极大地促进了无线 LAN 的发展。

ISM 频段的 WLAN 可以采用直接序列扩频(DSSS)、跳频扩频(FHSS)，也可以采用混合扩频(DS/HF)。由于跳频系统从本质上讲还是窄带传输过程，限制了调制带宽，通常速率较低，所以 ISM 频段的 WLAN 大多采用 DSSS。但是，扩频技术并不能从根本上解决可用带宽问题，在无线传输中，数据编码的可用带宽越多，可达到的总的数据率就越高，尽管FCC 开放了多个频段，但其总的可用带宽仍然有限。理论上，处理增益为 10 dB 的 DSSS 系统(QPSK)可得到的最大数据率分别为 2.6 Mb/s(900 MHz)和 8.35 Mb/s(2.4 GHz)。

此外，在 ISM 频段中射频信号具有一定的透射和绕射能力，频率复用度较低，无法与新的微蜂窝技术结合，阻止了其应用范围的进一步扩大。

(2) 专用频段。频段为 18.825~18.875 GHz、19.165~19.215 GHz。18 GHz 频段的主要优点是它具有一系列 UHF 和红外光波的混合频率特性，对于微蜂窝网络应用很有吸引力，可获得较高的频率复用度，并且信号不必严格限于视距传输。由于 18 GHz 频段具有较高的频率，因此办公设施、生产设备对无线 LAN 的干扰很小，而且由于所需功率小，系统产生的微波能量也不会影响其他电子系统和设备的正常工作。

18 GHz 频段另一个主要优势是具有足够的带宽，最近 FCC 划分的专用频段，可供 10个 10 MHz 信道使用，由于 FCC 的控制，减少了潜在的系统同频干扰。专用频段一般选用频带利用率高的窄带调制方式(如 TDMA)，所以这一频段的 WLAN 多使用时分双工(TDD)复用技术，使系统在进行高速数据传输的同时，还有足够的频率间隔保证数据的可靠性和完整性。

(3) 毫米波频段。工作于毫米波频段的 WLAN 可提供更大的信息传输容量，但目前技术上还未很成熟。毫米波频段与 IR 系统在物理层上有许多相似之处，但也有不同。在毫米波频段使用天线分集技术可明显提高抗阻塞和抗多径干扰能力，而 IR 系统由于波长更短，使用天线分集时抗多径性能改善不大，只能减小阴影、阻塞和时延扩展带来的影响。此外，在毫米波频段中采用静态路径补偿相对简单，并且具有很好的 LPI/AJ 特性，特别是在频率高端(58 GHz 左右)。在此频段中，由于大气中氧产生分子谐振，比低频段正常传播损耗高约 18 dB/km，这种附加的衰落使信号具有明显的作用范围，区域外不易检测和窃听到网络信号，也使外来干扰对网络不会产生大的影响，因此，毫米波频段 WLAN 在军事领域中具有极好的发展前景。

7.1.3 无线局域网的特点

无线局域网具有以下的优点：

(1) 通信范围不受环境条件的限制，拓宽了网络的传输范围。

(2) 可靠性好。在有线网络中，线缆故障常常是网络瘫痪的主要原因，无线网络没有线缆，就不存在这个问题。而且，由于无线局域网采用了 DSSS 传输、CCK 编码调制技术以及智能放大器和智能天线产品，抗干扰性能好，能够提供可靠的无线传输。

(3) 建网容易，管理方便。相对于有线网络，无线局域网的组建、配置和维护较为容易，一般的计算机工作人员都可以胜任网络的管理工作。

适用于无线局域网产品的价格正在逐渐下降，相应软件也在逐渐成熟。此外，无线局域网已能够通过与广域网相结合的形式提供移动 Internet 的多媒体业务。因此，无线局域网的局限性将逐步得以克服，它的传输能力和灵活性也将更加发挥和显现出来。

根据无线局域网的特点，其应用可分为两类：一类作为半移动网络应用。在半移动应用环境下，又可分为室内应用和室外应用。在室内应用下，无线局域网作为有线局域网的补充，与有线局域网并存。由于无线局域网的价格比有线局域网高，故在室内环境下，无线局域网主要在大型办公室、车间、超级市场、智能仓库、临时办公室、会议室、证券市场等应用环境发挥其无线特长。

在布线较困难的室外环境下，无线局域网可充分发挥其高速率、组网灵活的优点。尤其在公共通信网不发达的状态下，无线局域网可作为区域网（覆盖范围几十千米）使用。例如：城市建筑群间的通信；学校校园网络；工矿企业厂区自动化控制与管理网络；银行、金融证券城区网络；矿山、水利、油田等区域网络；港口、码头、江河湖坝区网络；野外勘测、实验等流动网络；军事、公安流动网络等。

无线局域网与有线主干网构成移动计算网络。这种网络传输速率高，覆盖面大，是一种可传输多媒体信息的个人通信网络。这是无线局域网的发展方向。

7.2 IEEE 802.11 标准

7.2.1 IEEE 802.11 标准概述

IEEE 802.11 定义了两种工作模式，即基础结构（Infrastructure）模式和自组织（Ad-Hoc）模式。在 Infrastructure 模式中，无线局域网至少有一个和有线网络连接的无线访问点，以及一系列无线终端，无线访问点作为一个无线交换机连接网络范围内的多台无线终端，这种配置构成一个基本服务集（Basic Service Set，BSS），多个 BSS 可构成一个扩展服务集（Extended Service Set，ESS）。Ad-Hoc 模式也称为点对点模式或独立基本服务集（Independent Basic Service Set，IBSS）模式，以这种方式连接的设备之间可以直接通信，无需经过无线访问点。

IEEE 802.11 在物理层定义了数据传输信号特征和调制方法，定义了两个无线射频（Radio Frequency，RF）传输方法和一个红外（Infrared，IR）传输方法。RF 传输标准包括直接序列扩频（Direct Sequence Spread Spectrum，DSSS）和跳频扩频（Frequency Hopping Spread Spectrum，FHSS）两种。MAC 层主要引入了带冲突避免的载波侦听多址接入（CSMA/CA）协议和请求发送/允许发送（Ready To Send/Clear To Send，RTS/CTS）协议等。这些技术和协议是后续标准的基础，尤其是 DSSS、CSMA/CA 和 RTS/CTS。

IEEE 802.11 标准的逻辑结构如图 7.2.1 所示。每个站点所应用的 IEEE 802.11 标准的逻辑结构包括逻辑链路控制层（LLC）、媒体访问控制层（MAC）和三种物理层（PHY）中的一个。

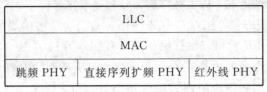

图 7.2.1　IEEE 802.11 标准的逻辑结构

1. 物理层

1）直接序列扩频（DSSS）PHY

IEEE 802.11 的直接序列扩频（DSSS）PHY 层采用一个长度为 11 bit 的巴克（Chipping - Barker）扩频码序列对要发送的无线数据进行编码，每一个 11 bit 的 Chipping - Barker 序列代表一个二进制数字信号 1 或者 0，这个序列被转化成波形，然后在空中传播。发送端通过扩频器把扩频码片序列 chips 与要传输的比特流相乘，称为编码；然后在接收端用同样的 chips 进行解码，就可以得到原始数据了。

802.11 协议中是使用 Barker 序列号来作为这个 chips 的，规定为 10110111000。在编码过程中，如果要传送的数据是 0 的话，数列不变；如果传送的数据是 1 的话，数列就逐位取反。在相同的吞吐量下，直接序列扩频技术需要比跳频技术更多的能量，但能达到比跳频技术更高的吞吐量。DSSS PHY 采用差分二进制移相键控（DBPSK）和差分四进制移相键控（DQPSK）来分别提供 1 Mb/s 和 2 Mb/s 的数据速率。

在 DSSS PHY 中，将 2.4 GHz 的频谱划分为 14 个 22 MHz 的信道，邻近的信道互相重叠，在 14 个信道内，只有 3 个信道是互相不重叠的，数据就是从这 14 个频段中的一个进行传送而不需要进行频谱之间的跳跃。在不同的国家信道的划分是不同的。

2）跳频（FHSS）PHY

IEEE 802.11 的跳频 PHY 层利用从一个频率跳到另一个频率的无线电波发送数据信号。跳频系统按照跳频序列跳跃，一个跳频序列一般被称为跳频信道。如果数据在某一个跳频序列频率上被破坏，系统必须要求重传。

它是用伪随机码序列去进行频移键控调制的，使载波工作的中心频率不断随机地跳跃改变。只要收、发信机之间按照固定的数字算法产生相同的伪随机码，就可以把调频信号还原成原始信息。FHSS PHY 也有 1 Mb/s 和 2 Mb/s 两种速率。前者采用二相的高斯频移键控（2 - GFSK），后者采用四相高斯频移键控（4 - GFSK）。

3）红外线（IR）PHY

IEEE 802.11 红外线物理层描述了采用波长为 850～950 nm 的红外线进行传输的无线局域网，用于小型设备和低速应用软件。

接近可见光的 850～950 nm 红外信号无需对准，依靠反射和直视红外能量就能进行通信。红外辐射不能穿透墙壁，穿过窗户时也有显著衰减。这种特性使 IR PHY 仅限于单个物理房间中。使用 IR PHY 的多个不同局域网可在仅有一墙之隔的相邻房间中毫无干扰地工作，且不存在被窃听的可能。IR 传输一般采用基带传输方案，主要是脉冲位置调制（Pulse Position Mdulation，PPM）方式。

IR PHY 定义了两种调制方式和数据速率：基本接入速率和增强接入速率。基本接入速率是基于 1 Mb/s 的 16 - PPM 脉冲位置调制；增强接入速率是基于 2 Mb/s 的 4 - PPM 脉冲位置调制。

2. 媒体访问控制（MAC）层

IEEE 802.11 媒体访问控制（MAC）层采用基于分布方式的无线媒体访问控制协议（Distributed Function Wireless MAC，DFWMAC），它支持 Ad - hoc 和 Infrastructure 两种类型的 WLAN，它有两种功能方法，即分布协调功能（Distributecl Coordination Function，DCF）和点协调功能（Point CoordinationFuncnon，PCF）。

1) DCF

DCF 是 IEEE 802.11 最基本的媒体访问方法，其核心是 CSMA/CA。它包括载波检测机制、帧间隔和随机退避规程。DCF 在所有站点都被采用，用于 Ad - hoc 和 Infrastructure 网络结构中，提供竞争型异步服务。DCF 有两种工作方式：基本工作方式，即 CSMA/CA 方式和 RTS/CTS 方式。CSMA/CA 是基础，RTS/CTS 是 CSMA/CA 之上的可选机制。

IEEE 802.11 的 CSMA/CA 和 IEEE 802.3 协议的 CSMA/CD 非常相似，都是在一个共享媒体之上支持多个用户共享资源，由发送者在发送数据前先进行网络的可用性的检测。在 IEEE 802.11 无线局域网协议中，冲突的检测会存在一定的问题，这个问题称为"Near/Far"现象。要检测冲突，设备必须能够一边接收数据信号并一边传送数据信号，这在无线系统中无法办到。由于存在这个差异，在 IEEE 802.11 中对 CSMA/CD 进行了一些调整，采用了新的协议 CSMA/CA。CSMA/CA 利用应答（Acknowlegement，ACK）信号来避免冲突的发生，也就是说，只有当客户端收到网络上返回的 ACK 信号后才确认送出的数据已经正确到达目的地。CSMA/CA 通过这种方式来提供无线的共享访问，这种显式的 ACK 机制在处理无线问题时非常有效。

RTS/CTS 是一种握手协议，它主要用来解决隐藏终端（hidden node）的问题。隐藏终端位于准备接收的站点范围之内，但在发送站点的范围之外。如图 7.2.2 所示，站 A 正在向站 B 发送信息，站 C 不能听到站 A 的发送，这时，站 C 侦听信道错误地认为信道空闲，如果站 C 也发送，将干扰站 B 的接收。在这种情形下，对站 A 来说，站 C 就是一个隐藏终端。在 RTS/CTS 协议中，如果站 A 向站 B 发送数据，则首先站 A 向站 B

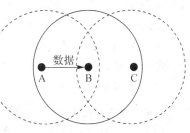

图 7.2.2 隐藏终端示意图

发送 RTS 信号，表明站 A 要向站 B 发送若干数据，站 B 收到 RTS 后，向自己范围内的所有站点发出 CTS 信号，表明已准备就绪，站 A 可以发送，其余站点暂时按兵不动，这时站 C 就不会发送；站 A 向站 B 发送数据后，站 B 接收完数据即向范围内的所有站点广播 ACK

确认帧，这样，所有基站又可以重新平等侦听、竞争信道了。由于 RTS/CTS 需要占用网络资源而增加额外的网络负担，一般只是在传送大数据帧时采用。

2) PCF

PCF 是可选的媒体访问方法，用于网络结构中可支持无竞争型时限业务和无竞争型异步业务。它使用几种控制的接入算法，一般在接入点 AP 实现集中控制，用类似轮询的方式将发送数据权轮流交给各个站，从而避免了碰撞的发生。对于时间敏感的业务，如分组语音，就应该使用提供无争用服务的点协调功能 PCF。

7.2.2 物理层

1. 物理层结构

无线局域网的物理层结构由三部分组成：

(1) 物理层管理子层：为物理层提供管理功能，它与 MAC 层管理相连。

(2) 物理层汇聚(PHY convergence procedure，PLCP)子层：MAC 层和 PLCP 通过物理层服务访问点(SAP)利用原语进行通信。MAC 层发出指示后，PLCP 开始准备需要传输的介质协议数据单元(MAC sublayer protocol data units，MPDUs)。PLCP 也从无线介质向 MAC 层传递引入帧。PLCP 为 MPDU 附加字段，字段中包含物理层发送和接收所需的信息，IEEE 802.11 标准称这个合成帧为 PLCP 协议数据单元(PLCP protocol data units，PPDU)。PLCP 将 MAC 协议数据单元映射成适合被物理介质依赖(PMD)子层传送的格式，从而降低 MAC 层对 PMD 子层的依赖程度。PPDU 的帧结构提供了工作站之间 MPDU 的异步传输，因此，接收工作站的物理层必须同步每一个单独的即将到来的帧。

(3) 物理介质依赖(physical medium dependent，PMD)子层：在 PLCP 下方，PMD 支持两个工作站之间通过无线实现物理层实体的发送和接收。为了实现以上功能，PMD 需直接面向无线介质，并对数据进行调制和解调。PLCP 和 PMD 之间通过原语通信，控制发送和接收功能。

2. 物理层功能

每一种网络的物理层的功能大致相同。在 IEEE 802.11 标准中，规定了无线局域网物理层实现以下功能：

1) 载波侦听

无线局域网的物理层通过 PMD 子层检查介质状态来完成载波侦听功能。如果工作站没有传送或接收数据，PLCP 子层将完成下面的侦听工作。

(1) 探测信号是否到来：工作站的 PLCP 子层持续对介质进行侦听。介质繁忙时，PLCP 将读取 PLCP 前同步码和适配头，并使接收端和发送端进行同步。

(2) 信道评价：测定无线介质繁忙还是空闲。如果介质空闲，PLCP 将发送原语到 MAC 层表明信道为空闲；如果介质繁忙，PLCP 将发送原语到 MAC 层表明介质繁忙。MAC 层根据 PLCP 层的信息决定是否发送帧。

2) 发送

PLCP 在接收到 MAC 层的发送请求后将 PMD 转换到传输模式。同时，MAC 层将与该请求一起发送字节数(0～4095)和数据率指示。然后，PMD 通过天线在 20 μs 内发送帧的前同步码。

　　发送器以 1 Mb/s 的速率发送前同步码和适配头，为接收器的收听提供特定的通用数据率。适配头的发送结束后，发送器将数据率转换到适配头确定的速率。发送全部完成后，PLCP 向 MAC 层发送确认一个 MPDU 传送结束，关闭发送器，并将 PMD 电路转换到接收模式。

　　3）接收

　　如果载波侦听检测到介质繁忙，同时有合法的即将到来的帧的前同步码，则 PLCP 开始监视该帧的适配头。当 PMD 监听到的信号能量超过 −85 dBm，它就认为介质忙。如果 PLCP 测定适配头无误，目的接收地址是本地地址，它将向 MAC 层通知帧的到来。同时还发送帧适配头的一些信息。

　　PLCP 根据 PSDU 适配头字段的长度的值来设置字节计数器。计数器跟踪接收到的帧的数目，使 PLCP 知道帧什么时间结束。PLCP 在接收数据的过程中，通过 PHY - DAT. indication 信息向 MAC 层发送 PSDU 的字节。接收到最后一个字节后，它向 MAC 层发送一条 PHY - RXEND. indication 原语，声明帧的结束。

　　3. 跳频扩频物理层

　　跳频扩频（FHSS）物理层是 IEEE 802.11 标准规定的三种物理层之一，我们选用无线局域网产品时根据实际的要求来确定选择什么样的物理层。与直接序列扩频物理层相比，跳频扩频物理层的抗干扰能力强，但是覆盖范围小于直接序列扩频，但大于红外线物理层。

　　1）跳频扩频 PLCP 子层

　　跳频扩频 PLCP 帧（PLCP 协议数据单元，PPDU）格式如图 7.2.3 所示。

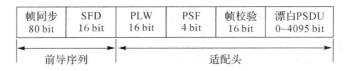

图 7.2.3　跳频扩频 PLCP 帧格式

　　FHSS 的 PPDU 由前同步码、PLCP 适配头（提供帧的有关信息）和 PLCP 服务数据单元组成。图中各部分功能如下：

　　帧同步（SYNC）：该字段由 0 和 1 交替组成。接收端检测到帧同步信息后，就开始与输入信号同步。

　　SFD（start frame delimiter，开始帧定界符）：表示一个帧的开始，数据通常为 0000110010111101。

　　PLW（PSDU 字长）：表示 PSDU 的长度，单位为字节。接收端用该信息来检测帧的结束。

　　PSF（PLCP 发信号字段）：表示漂白 PSDU 的数据速率。PPDU 的前同步码和适配头以速率 1Mb/s 发送，而其他部分可以不同的数据率发送，数据率由 PSF 字段给出。

　　帧校验：对适配头中的数据进行差错检测，采用 CRC - 16 循环冗余校验，PSDU 中是否存在差错不在物理层检测，而是在 MAC 层由 FCS 字段进行差错校验。CRC - 16 可以检验所有单位和双位差错，检测率达到所有可能差错的 99.998%，适合小于 4 KB 的数据块传送。

漂白 PSDU：长度为 $0 \sim 4095$ bit。在发送之前，物理层对 PSDU 进行"漂白"，即使用一个扰码对编码进行处理。

2）跳频扩频 PMD 子层

PMD 子层在 PLCP 子层下方，完成数据的发送和接收，实现 PPDU 和无线电信号之间的转换。因此，PMD 直接与无线介质接口，并为帧的传送提供 FHSS 调制和解调。FHSS PMD 通过跳频和 FSK 技术来实现数据的收发。

（1）跳频功能。IEEE 802.11 标准定义了无线局域网在 2.4GHz 的 ISM 频段所采用的信道，信道的具体个数与不同的国家有关。基于 FHSS 的 PMD 通过跳频的方式发送 PPDU。当在 AP 上设置完跳频序列后，工作站会自动与调频序列同步。

（2）FHSS 调制。FHSS 的 PMD 数据传输的速率为 1 Mb/s 或 2 Mb/s。对 1 Mb/s 的速率采用高斯频移键控(2-GFSK)调制。对于 2 Mb/s 的数据速率，采用的是 4-GFSK。

另外两种物理层方案，即直接扩频物理层和红外线物理层，读者如有兴趣可以参考相关文献，在此不再赘述。

7.2.3　媒体访问控制(MAC)层

1. MAC 层功能

IEEE 802.11 无线局域网的所有工作站和访问节点都提供媒体访问控制层(MAC)服务，MAC 服务是指同层逻辑链路控制层(LLC)在 MAC 服务访问节点(SAP)之间交换 MAC 服务数据单元(MSDU)的能力，包括利用共享无线电波或红外线介质进行 MAC 服务数据单元的发送。

MAC 层具有三个主要功能：无线介质访问；网络连接；提供数据验证和保密。

1）无线介质访问

在 IEEE 802.11 标准中定义了两种无线介质访问控制功能：

（1）分布式访问方式(DCF)：分布式访问类似于 IEEE 802.3 有线局域网的介质访问控制协议，它采用具有冲突避免的载波侦听多路访问，即 CSMA/CA 协议。

（2）中心网络控制方式(PCF)：中心网络控制方式是一个无竞争访问协议，它是一种基于优先级别的访问，适用于节点安装有点控制器的网络。

2）网络连接

当工作站接通电源后，首先通过被动或主动扫描方式检测有无现成的工作站和访问节点可以加入。加入一个 BSS 或 ESS 之后，工作站从访问节点接收 SSID、时间同步函数(timer synchronization function，TSP)、计时器的值和物理(PHY)层安装参数。一个站点可以通过以下两种模式来建立网络连接。

（1）被动扫描模式。在这种模式下，工作站对每一个信道都进行一段时间的监听，具体时间的长短由 channeltime 参数确定。该工作站只寻找具有本站希望加入的 SSID 的信标帧，搜索到这个信标后，便分别通过认证和连接过程建立起连接。

（2）主动扫描模式。在这种模式下，工作站发送包含有该站希望加入的 SSID 信息的探询(probe)帧，然后开始等待探询响应帧，探询响应帧将标识所需网络的存在。工作站也可以发送广播探询帧，广播探询帧会引起所有包含该站的网络的响应。在物理网络中，访问节点会向所有的探询请求响应。而在独立的 BSS 网络中，最后生成信标帧的工作站将响应探询请求。探询响应帧明确了希望加入的网络的存在，继而工作站可以通过验证和连接过程来完成网络连接。

3）认证和加密

IEEE 802.11 标准提供两种认证服务，以此来增强网络的安全性。

（1）开放系统认证。这是系统缺省的认证服务。不需要对发送的工作站进行身份认证时，一般采用开放系统认证。如果接收工作站通过 MIB 中的 AuthenticatinType 参数指明其采用开放系统认证模式，那么采用开放系统认证模式的发送工作站可以认证任何其他工作站和 AP。

（2）共享密钥认证。与开放系统认证相比，共享密钥认证方式提供更高的安全检查级别。采用共享密钥认证的工作站必须执行有线等价加密（WEP）。

（3）加密。IEEE 802.11 规范定义了可选的 WEP，以使无线网络具有和有线网络相同的安全性。如果要避免网络受到安全威胁攻击，就必须同时实施 WEP 和认证服务。

2．MAC 帧结构

IEEE 802.11 标准定义了 MAC 帧格式的主体框架，如图 7.2.4 所示。

帧控制 2字节	持续时间/标志 2字节	地址 1 6字节	地址 2 6字节	地址 3 6字节	序列控制 2字节	地址 4 6字节	帧体	帧校验 4字节

图 7.2.4　IEEE 802.11　MAC 帧结构

（1）帧控制：该字段为在工作站之间发送的控制信息，在帧控制字段中定义了该帧是管理帧、控制帧还是数据帧。

（2）持续时间标志：大部分帧中，这个域内包含持续时间的值，值的大小取决于帧的类型。通常每一个帧一般都包括表示下一个帧发送的持续时间信息。网络中的工作站就是通过监视这个字段，依据持续时间信息来推迟发送的。

（3）地址：地址字段包含不同类型的地址，地址的类型取决于发送帧的类型。这些地址类型可以包含基本服务组标识、源地址、目标地址、发送站地址和接收站地址。

（4）序列控制：该字段最左边的 4 位由分段号子字段组成，这个子字段标明了一个特定 MSDU 的分段号。后面 12 位是序列号子字段。一个特定的 MSDU 的第一个分段都拥有相同的序列号。

（5）帧体：这个字段的有效长度为 0～2312 字节，字段信息取决于发送帧。如果发送帧是数据帧，那么该字段包含一个 LLC 数据单元。

（6）帧校验序列：发送工作站的 MAC 层利用循环冗余码校验算法计算一个 32 位的帧校验序列并将结果存入这个字段。

7.3　IEEE 802.11b 标准

IEEE 802.11 标准对于促进无线局域网的发展起到了非常重要的作用，但是 2 Mb/s 的速率对于一些终端来说毕竟太慢了。因为 IEEE 802.11 标准的这个问题，IEEE 802.11a

标准(支持的最高速率为 54 Mb/s)和 IEEE 802.11b 标准(支持的最高速率为 11 Mb/s)应运而生,他们是在 IEEE 802.11 标准上增强了物理层功能的快速以太网。

7.3.1 概况

由于现行的以太网技术可以实现 10 Mb/s,100 Mb/s 乃至 1000 Mb/s 等不同速率以太网络之间的兼容,为了支持更高的数据传输速率,IEEE 于 1999 年 9 月批准了 IEEE 802.11b 标准。IEEE 802.11b 标准对 IEEE 802.11 标准进行了修改和补充,其中最重要的改进就是在 IEEE 802.11 的基础上增加了两种更高的通信速率 5.5 Mb/s 和 11 Mb/s。有了 IEEE 802.11b 标准之后,移动用户可以得到与以太网的网络性能、速率和可用性相匹配的无线 LAN,管理者也可以无缝地将多种 LAN 技术集成起来,形成一种能够最大限度地满足用户需求的网络。IEEE 802.11b 的基本结构、特性和服务仍然由最初的 IEEE 802.11 标准定义,IEEE 802.11b 技术规范只影响 IEEE 802.11 标准的物理层,它提供了更高的数据传输速率和更牢固的连接性。

IEEE 802.11b 可以支持两种数据速率:5.5 Mb/s 和 11 Mb/s。要做到这一点,就需要选择 DSSS 作为该标准的唯一物理层技术。因为,在不违反 FCC 规定的前提下,采用跳频扩频技术无法支持更高的速率。这就意味着 IEEE 802.11b 系统可以与速率为 1 Mb/s 和 2 Mb/s 的 IEEE 802.11 的 DSSS 系统兼容,但却无法与速率为 1 Mb/s 和 2 Mb/s 的 IEEE 802.11 FHSS 系统兼容。之所以不采用 FHSS,是因为跳频系统是一种窄带产品,由于商业跳频都是慢速跳频,其瞬时单位频谱功率很高,并且会跳到 ISM 规定的频段中所有频谱范围内。因此会干扰整个地区的所有同频段设备。正因为如此,实际上各个国家的无线电管理机构对于跳频的使用往往加以各种方式的限制,比如不允许跳频采用全向天线,强制要求室外应用中跳频的频率恒定(这也就完全消灭了跳频的优势)等。

为了提高数据传输速率,IEEE 802.11b 标准不使用 11 比特长的 Barker 序列,而是采用由 64 个 8 比特长的码字组成的补偿编码键控(Complementary Code Keying,CCK)。作为一个整体,这些码字具有独特的数据特性,即使在出现严重噪声和多径干扰的情况下,接收方也能够正确地予以区别。CCK 是以互补码为基础的一种 DSSS 方式。互补码有良好的自相关特性,利用这种特性,信号的带宽可以获得扩频处理增益。IEEE 802.11b 规定在速率为 5.5 Mb/s 时,对每个载波进行 4 比特编码;而当速率为 11 Mb/s 时,对每个载波进行 8 比特编码。这两种速率都使用 QPSK 作为调制技术。

CCK 码字的算法如下:

(1) 确定核。核是一对最基本的互补码,其他的互补码均可从核得到。令 $A_1 = 11$,$B_1 = 1 - 1$,则核为 $A_1 B_1 = 111 - 1$。

(2) 确定正交子集的数目,对于经长度扩展得到的长度为 N 的码字,有 lb 个正交子集,每个正交子集可以加上一个任意的相位,而不改变码字的互补性质。对于正交子集内的每个码字由偶数数位上的单个元素、两个元素一组和 4 个元素一组的元素构成。每一组元素赋予相同的相位,分别为 φ_1、φ_2 和 φ_3。另外,可以对整个码字进行相位调整,即对每个元素加上一个相位 φ_0。由此,得到下面的相位矩阵关系式

$$\theta = \begin{bmatrix} \varphi_0 & \varphi_0 & \varphi_0 & \varphi_0 & \varphi_0 & \varphi_0 & \varphi_0 & \varphi_0 \\ \varphi_1 & 0 & \varphi_1 & 0 & \varphi_1 & 0 & \varphi_1 & 0 \\ \varphi_2 & \varphi_2 & 0 & 0 & \varphi_2 & \varphi_2 & 0 & 0 \\ \varphi_3 & \varphi_3 & \varphi_3 & \varphi_3 & 0 & 0 & 0 & 0 \end{bmatrix}$$

IEEE 802.11b 中的 CCK 调制采用的四相互补码的产生公式为

$$C = \{e^{j(\varphi_0+\varphi_1+\varphi_2+\varphi_3)}, \ e^{j(\varphi_0+\varphi_2+\varphi_3)}, \ e^{j(\varphi_0+\varphi_1+\varphi_3)}, \ -e^{j(\varphi_0+\varphi_2)}, \ e^{j(\varphi_0+\varphi_1+\varphi_2)},$$
$$e^{j(\varphi_0+\varphi_2)}, \ -e^{j(\varphi_0+\varphi_1)}, \ e^{j(\varphi_0)}\}$$

式中，φ_i（$i=0，1，2，3$）的取值范围为$\{0，\pi/2，\pi，3\pi/2\}$，码元素的取值范围是复数集 $1，-1，j，-j\}$中之一。

2.4 GHz 的 ISM 频段为世界上绝大多数国家通用，因此 IEEE 802.11b 得到了广泛的应用，产品在 2000 年初就投放了市场。当时的无线以太网联盟（Wireless Ethernet Compatibility Alliance，WECA）为了 IEEE 802.11b 产品的推广，创造出了 Wi-Fi 这个名字。其创意灵感来自于大众耳熟能详的 Hi-Fi(High Fidelity)，WECA 也改名为 Wi-Fi 联盟。如今，随着后续 IEEE 802.11 系列标准的出台，并逐渐成为世界上最热门的 WLAN 标准，Wi-Fi 已经不单只代表 IEEE 802.11 b 这一种标准，而被人们广泛用于代表整个 IEEE 802.11 系列了。

7.3.2 多速率支持

为了在有噪环境下也能获得较好的数据传输速率，IEEE 802.11b 采用了自适应速率调节技术，因此具有支持多种数据传输速率的能力。

IEEE 802.11b 物理层速率有 1 Mb/s、2 Mb/s、5.5 Mb/s 和 11 Mb/s 四个等级。为了确保多速率支持能力的共存和互操作性，同时也为了支持在有噪音的环境下能够获得较好的传输速率，IEEE 802.11b 采用了动态速率调节技术，允许用户在不同的环境下自动使用不同的连接速度来补充环境的不利影响。在理想状态下，用户以 11 Mb/s 的速率运行，然而，当用户移出理想的 11 Mb/s 速率传送环境时，或者当站点之间距离过长或干扰太大、信噪比低于某个门限时，传输速率能够从 11 Mb/s 自动依次降到 5.5 Mb/s、2 Mb/s 或 1 Mb/s。同样，当无线工作站回到理想环境时，速率又会自动增加至 11 Mb/s。这种速率调节机制是在物理层自动实现的，不会对用户和其他上层协议产生任何影响。IEEE 802.11b 支持的传输距离在室外为 300 m，室内为 100 m。

所有的控制信令应该按照同样的一种速率在 BSS 基本服务集中传输，这就是 1Mb/s。BSS 的速率设置，或者说以某一个速率传输的物理层强制速率设置，都将被 BSS 中的所有用户站点(STA)所接受。另外所有的携带组播和广播源地址（RA）的帧将以一个固定速率在 BSS 中传输。

带有一个不广播地址 RA 的数据和/或管理 MPDU 将被以一个任意的支持数据速率发送，这个数据速率包含在每一帧的持续时间(ID 域)。一个 STA 将不会以一个目的 STA 不支持的速率传输，就像在管理帧中的支持速率元素表示的那样。

为了允许接收 STA 来计算持续时间/ID 域的内容，响应 STA 将传输它的控制响应和管理响应帧(CTS 或 ACK)，并以 BSS 中最高的速率传输。这种速率属于物理层强制传输速率或者 BSS 中属于物理层的其他可能最高速率。另外，控制响应帧发送的速率应该和其他已接收的帧相同。

7.4 IEEE 802.11a 标准

7.4.1 概况

无线局域网问世以后，受到市场的关注和欢迎，但随着有线局域网的不断提速，人们对无线局域网的期望值也越来越高。IEEE 802.11 和 IEEE 802.11b 的传输速率和安全性仍跟不上以太网的发展，鉴于需求，IEEE 802.11a 应运而生。

IEEE 802.11a 采用了与原始标准 IEEE 802.11 基本相同的核心协议，不过它的工作频率提高到了 5 GHz，并且在物理层采用了正交频分复用（Orthogonal Frequency Division Multiplexing，OFDM）技术。

IEEE 802.11a 在各种不同速率下使用不同的物理层编码方案。调制方式有 BPSK、QPSK、16QAM 和 64QAM，还采用了编码率为 1/2、2/3、3/4 的卷积编码来实现前向纠错，最大数据速率为 54 Mb/s，实际的净吞吐量在 20 Mb/s 左右。数据速率可根据需要降为 48 Mb/s、36 Mb/s、24Mb/s、18 Mb/s、12 Mb/s、9 Mb/s 或 6 Mb/s。

由于 2.4 GHz 的 ISM 频段比较拥挤，且带宽较窄（83.5MHz），因此，IEEE 802.11a 选择工作在更高的 5GHz 的频段上。FCC 在无需执照运行的 5GHz 频带内为 IEEE 802.11a 分配了 300MHz 的频段，即 5.15~5.25 GHz、5.25~5.35 GHz 和 5.725~5.825 GHz 三个 100M 频段。它被切分为三个工作"域"。第一个 100 MHz 位于低端，限制最大输出功率为 50 mW；第二个 100 MHz 允许输出功率为 250 mW；最高端分配给室外应用，最大允许输出功率为 1 W。

由于 ISM 频带只为无线局域网提供了 2.4 GHz 范围内的 83.5 MHz 的频谱，而且因为目前 2.4 GHz 的频带在世界各国几乎普遍使用，IEEE 802.11b 的频谱受到了来自无绳电话、微波炉和其他融合了无线技术的产品的干扰，而 IEEE 802.11a 虽然在 5 GHz 的频段上是分段的，但可用的总带宽几乎是 2.4G 频带的 4 倍，并且 5 GHz 频谱的拥挤程度也没有 2.4G 频段那么高。中国在 2002 年 7 月开放了 5.725~5.825 GHz 的频带。

IEEE 802.11a 工作频率较高，其性能得到了改进，但也产生了新的问题。频率越高，在空间传播损耗越大，在相同的发射功率和编码方案的情况下，IEEE 802.11a 产品比 802.11b 产品发射距离短。为此 IEEE 802.11a 产品增大有效全向辐射功率，用以克服距离的损失。

然而，光靠提高功率仍不足以在 IEEE 802.11 环境中维持像 IEEE 802.11b 那样的传输距离。为此，IEEE 802.11a 规定和设计了一种新的物理层编码技术 COFDM。COFDM 是专门为室内无线应用而开发的，工作方式是将一个高速的载波波段分解为 52 个子载波，每一个大约是 300kHz。COFDM 使用了 52 个子载波中的 48 个来传输数据，其余的 4 个用于纠错。由于 COFDM 的编码方案和纠错技术，使其具备了较高的速率和高度的多径反射恢复功能。

OFDM 物理层的主要功能是在 IEEE 802.11a MAC 层的引导下传送 MAC 协议数据单元(MPDUs)。IEEE 802.11a 协议中的 OFDM PHY 也分为两部分：物理层汇聚(PLCP)子层和 PMD 子层。

在 PLCP 的引导下，PMD 通过无线介质提供两个站点间 PHY 实体的实际发送和接收。为了实现这个功能，PMD 必须具有无线接口，还要能为帧传送进行调制和解调。PLCP 和 PMD 用服务原语相联系以控制发送和接收功能。

经过 IEEE 802.11a 的 OFDM 调制，二进制序列信号根据所选择数据率的不同，分为 1、2、4、6 比特的组，并被转换成复杂的数字以表示可用的星座图上的点。例如，如果选定 24 Mb/s 的传输速率，那么 PLCP 就将数字比特映射到 16 位正交调幅的星座图中。映射以后，PLCP 将复杂的数字规范到 IEEE 802.11a 的标准，这样所有的映射都有了相同的平均功率。每个符号的持续时间为 4 μs，PLCP 为每一个符号分配一个专门的子载波。在传送前通过快速傅里叶反变换(IFFT)将这些子载波合成。

和其他基于物理层的 IEEE 802.11 标准一样，在 IEEE 802.11a 标准中，PLCP 通过指示介质繁忙或空闲完成空闲信道分配(CCA)，或通过服务访问点经由服务原语与 MAC 保持透明。MAC 层利用这一信息来决定是否发送指令进行 MPDU 的实际传输。IEEE 802.11a 标准根据选择的速率不同要求接收机的灵敏度在 $-82 \sim -65$ dBm 之间。

IEEE 802.11a 标准中的 MAC 层通过物理层的服务访问点(SAP)经由专门的原语与 PLCP 建立联系。当 MAC 层下达指令时，PLCP 就为传输准备 MPDUs，同时将从无线媒介引入的帧转至 MAC 层。PLCP 子层通过将 MPDUs 映射为合适 PMD 传输的结构，以减小 MAC 层对 PMD 子层的依赖。

IEEE 802.11a 使用与 IEEE 802.11b 相同的 MAC 协议(CSMA/CA)，这意味着从 IEEE 802.11b 升级到 IEEE 802.11a 在技术上没有太大的影响，同时需要设计的部件更少。

但是 IEEE 802.11a 继承了 IEEE 802.11b 的 MAC 协议也带来了同样的低效率的问题。在 54.5 Mb/s 下，IEEE 802.11a 所能达到的最大吞吐率也只能接近 38 Mb/s，另外考虑驱动程序的效率和物理层上一些附加的开销，实际可以利用的吞吐率大致是 20~25 Mb/s。

7.4.2 IEEE 802.11a PLCP 子层帧结构

PLCP 子层通过物理层服务访问点(SAP)利用原语和 MAC 层进行通信。服务数据单元(Presentation Service Data Unit，PSDU)附加 PLCP 的前导序列等物理层发送和接收所需的信息后，形成 PLCP 协议数据单元(Presentation Protocol Data Unit，PPDU)。PLCP 将 MAC 协议数据单元映射成适合被 PMD 传送的格式，从而降低了 MAC 层对 PMD 层的依赖程度。在 IEEE 802.11a 接收设备中，PLCP 的前导序列和适配头对于 PSDU 解调和传输是必不可少的。

IEEE 802.11a PLCP 子层帧结构如图 7.4.1 所示。

前导符号这一部分用于获得引入的 OFDM 信号和序列，并使解调同步。前导符号由 12 个 OFDM 符号训练序列组成，包括 10 个短训练序列和 2 个长训练序列。短训练序列用于接收机的自动增益控制，并粗略估计载波的频率偏移，长训练序列用于精确估计频率偏移。PLCP 前导序列采用 BPSK - OFDM 的调制方式，卷积编码率为 1/2。

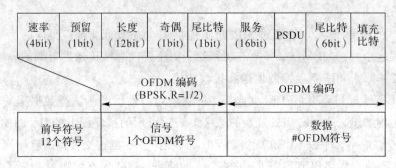

图 7.4.1　IEEE 802.11a PLCP 子层帧结构

信号这一部分占 24 bit。包含了以下的内容：速率(4 bit)、预留(1 bit)、长度(12 bit)、奇偶校验(1 bit)、尾比特(6 bit)。前 4 bit 表示速率的编码，信息包括分组中使用的调制方式和编码速率。接下来的 1 bit 是保留比特，紧接着的 12 bit 是长度域，规定了 PSDU 中的字节数，取值范围为 1～4095。然后是 1 bit 的奇偶校验和 6 个尾比特，用来刷新卷积编码器和终止解码器中的网格码。

数据这一部分包括了服务域、PSDU 数据、6 个尾比特和填充比特。服务域的前 7 bit 为 0，是用来初始化解扰码器的，剩余的 9 bit 保留。6 个尾比特全是加在 PPDU 后的 0，以保证卷积编码器能回归到零状态。信号域指定了分组中的数据部分的传输速率。

IEEE 802.11a 虽然比 802.11b 先确定开发，但上市却比 IEEE 802.11b 的产品晚，于 2001 年才开始销售，主要原因是 5 GHz 的组件研制太慢。而当时 IEEE 802.11b 已经相当普及，造成成本和价格较高的 IEEE 802.11a 没有被广泛采用，再加上 IEEE 802.11 a 自身的一些弱点和一些地方的规定限制，使它的使用范围更加受到限制。随着与 IEEE 802.11b 后向兼容的 IEEE 802.11g 产品的出现，IEEE 802.11a 产品的带宽不再具有优势，因此 IEEE 802.11a 的市场影响力比较小。

7.5　IEEE 802.11g 标准

在 IEEE 802.11g 草案作为无线局域网的一个可选方案之前，市场上同时并存着两个互不兼容的标准：IEEE 802.11b 和 IEEE 802.11a。很多终端用户为此感到麻烦，他们无法确定哪一种技术能够满足未来的需求。而且，就连许多网络设备生产商也不能确定未来的开发方向。针对这种情况，2000 年 3 月，IEEE 802.11 工作组成立了一个研究小组，专门探讨如何将上述两个标准进行整合，取两者之长，从而产生了一个新的统一的标准。其任务就是制定在 2.4 GHz 频段上进行高速通信的新一代无线局域网标准。

2001 年 11 月 15 日，一个结合了 TI 方案和 InterSil 方案的折中方案成为 IEEE 802.11g 草案标准，标准定义了一个工作在 2.4 GHz ISM 频段、数据传输速率达到 54 Mb/s 的 OFDM 物理层。2003 年 7 月，IEEE 完成了所有规范的制订程序，IEEE 802.11g 成为正式的无线局域网官方标准。

IEEE 802.11a 由于采用了 OFDM 高效调制技术，取得了高达 54 Mb/s 的传输速率，它的吞吐率高，覆盖范围大。然而，由于 CCK 系统不能识别 OFDM 网络交换的信号，如将 IEEE 802.11b 和基于 2.4 GHz 的 OFDM 版本混合安装就会破坏 CSMA/CA 协议。在 IEEE 802.11g 中，采用了一种改进的 OFDM 方案，可以解决这种信号交换问题，这就是 CCK - OFDM。CCK - OFDM 将 CCK 调制用于包头，而将 OFDM 用于有效信息，解决了 IEEE 802.11b 和 IEEE 802.11g 混合的兼容性问题。

IEEE 802.11g 结合了 IEEE 802.11a 和 IEEE 802.11b 的基本特点，解决了对于那些已经安装了 IEEE 802.11b 无线局域网设备而又想获得更高速率，但是 IEEE 802.11a 又不兼容现有网络的用户的问题。

IEEE 802.11g 与 IEEE 802.11a 不同，它重新回到了 2.4 GHz 频段，但由于运用了 OFDM 调制技术，使得 IEEE 802.11g 也可以实现 6 Mb/s、9 Mb/s、12 Mb/s、18 Mb/s、24 Mb/s、36 Mb/s、48 Mb/s、54 Mb/s 的传输速率。如果采用可选的 DSSS CCK 或 PBCC (Packet Binary Convolutional Code，包二进制卷积码) 调制方式，IEEE 802.11g 也可以实现 1 Mb/s、2 Mb/s、5 Mb/s 和 11 Mb/s 的传输速率。由于它仍然工作在 2.4 GHz 频段，并且保留了 IEEE 802.11b 采用的 CCK 技术，可与 IEEE 802.11b 的产品保持兼容。高速率和兼容性是它的两大特点。

IEEE 802.11g 的物理帧结构分为前导信号 (preamble)、信头 (header) 和负载 (payload) 三部分，根据不同的业务需要，IEEE 802.11g 的传输模式分为可选项和必选项，具体有以下 4 种模式：

1. CCK/CCK 模式

CCK 是 IEEE 802.11b 标准采用的基本数据调制方式：前导和信头均采用 DSSS 调制模式，以 1 Mb/s 速率传输；负载采用 DSSS 或 CCK 调制模式，可以提供高达 11 Mb/s 的信息传输速率。CCK 与接收端的 RAKE 接收机配合使用，在高效传输数据的同时，能有效地克服多径效应。此传输模式为必选项。

2. OFDM/OFDM 模式

在此传输模式中，前导、信头及负载均采用 OFDM 调制模式。前导和头数据以固定的 6 Mb/s 模式进行传输，根据头数据中提供的编码信息，负载可以提供 6 Mb/s、9 Mb/s、12 Mb/s、18 Mb/s、24 Mb/s、36 Mb/s、48 Mb/s 和 54 Mb/s 的传输速率，此传输模式为必选项。

OFDM/OFDM 模式下的 IEEE 802.11g 设备不能与 IEEE 802.11b 设备兼容，但可以共存，不过它需使用一种保护机制来解决冲突问题。为了让 OFDM 方式下的 IEEE 802.11g 设备与 IEEE 802.11b 设备不发生冲突，保护机制采用了 RTS/CTS 机制，其原因类似于隐藏终端的问题。当使用保护机制时，欲发送 OFDM 数据的 IEEE 802.11g 站点，都要向 AP 发送使用 CCK 调制的 RTS 帧，AP 收到 RTS 后向整个网络广播 CCK 方式的 CTS，以通知其余站点在此期间处于退避状态，欲发送数据的站点收到 CTS 后就开始发送 OFDM 数据，这样就避免了因 IEEE 802.11b 站点错误地将 OFDM 信号视为噪声而争用信道所产生的冲突问题。

现代通信新技术

3. CCK/OFDM 模式

CCK/OFDM 的混合调制方式为可选项，前导和头数据用 CCK 调制方式传输，而负载用 OFDM 技术传送，也可以保障与 IEEE 802.11b 的兼容。但由于前导和头数据使用 CCK 调制，增大了开销，网络吞吐量比 OFDM/OFDM 方式有所下降。

4. CCK/PBCC 模式

CCK/PBCC 的混合调制方式为可选项，前导和头数据用 CCK 调制方式传输，而负载用 PBCC 调制。PBCC 调制技术是 TI 公司提出的一种新型编码调制技术，采用 8 相移键控（8PSK）卷积码，与 CCK 调制技术相比，可以提供 3 dB 的编码增益，从而实现更高的信息传输速率和更大的覆盖范围。采用 CCK/PBCC 的混合调制方式可以工作于较高速率上并与 IEEE 802.11b 兼容，PBCC 调制技术最高数据传输速率是 33 Mb/s，比 OFDM/OFDM 或 CCK/OFDM 的传输速率低。

IEEE 802.11g 的帧结构调制方式与速率以及兼容性的关系如表 7-5-1 所示。

表 7-5-1　IEEE 802.11g 的帧结构调制方式与速率以及兼容性的关系

传输模式	载波方式	可选或必选	传输速率/(Mb/s)	是否与 802.11b 兼容
OFDM/OFDM	多载波	必选	6、9、12、18、24、36、48、54	否(但能共存)
CCK/CCK	单载波	必选	5.5、11	是
CCK/OFDM	多载波	可选	6、9、12、18、24、36、48、54	是
CCK/PBCC	单载波	可选	5.5、11、22、33	是

在传输距离方面，IEEE 802.11g 在 2.4 GHz 频段采用了与 IEEE 802.11b 相同的调制技术 CCK。因此，IEEE 802.11g 设备在采用 CCK 调制时与 IEEE 802.11b 设备具有相同的距离范围。由于 IEEE 802.11a 设备工作在更高的 5 GHz 频段，在传输时较之 IEEE 802.11g 设备在采用 OFDM 调制时有更多的信号损耗，也就是说当 IEEE 802.11g 设备采用 OFDM 调制时有比 IEEE 802.11a 设备更远的距离范围。

带宽方面，虽然 IEEE 802.11g 与 IEEE 802.11a 支持的最高传输速率都是 54 Mb/s，但总的数据带宽不同。因为 IEEE 802.11g 只支持 3 条不重叠信道，总带宽为 54 Mb/s×3＝162 Mb/s，而 IEEE 802.11a 支持 12 条不重叠信道，总带宽为 54 Mb/s×12＝648 Mb/s，当接入的客户端较多时，IEEE 802.11g 会越来越慢，直至带宽耗尽。

另外需要指出的是，IEEE 802.11g 的 54 Mb/s 高速率与向下兼容 IEEE 802.11b 这两大优点并不能同时实现。只有当 IEEE 802.11g 处于"纯 g 模式"时，网络客户端与访问点之间的连接速度才能达到 54 Mb/s，一旦无线访问点中有 IEEE 802.11b 客户端接入，IEEE 802.11g 客户端的连接速度会立刻下降到与 IEEE 802.11b 在同一水准。这就是所谓的"b/g 混合模式"，它虽然实现了兼容性，却是以牺牲整个系统的效率为代价的。

IEEE 802.11g 因其高速率和兼容性，以及较低的硬件成本，受到了市场的欢迎，在标准还处于草案阶段的时候就已经有厂商开始生产其产品了。早在 2003 年初，市面上就已经有 IEEE 802.11g 产品出售。紧接着，越来越多的兼容性 WLAN 设备陆续被推出。IEEE 802.11a/b/g 双频三模网络设备也随之出现。

7.6　IEEE 802.11n 标准

自从 1997 年 IEEE 802.11 标准实施以来，先后有 802.11b、802.11a、802.11g、802.11c、802.11f、802.11h、802.11i、802.11j 等标准制定或者在计划中，但是无线局域网依然面对带宽不足、漫游不方便、网管不强大、系统不安全和没有杀手级的应用等一系列问题。为了使无线局域网达到高速以太网的性能水平，2003 年，IEEE 成立了 802.11n 工作小组，着手研究制定更新的高速无线局域网标准。经过多年的讨论和修改，2009 年 9 月 13 日，IEEE 终于正式批准了 802.11n 这一新标准，标志着无线局域网进入了高速无线网络的新时代。

IEEE 802.11n 标准使无线局域网的传输速率从 IEEE 802.11a 和 IEEE 802.11g 的 54 Mb/s 一下子提高到几百 Mb/s，这样的速率使得无线局域网可以和百兆有线局域网很好地衔接。与以往的 802.11 标准不同，802.11n 协议工作在双频工作模式下（包含 2.4 GHz 和 5 GHz 两个工作频段）。这样，IEEE 802.11n 标准就保证了与先前的 802.11a/b/g 标准的兼容，最大限度地保护了用户的投资。由于 IEEE 802.11n 在物理层采用了多输入多输出（Multiple Input Multiple Output，MIMO）、OFDM 复用以及 40 MHz 信道宽度等技术，它的传输速率最高可以达到 600 Mb/s。

IEEE 802.11n 标准不仅涉及物理层，同时也由于采用新的高性能无线传输技术提升了 MAC 层的性能。我们简单介绍一下无线局域网标准 IEEE 802.11n 使用的多种先进的革命性的关键技术。

7.6.1　MIMO 技术

MIMO 技术是无线通信领域智能天线技术的重大突破，在不增加带宽的情况下能成倍地提高通信系统的容量和频谱利用率。MIMO，就是在发送端和接收端之间设计多个独立信道，使天线单元之间存在充分的间隔，消除了天线之间信号的相关性，提高了信号的链路性能，增强了数据吞吐率，是 IEEE 802.11n 标准所采用的最重要的技术之一。

MIMO 采用了空间多路复用技术，在同一频道同时传输两个或更多的数据流。要产生多个空间数据流，就要求有多个发射端和接收端，而且对每一个数据流，传输媒质通道必须是无相关性的。我们可以把一个传输速率相对较高的数据流分割为一组相对速率较低的数据流，分别在不同的天线中使用相同的频率和时隙，对不同的数据流独立编码、调制和发送。每副天线可以通过不同的独立的信道滤波后独立发送信号。接收机利用空间均衡器分离信号，然后解调、译码和解复用，恢复出原始信号。

图 7.6.1 给出了 MIMO 系统的原理图，传输信息流 $S(k)$ 经编码形成 N 个信息子流 $C_i(k)(i=1, 2, \cdots, N)$。这 N 个信息子流由 N 个发射天线发射出去，经空间信道后由 M 个接收天线接收。多天线接收机能够分开并解码这些数据子流，若各发射和接收天线间的通道响应相互独立，则 MIMO 系统可以建立多个并行空间信道。通过这些并行空间信道独立地传输信息，这样就解决了带宽共享的问题。

根据香农信息论，假定信道为独立的瑞利衰落信道，并假设 N、M 很大，则信道容量 C 近似为

$$C = \min(M, N) \times B \times \log_2 N_s$$

式中：发射天线数为 N，接收天线数为 M，B 为信号带宽，N_S 为接收端平均信噪比。

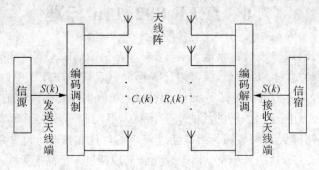

图 7.6.1　MIMO 系统原理框图

　　这就是说，MIMO 技术能在不增加带宽的情况下成倍地提高通信系统的容量和频谱利用率。

7.6.2　MIMO‐OFDM 技术

　　在瑞利衰落信道环境下，OFDM 系统非常适合使用 MIMO 技术来提高容量。将MIMO与 OFDM 技术相结合，就产生了 MIMO‐OFDM 技术，它通过在 OFDM 传输系统中采用阵列天线实现空间分集，提高了信号质量，并增加了多径容限，使无线网络的有效传输速率有质的提升。MIMO‐OFDM 系统在发送端和接收端各设置多副天线，如图7.6.2所示，输入的比特流经编码变换分为多个分支，每个分支都进行 OFDM 处理，即经过编码、交织、QAM 映射、插入导频信号、IDFT 变换、加循环前缀等过程，再经天线发送到无线信道中；接收端进行与发射端相反的信号处理过程：去除循环前缀、进行 DFT 变换、解码等，同时进行信道估计、定时、同步、MIMO 检测等，最后完全恢复原来的比特流。

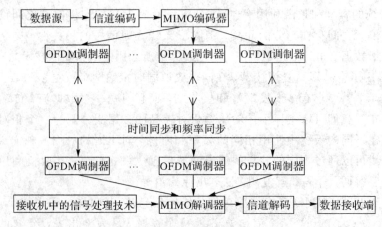

图 7.6.2　MIMO‐OFDM 系统结构图

7.6.3　智能天线技术

　　智能天线的原理是将无线电的信号导向具体的方向，产生空间定向波束，使天线主波束对准用户信号到达方向（Direction of Arrival，DOA），旁瓣或零陷对准干扰信号到达方向，达到充分高效利用移动用户信号，并删除或抑制干扰信号的目的。智能天线是一种安装在基站现场的双向天线，通过一组带有可编程电子相位关系的固定天线单元获取方向性，并可以同时获取基站与移动台之间各个链路的方向特性。同时，智能天线技术利用各个移动用户间信号空间特征的差异，通过阵列天线技术在同一信道上接收和发射多个移动用户信号而不发生相互干扰，使无线电频谱的利用和信号的传输更为有效。因此，在不增加系统复杂度的情况下，使用智能天线可满足网络扩容的需要。

IEEE 802.11n 由于采用了智能天线技术，保证让用户接收到稳定的信号，并减少了其他噪声信号的干扰，覆盖范围可扩大到几平方公里，这使得原来需要多台 802.11g 设备的地方，只需要一台 802.11n 产品就可以了。不仅方便了使用，还减少了原来多台 802.11g 产品互联互通时可能出现的信号盲点，大大提高了用户在移动中的使用性能。

7.6.4　软件无线电技术

软件无线电（Software Radio，SWR）是一种在开放的公共硬件平台上利用不同的可编程软件方法实现所需要的无线电系统。理想的软件无线电应当是一种全部可软件编程的无线电，并以无线电平台具有最大的灵活性为特征。全部可编程包括可编程射频（RF）频段、可编程信道接入方式和可编程信道调制。概括地说，SWR 就是由宽带模数及数模转换器（A/D 及 D/A）、大量专用或通用处理器、数字信号处理器（Digital Signal Processor，DSP）构成尽可能靠近射频天线的一个硬件平台，在硬件平台上尽量利用软件技术来实现无线电的各种功能模块并将功能模块按需要组合成的无线电系统。例如：利用宽带模数转换器（Analog Digital Converter，ADC），通过可编程数字滤波器对信道进行分离；利用数字信号理技术在 DSP 上通过软件编程可以实现频段（如短波、超短波等）的选择，完成信息的采样、量化、编码解码、运算处理和变换，实现不同的信道调制方式及选择（如调幅、调频、单边带、跳频和扩频等），实现不同的保密结构、网络协议和控制终端功能等。在目前的条件下可实现的软件无线电，还只能称作软件定义的无线电（Software Defined Radio，SDR）。SDR 被认为仅具有中频可编程数字接入能力。

IEEE 802.11n 通过采用软件无线电技术解决了不同标准采用不同的工作频段、不同的调制方式时造成的系统间难以互通、移动性差的问题。这样，不但保证了与以往的 IEEE 802.11a/b/g 标准的兼容，而且还可以实现与无线广域网络的结合，最大限度地保护用户的投资。

7.6.5　先进的信道编码技术

IEEE 802.11n 标准采用了低密度奇偶校验码（Low Density Parity Check Code，LDPC）纠错编码技术。

LDPC 是一类可以用非常稀疏的奇偶校验矩阵定义的线性分组纠错码。它的特点是：一般情况下其性能优于 Turbo 码，具有较大的灵活性，较低的差错特性，描述简单，对严格的理论分析具有可验证性，译码复杂度低于 Turbo 码且可实现完全的并行操作，硬件复杂度低，因而适合硬件实现。因此，引入了 LDPC 的 IEEE 802.11n 必将取得更好的性能。IEEE 802.11n 中给出了 648、1296、1944 三种码长和 1/2、2/3、3/4、5/6 四种码率，一共有 12 种编码组合。

7.6.6　MAC层优化技术

IEEE 802.11n为了提升整个网络的吞吐量，对MAC层协议进行了优化，主要采用的关键技术是块应答机制以及帧聚合协议（Frame Aggregation Protocol）。

IEEE 802.11a/b/g系统采用应答帧确认每一个数据帧。在发送端没收到应答帧时，它将重传该数据帧，直到收到一个应答帧为止。MAC层的应答机制确保所有已发数据帧最终抵达接收端，增加了系统的可靠性。应答机制还在传输速率自适应算法中使用，如果发生了太多次的重传，发送端就自动调降发送速率。以应答机制为基础的可靠性是以牺牲协议的效率为代价的，对应于每一个数据帧，网络中必须传输一个应答帧。

IEEE 802.11n采用一种块应答机制，即用一个块应答帧来应答几个已收到的数据帧，这样就可以显著提高系统的效率和吞吐量。在IEEE 802.11n标准中，不仅块应答协议得到应用，还将块应答帧长度从原来的128B降低到8B，考虑到链路中应答帧出现的频率，这种块应答机制能显著提高链路的效率。

IEEE 802.11n提高MAC层效率的另一方法是缩减报头和帧间隔。数据帧越短，由报头和帧间隔组成的额外负载将使得传输效率越低。IEEE 802.11n通过帧聚合协议使MAC层的传输效率最大化，改变帧结构，增加了净负载所占比重，减少管理检错所占的比例，大大提升了网络吞吐量。

帧聚合技术包含针对MSDU的聚合（Aggregate MAC Service Data Unit，A-MSDU）和针对MPDU的聚合（Aggregate MAC Protocol Data Unit，A-MPDU）两种。

1）A-MSDU

A-MSDU技术是指把多个MSDU通过一定的方式聚合成一个较大的载荷。这里的MSDU可以认为是以太网报文。通常，当AP或无线客户端从协议栈收到报文（MSDU）时，会打上以太网报文头，这里我们称之为A-MSDU子帧；而在通过射频口发送出去前，需要逐一将其转换成IEEE 802.11n报文格式。A-MSDU技术将若干个A-MSDU子帧聚合到一起，封装为一个IEEE 802.11n报文进行发送，从而减少了发送每一个IEEE 802.11n报文所需的报文头部的开销，同时减少了应答帧的数量，提高了报文发送的效率。通过A-MSDU技术，IEEE 802.11n将MAC数据帧的最大长度从现有的2304 B提高到8 KB。

2）A-MPDU

与A-MSDU不同的是，A-MPDU聚合的是经过IEEE 802.11n报文封装后的MPDU，这里的MPDU是指经过IEEE 802.11n封装过的数据帧。通过一次性发送若干个MPDU，减少了发送每个IEEE 802.11n报文所需的报文头部开销，从而提高系统吞吐量。通过A-MPDU机制，IEEE 802.11n将物理层的数据帧的最大长度从现有的2304 B提高到64 KB。

7.7　IEEE 802.11ac标准

尽管802.11n可以支持高达600 Mb/s的传输速率，但当其面对快速增长的高带宽无线数据业务时，仍感到力不从心，以无线高清视频传输为例，人们对高清视频的追求，正在从普通DVD画质，向轻微压缩甚至无压缩的高清视频发展，而传输这些高清视频信号通常需要几百 Mb/s 甚至是 Gb/s 量级的传输速率,现有的 WLAN 技术标准无法满足如此高的要求。

面对这一挑战,IEEE 802.11 工作组又于 2007 年成立了 VHT(Very High Through-put)研究组,研究下一代具有更高吞吐量的 WLAN 标准,其基本目标是 MAC 层吞吐量至少达到 1 Gb/s。

根据工作频段的不同,VHT 研究组后来被分为 IEEE 802.11ac 和 IEEE 802.11ad 两个任务组,分别制定工作频率低于 6 GHz 和工作频率在 60 GHz 附近的下一代 WLAN 标准。2013 年,IEEE 802.11ac 与 IEEE 802.11ad 标准正式发布,并开始进入商用阶段。

与 IEEE 802.11n 标准相比,IEEE 802.11ac 最明显的进步就是将无线局域网的传输速度提升到千兆量级。IEEE 802.11ac 主要采用以下技术实现了性能的大幅度提升。

7.7.1 采用 5 GHz 频段拓展带宽

芯片工作的频率越高,制造工艺也就越复杂。1997 年,第一代无线局域网标准出现的时候,受到工艺和成本的限制,芯片的工作频率只能固定在 2.4 GHz,最高传输速率只有 2 Mb/s,相当于每秒只能传输约 0.25 MB 的内容。目前,2.4 GHz 频段已经相当拥挤,除了 IEEE 802.11b、802.11g 以及 802.11n 等无线局域网设备外,RFID、蓝牙、ZigBee、无绳电话甚至微波炉等设备也都集中在此频段。而 IEEE 802.11ac 是在不太拥挤或者说相对来说更"清洁"的 5 GHz 频段上工作的,争用带宽的无线设备较少,因此速度也有保障。当然,IEEE 802.11ac 标准具有向下兼容性,确保 IEEE 802.11ac 设备可用于现有 Wi-Fi 网络。

除了频率这一关键因素外,IEEE 802.11ac 每个信道的工作频率带宽由 IEEE 802.11n 的 40 MHz 提升到了 80 MHz。此外,IEEE 802.11ac 还可以选择 160 MHz 带宽,此带宽通过信道聚合技术可支持连续或非连续(80+80)MHz 模式。不过 5 GHz 频段的 160 MHz 带宽无法全球通用,且支持此特性的设计将会产生更高成本,因此 IEEE 802.11ac 规范中只是将 160 MHz 带宽列为可选项。在 80 MHz 信道下,最高传输速率接近 3.5 Gb/s。若采用 160 MHz 信道,最高传输速率将接近 7 Gb/s。

7.7.2 8 MIMO 技术

为了提高数据传输速率,从 IEEE 802.11n 开始,MIMO 天线技术就被引入了无线局域网通信标准。IEEE 802.11ac 采用 MIMO-OFDM 技术,支持最大 8×8 的天线配置,支持 1~8 个空间流。支持空间复用、空时块编码(Space Time Block Code,STBC)以及下行多任务处理(MU-MIMO)等。MU-MIMO 可通过相同的频道将波束成形同步传输给不同方向的站点。

7.7.3 波束成形技术

IEEE 802.11ac 还有一个亮点就是全面导入波束成形技术,避免在发射器与接收端装置间使用无效的传输路径,实现更好的传输效率。其实,波束成形在 IEEE 802.11n 产品上已经实现,但现有产品并未能充分加以利用。IEEE 802.11ac 标准则特别将波束成形纳为标准功能，且所有引入此技术的产品都要能互通运行。

除以上技术特点之外，由于 IEEE 802.11ac 采用工作频率为 5 GHz 的芯片，能够大大减少无线电干扰，不会像 802.11n 那样存在盲区和死角，可以真正实现 360°全覆盖。除此之外，802.11ac 虽然因为技术复杂而增大了功耗，但得益于电源管理、待机功耗和半导体工艺的进步，实际能耗反而会比 802.11n 降低，符合环保大趋势。最后，IEEE 802.11ac 保持向下兼容，大多数设备都会支持双频段，默认运行在 5 GHz 下，必要的时候可以切换到 2.4 GHz 和 IEEE 802.11n，甚至 IEEE 802.11b/g，这也有利于平稳地升级过渡。

7.8 IEEE 802.11ad 标准

面对多路高清视频和无损音频超过 1 Gb/s 的码率需求，尤其是在室内高速数据传输环境下，IEEE 802.11ac 也可能无能为力。因此，IEEE 802.11ad 标准被提出，用于实现家庭内部无线高清音视频信号的传输，为家庭多媒体应用带来更完备的高清视频解决方案。为了实现更高的无线传输速率，IEEE 802.11ad 抛弃了拥挤的 2.4 GHz 和 5 GHz 频段，而是使用拥有 57～66 GHz 未分配频段的 60 GHz 高频载波，如此宽的带宽能够大大提高传输速率。目前，全球一些主要国家均已在 60 GHz 附近划分了几个 GHz 的免许可频段。其中，中国的频段为 59～64 GHz，欧洲国家为 57～66 GHz，北美国家和韩国为 57～64 GHz，日本为 59～66 GHz。由于 60 GHz 频段的路径损耗严重，只适合用作短距离覆盖，传输距离一般在 10 m 以内，有可能会替代目前使用蓝牙的场合，但是传输速率更高。

IEEE 802.11ad 具有以下主要技术特点：

(1) 支持高达 2.16 GHz 的信道带宽，物理层传输速率接近 7 Gb/s。

(2) 同时采用单载波和 OFDM 技术。其中，单载波技术适用于低速率、低功耗的数据传输以及发送控制信令；采用 OFDM 技术可获得更高的吞吐量。

(3) 采用高增益、低复杂度和低处理时延的低密度奇偶校验码（LDPC）。

(4) 采用旋转调制、差分调制、扩展 QPSK 等改进的调制技术。

(5) 采用波束成形技术对抗 60 GHz 频段的高路径损耗，支持传输距离超过 10 m 的可靠通信。

(6) 针对无线视频、快速文件传输等应用场景和 60 GHz 无线通信技术特点，引入新的组网方式：个人基本服务集（Personal Basic Service Set，PBSS）。

(7) 支持在 2.4 GHz、5 GHz 和 60 GHz 频带之间的快速会话转移（Fast Session Transfer，FST）。FST 技术可以实现 IEEE 802.11ad 与 IEEE 802.11a/b/g/n/ac 的互通、支持 Wi-Fi 通信在三个频段之间的无缝切换。拥有多频设备的用户可以在不同制式的 Wi-Fi 网络间无中断地进行连续通信，在有 IEEE 802.11ad 信号覆盖的情况下可以体验到高速的网络连接，而当 IEEE 802.11ad 信号变差或不存在时，可以无缝迁移到 2.4 GHz 或 5 GHz Wi-Fi 上。

IEEE 802.11ac/ad 必然会成为兼容多种数据传输制式的无线通用技术。目前 IEEE 802.11 ac/ad 已得到了产业界的大力支持，可以预见，它们将会在未来的中短距离宽带无线接入市场中占据非常重要的地位。

第8章　短距离无线通信

8.1　概　　述

8.1.1　短距离无线通信的特点

短距离无线通信具有以下特点：

（1）射频输出功率较小，一般在几毫瓦到几百毫瓦不等。低功耗是短距离无线通信与其他大功率无线通信的最大区别。由于传播距离短，遇到障碍物的概率较小，因此节省能源，用较小的发射功率来实现通信，这不仅是由它本身的使用环境和供电方式所决定的，而且也符合低碳与环保的需要。

（2）通信距离一般不超过 100 m，近距离甚至到毫米数量级。

（3）设备要求结构简单，价格低廉。低成本是短距离无线通信的普遍要求，因为这类通信终端设备大多直接与消费者相关，产品销量很大，没有足够低的成本是不可能占领市场的。而低成本并不是低质量，因此，短距离通信设备的设计必须使用先进的技术，结构简洁，体积小，使用可靠。

（4）尽可能使用不需要申请许可证的频率。

（5）节省能源。在很多场合，可能无法使用市电供电，只能使用电池。

8.1.2　短距离无线通信技术选择的若干考虑

针对前述特点，短距离无线通信在技术选择上不得不考虑如下问题：

（1）传输距离。必须根据实际需要，确定传输距离，还要考虑是否会发生通信距离的改变、最大通信距离和最小通信距离、通信终端和设备的移动性及移动速度等一系列问题。

（2）数据传输速率。这个问题是所有通信技术都必须考虑的，短距离无线通信对数据速率的要求也在不断变化。如果仅仅用于监测或控制，对于数据速率的要求不会太高，数据传输速率在几百 kb/s 以内，我们称之为低速率通信。但如果需要实时传输语音、图像和视频等高速码流，则要求传输速率在几百 Mb/s 以上，甚至更高，我们称之为高速率通信。

（3）网络的节点数量。在较简单的系统中，可能只有两个节点，这种形式是典型的点对点通信。但如果是多点对多点的通信，就涉及有多少个发射机和多少个接收机，是单工传输还是双工传输等问题。需要定义节点与节点之间的交互内容与数据流向和流量，这将涉及网络。节点规模不同的网络之间会有很大的差异。

（4）通信环境。需要考虑是在室内应用、室外应用，还是两者的结合。如在室内环境，需要考虑信号的穿墙、楼层、家具的遮挡等问题；室外环境就更加复杂，建筑物、树木、车辆等都是需要考虑的障碍物。如果需要移动应用，环境因素的考虑会更复杂一些。通信环境还要考虑附近是否有其他无线装置和系统，要考虑互相之间的干扰问题，既不能被其他设备干扰，也不能去干扰其他设备。

（5）能量的来源。这是不可回避的重要问题。在有交流电源供应的固定使用场合，这个问题比较容易解决。但如果没有交流电源，或者是移动性的设备，就必须考虑采用电池供电。这就产生了电池容量的选择，以及体积大小、使用寿命、是否有重复充电的可能和需求，以及电池替换等问题。

（6）设备的体积和占据的空间。所有的无线装置都需要天线，天线的大小与频率有关，在电路设计上必须考虑天线的位置。目前短距离无线通信的频率有不断提高的趋势，集成电路的使用使体积不断变小，但天线和一些分立元件还是要占据一定的空间。

（7）许可证要求。有些无线技术的使用必须要求用户申请无线电频率，短距离无线通信往往采用无需申请的业余频率或公共频率，但有时还是会需要用户加入某个组织，或者支付使用该技术的版权费用。

（8）安全性。绝大部分短距离无线通信标准和协议都有安全措施和安全机制，必须使用加密和认证，防止黑客和误用的问题对于通信的安全永远是十分必要的。

8.2 无线网状网（WMN）

8.2.1 网状网的概念与特点

最新版的无线局域网（WLAN）和无线个域网（WPAN）的协议中，都集成了无线网状网（WMN）的能力，使得短距离无线通信的覆盖范围和适应环境大幅度提高，因此补充这方面的知识和最新技术很有必要。WMN 具有以下特点：

（1）开发 WMN 的目的，是为了在不牺牲信道容量的前提下拓宽当前无线网络的覆盖范围，在不依靠直接视距（LOS）链接的情况下实现用户之间的非视距（NLOS）连接。因此，网状网普遍采用多跳技术，通过较短的链路传输距离、较轻的节点间干扰，以及高效的频率复用达到较高的吞吐量，同时不会牺牲有效的无线覆盖范围。

（2）采用 Ad Hoc 网络技术，网络具有自构、自愈、自组织能力。

（3）移动性依赖网状网节点的类型。网状网的移动性比较弱，客户端可以是固定不动的节点，也可以是移动节点。

（4）多种网络访问类型。在 WMN 中，既支持互联网的访问，也支持对等通信。WMN 可以和其他无线网络综合在一起，给这些网络的端用户提供服务。

（5）网状网具有与现有无线网络的兼容性和互操作性。基于 IEEE 802.11 的 WMN 既支持网状网能力，又支持 IEEE 802.11 的客户端，能实现与 IEEE 802.11 无线局域网的互操作。基于 IEEE 802.15.3（高速个域网）和 IEEE 802.15.4（低速个域网）的 WMN 既支持网状网能力，也支持原来的 WPAN 节点，能实现与 WPAN 的互操作。

（6）功耗限制与网状网节点类型有关。网状网路由器通常对功耗没有严格的限制，但是，网状网客户端可能需要功率高效协议。例如，在无线传感器网络中，具有网状网能力的传感器要求其通信协议必须是功率高效协议，而针对网状网路由器优化的 MAC 协议、路由协议可能不适合网状网客户端(传感器)。

(7) 无线基础设施骨干网。WMN 由骨干网组成，骨干网由网状网路由器组成。无线骨干网提供大范围覆盖、连通性和强壮性。

8.2.2　Ad Hoc 的定义与基本概念

无线通信网络按照其组网控制方式可分为两类。一类是集中控制式的，这一类无线网络的运行要依赖预先部署的网络基础设施，典型的例子就是蜂窝移动通信系统。另一类是没有集中控制的，这一类网络可以临时快速自动组网，我们将要介绍的 Ad Hoc 网络就属于这一类。Ad Hoc 网络的前身是分组无线网，对分组无线网的研究源于军事通信的需要。早在 1972 年，美国的国防高级研究计划署(Defense Advanced Research Projects Agency, DARPA)就启动了分组无线网项目 PRNET，研究如何在战场环境下利用分组无线网进行数据通信。在此之后，DARPA 于 1983 年启动了高残存性自适应网络项目，研究如何将PRNET 的研究成果加以扩展，以支持更大规模的网络。1994 年，DARPA 又启动了全球移动信息系统项目，旨在对能够满足军事应用需要的、高抗毁性的移动信息系统进行全面深入的研究。成立于 1991 年的 IEEE 802.11 标准委员会采用了"Ad Hoc 网络"一词来描述这种特殊的自组织对等式多跳移动通信网络，Ad Hoc 网络就此诞生。

Ad Hoc 一词来源于拉丁语，其含意为"for the special purpose only"，翻译成中文，意思是"专用的、特定的"。由于翻译后的名字很难准确描述这种网络的特点，因此学术界还是倾向于使用"Ad Hoc"来称呼这种网络。通常也可以称为"无固定设施网"或者"自组织网"。由于组网快速、灵活，使用方便，目前，Ad Hoc 网络已经得到国际学术界和工业界的广泛关注，并正在得到越来越广泛的应用，成为移动通信技术发展的一个重要方向。

Ad Hoc 网络是由一组带有无线收发装置的移动终端组成的一个多跳的临时性自治系统。移动终端具有路由功能，可以通过无线构成任意的网络拓扑，这种网络可以独立工作，也可以与因特网或蜂窝无线网络连接。在 Ad Hoc 网络中，每一个移动终端同时具有路由器和主机两种功能。作为主机，终端需要运行面向用户的应用程序；作为路由器，终端需要运行相应的路由协议，根据路由策略和路由表参与分组转发和路由维护工作。在 Ad Hoc 网络中，节点间的路由通常由多个网段组成，由于终端的无线传输范围有限，两个无法直接通信的终端节点往往通过多个中间节点的转发来实现通信，因此，它又被称为多跳无线网、无固定设施的网络或对等网络。Ad Hoc 网络同时具备移动通信和计算机通信的特点，可以看做是一种特殊的移动计算机通信网络。

8.2.3　移动 Ad Hoc 网络的特点

与其他传统通信网络相比，Ad Hoc 网络具有以下显著特点。

(1) 无中心的自组织性。Ad Hoc 网络采用无中心结构，网络中没有绝对的控制中心，所有节点的地位平等，也就是说 Ad Hoc 是一个对等网络，各节点通过分层的网络协议和分布式算法协调彼此的行为。节点可以随时加入或者离开网络，任意节点的故障不会影响整个网络的运行，与有中心的网络相比，具有很强的抗毁性。

（2）动态变化的网络拓扑。Ad Hoc 网络中，移动终端能够以任意可能的速度和移动模式移动，并且可以随时关闭电台，再加上无线发送装置的天线类型多种多样、发送功率的变化、无线信道间的互相干扰、地形和天气等综合因素的影响，移动终端间通过无线网络形成的网络拓扑随时可能发生变化，而且变化的方式和速度都难以预测。这是与传统有线网络完全不同的（传统有线网络的拓扑结构一般都比较稳定）。

（3）多跳路由。由于节点发射功率的限制，节点的覆盖范围是有限的。当要与其覆盖范围之外的节点进行通信时，需要中间节点的转发，即要经过多跳。与普通网络中的多跳不同，Ad Hoc 网络中的多跳路由是由普通节点共同完成的，而不是由专用的路由设备完成。

（4）无线传输。Ad Hoc 网络采用无线传输技术，由于无线信道本身的特性，它所能够提供的网络带宽比有线信道要低得多。考虑到其他的各种因素，移动终端获得的实际带宽远远小于理论上的最大值，并且会随时间动态变化。

8.2.4　WMN 的网络结构

WMN 由两类节点组成：网状网路由器和网状网客户端。网状网路由器常配置多个无线接口（这些接口可以相同，也可以不相同），完成网关功能和网状网路由功能。网状网客户端没有网关功能，但必须有路由功能，一般只配置一个无线接口。在市场上，网状网客户端的产品形式比网状网路由器丰富得多，比如便携式 PC、PAD、RFID、智能手机等都可以作为网状网客户端。根据节点的功能，WMN 的网络结构大致可分为以下三种类型。

1. 基础设施/骨干型 WMN

这种 WMN 网络结构的特点是，由网状网路由器构成一个自构、自愈、自组织的骨干网，通过骨干网实现与其他网络（互联网或其他无线网）的更大范围的互联互通，如图8.2.1所示（其中 MR 为网状网路由器）。

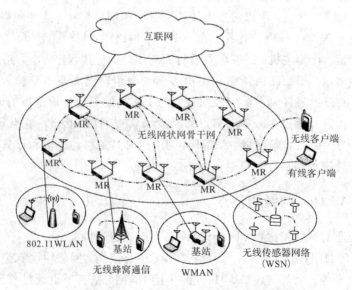

图 8.2.1　基础设施/骨干型 WMN

这种 WMN 通过网状网路由器的网关功能实现与现有无线网络的综合。具有以太网接口的常规客户端可以通过其以太网接口连接网状网路由器。如果常规客户端采用的无线接口与网状网路由器相同，那么两者可以直接通信，如果常规客户端、网状网路由器各自采用不同的无线技术，那么客户端必须先与基站通信，基站再通过以太网连接网状网路由器。

这种 WMN 结构是最常用的 WMN 结构。例如，可以利用基础设施/骨干型 WMN 建立社区网络。网状网路由器安装在楼顶，作为家庭的访问点。此时，网状网路由器一般配备两类电台：一类用于骨干网通信，另一类用于用户通信。

2. 客户端 WMN

在客户端 WMN 网络结构中，不需要网状网路由器，只由客户端节点构成对等网络，采用多跳传输完成分组的传递，为客户端提供用户应用。客户端节点需要完成路由、自构、配置功能。客户端 WMN 通常采用一种电台。图 8.2.2 给出了客户端网状网 WMN 的基本结构。

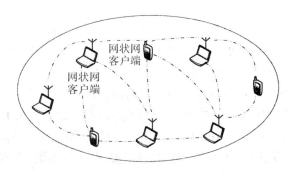

图 8.2.2　客户端 WMN

3. 混合型 WMN

混合型 WMN 是基础设施/骨干型与客户端 WMN 的组合结构。如图 8.2.3 所示，在混合型 WMN 中，网状网客户端一方面通过网状网路由器访问网络，另一方面可以与其他网状网客户端直接通信。基础设施提供与其他网络(如互联网、WLAN\WMAX、蜂窝移动通信系统、传感器网络)的连通性，而客户端的路由能力则可以进一步改善 WMN 网络的连通性和网络覆盖。

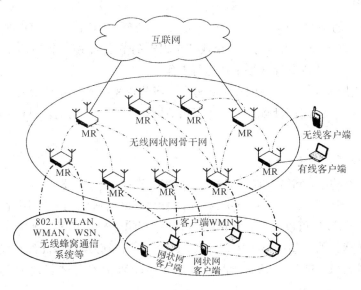

图 8.2.3　混合型 WMN

8.3 无线个域网系统(WPAN)

短距离通信的一个重要应用就是组成个域网(Personal Area Network，PAN)。低速无线个域网(Low - Rate Wireless Personal Area Network，LR - WPAN)是一种低成本、短距离通信网络，能够在有限的功率和宽松的吞吐量要求下为各种应用提供无线连接。LR - WPAN 俗称 ZigBee，遵循 IEEE 802.15.4 标准。

8.3.1 低速无线个域网(LR - WPAN)

1．节点类型

节点分为两种，一种是全功能节点(Fully - Function Device，FFD)，另一种是简化功能节点(Reduced - Function Device，RFD)。

FFD 具有三种工作模式：PAN 协调器；协调器；节点。

协调器是指具有消息转发能力的 FFD，PAN 协调器是作为一个 PAN 的主控制器的协调器。一个 LR - WPAN 只能有一个 PAN 协调器。RFD 不能作为协调器。

FFD 能够与 FFD 以及 RFD 通信，而 RFD 只能与 FFD 通信。RFD 主要用于简单应用（如照明开关、被动式红外传感器等），因此这种应用不需要大量的数据，每次只与一个 FFD 相关，能够使用最少的资源和存储器实现 RFD。

2．个人工作空间(Personal Operation Space，POS)

个人空间是指一个人或一个目标周围 10 m 范围内的空间，但是无线媒介的传播特性是不稳定的，位置或方向的微小变化可能引起信号强度或通信链路质量的剧烈变化，因此这个范围不是十分精确的。

3．网络拓扑

LR - WPAN 的基本组成是节点，节点可以是 FFD，也可以是 RFD，使用相同物理通道且处在同一个 POS 通信范围内的两个或两个以上的节点组成一个 WPAN。LR - WPAN 可以按照星型网络拓扑或对等网络拓扑进行工作。

所有网络节点都有一个唯一的 64 bit 地址。当节点相关时，由 PAN 协调器分配 16 bit 短地址，在 PAN 内使用短地址通信。LR - WPAN 的节点一般用电池供电，PAN 协调器一般由总输电线供电。

1）星型网络拓扑结构

在星型拓扑结构中，网络只有一个中心控制器，即 PAN 协调器。节点只能有一些简单的相关应用，PAN 协调器可以有一些特殊的应用，如建立网络通信、终止网络通信、中继等。

FFD 在被激活以后可以建立自己的网络，并称为 PAN 协调器。所有星型网络独立运行，与其他正在运行的星型网络无关。所以，PAN 协调器必须选择无线传输覆盖范围内唯一的 PAN 识别码(PANID)，选定 PANID 后，PAN 协调器允许其他节点（包括 FFD 和 RFD)加入。

星型网络由高层负责建立，通常的应用有家庭自动化、个人计算机外设、玩具与游戏、个人卫生保健等。

2）对等网络拓扑结构

对等网也有一个 PAN 协调器。在对等网中，每个节点都能与其无线覆盖范围内的其他节点通信。对等网是 Ad Hoc 的自组织网络，可以采用多跳路由将消息从一个节点传递到任何一个其他节点。对等网可以实现比较复杂的网络结构，如网状网。

对等网由上层建立。一个节点如果是信道上的第一个节点，则成为 PAN 协调器。对等网拓扑的应用主要有：工业监控、无线传感器网络、资产与详细数据跟踪、智能化农业、安防等。

4. LR – WPAN 的数据传输类型

LR – WPAN 有三种数据传送类型。第一种是将数据传给协调器，即由节点将数据发给协调器；第二种是从协调器输出数据，节点接收协调器发来的数据；第三种是两个对等节点间的数据传送。对于星型拓扑，只存在前两种数据传送类型，而对于对等拓扑，三种传输模式都存在。

对于需要同步的网络，以及需要支持低时延节点的网络，采用有信标的 PAN。对于不需要同步的网络，在正常数据传送时可以不采用信标，但用于网络搜索时仍需要使用信标。

1）数据传入到协调器

在有信标 PAN 中，一个节点如果需要向协调器发送数据，则首先侦听网络信标。接收到网络信标后，实现与超帧结构同步，然后在合适的时间用有时隙的 CSMA/CA 机制将数据发送给协调器。协调器成功接收到该节点的数据后，回送一个 ACK 帧。

在无信标 PAN 中，一个节点如果需要向协调器发送数据，只需要用非时隙的 CSMA/CA 机制将数据帧发送给协调器，协调器在成功接收到数据后，回送一个 ACK 帧。

2）数据从协调器传出

在有信标 PAN 中，协调器如需发送数据到某个节点，则在网络信标中说明数据消息处在待发中。该节点周期性地侦听网络信标，获知协调器有数据消息需要发送给自己以后，采用有时隙的 CSMA/CA 机制向协调器发送一条数据请求的 MAC 命令。协调器接收到数据请求命令后，回送一个 ACK 帧，然后采用有时隙的 CSMA/CA 机制发送待发数据帧，或者在发送完 ACK 帧后立即发送待发数据帧。该节点在成功接收到数据帧后，回送一个 ACK 帧。在成功完成此次数据传送后，协调器将信标帧中待发消息列表中的这条数据消息删掉。

在无信标 PAN 中，协调器如需要将数据发给某个节点，则先存储数据，以便合适的节点联系和申请数据。节点联系的方法是采用非时隙的 CDMA/CA 机制给协调器发送一条数据请求 MAC 命令。协调器在接收到数据请求命令后，回送一个 ACK 帧。如果数据处在待发中，协调器使用非时隙的 CSMA/CA 机制将数据帧发给该节点，如果数据帧不在待发中，协调器在 ACK 帧或有效载荷等于零的数据帧中说明此情况。该节点成功接收到数据后，向协调器发送一个 ACK 帧。

3）对等数据传输

在对等 PAN 中，每个节点可以与其他在其接受范围内的任何节点通信。为了实现高效通信，需要通信的节点必须经常性接收对方发送的数据或者经常进行相互同步。如果采用经常性接收对方数据的方法，只需采用非时隙的 CSMA/CA 机制发送数据。如果采用经常性相互同步法，则需要采取其他措施来实现高效通信。

5. LR－WPAN 的网络协议体系结构

LR－WPAN 的协议由 PHY 和 MAC 子层组成。PHY 包括 RF 收发机及其低级控制机制。MAC 子层为所有传输类型提供对物理信道的访问。图 8.3.1 给出了 LR－WPAN 的网络协议体系结构。

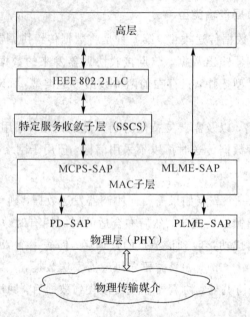

图 8.3.1　LR－WPAN 的网络协议体系结构

图中，高层包括网络层和应用层。网络层和应用层不在 LR－WPAN 的范畴内，提供网络配置、控制、消息传输路由。应用层提供节点的预定功能。IEEE 802.2 的 Ⅰ 类逻辑链路控制（Logical Link Control，LLC）通过特定服务收敛子层（Service － Specific Convergence Sublayer，SSCS）访问 MAC 子层。按照嵌入式装置或者需要外部装置（如 PC）支持的节点来实现 LR－WPAN。

1）物理层（PHY）

PHY 提供两种服务：数据服务和管理服务。PHY 管理服务与物理层管理实体（MAC Layer Management Entity，MLME）服务访问点（Service Access Point，SAP）接口。

物理层的特性包括无线收发机的激活与关闭、能量检测、链路质量指标、信道选择、空闲信道评估、无线媒介上的分组发送和接收。

2）MAC 子层

MAC 子层提供两种服务：数据服务和管理服务。MAC 管理服务与 MAC 子层管理实体（Physical Layer Management Entity，PLME）服务访问点（Service Access Point，SAP）接

口。PHY 数据服务在物理信道上进行 PHY 协议数据单元(Physical Protocol Data Unit,PPDU)的发送和接收。

MAC 子层的特性包括信标管理、信道访问、GTS 管理、帧验证、有确认的帧交付、相关、去相关、安全等。

8.3.2　高速无线个域网(HR－WPAN)

高速无线个域网 HR－WPAN（High－Rate Wireless Personal Network）由 IEEE 802.15.3定义。是一种低复杂度、低成本、低功耗、高数据传送速率的短距离无线通信系统。HR－WPAN 的数据速率可高达 20 Mb/s 甚至更高，能满足消费者多媒体和工业的各种短距离无线通信需求。

1. HR－WPAN 的体系结构

HR－WPAN 中的 Piconet 是无线 Ad Hoc 数据通信系统，支持独立数据节点的互相通信。Piconet 的通信通常只覆盖环绕个人或目标 10 m 左右的小范围，而无线局域网(WLAN)覆盖的区域相对较大。

一个 HR－WPAN Piconet 由节点和 Piconet 协调器(Piconet Coordinator,PNC)组成，如图 8.3.2 所示，节点是 Piconet 的基本组成，其中一个必须有一个节点担任 PNC 的角色。PNC 利用信标为 Piconet 提供基本定时，管理服务质量(QoS)的要求、节能方式以及对网络的访问控制。

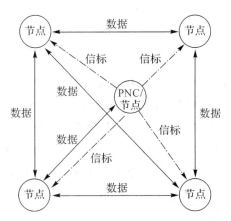

图 8.3.2　HR－WPAN Piconet 的组成

建立 Piconet 不需要事先的详细计划，只要有需要，就可以快速建立。最初建立的 Piconet被称为父 Piconet，HR－WPAN 节点可以请求建立一个从 Piconet。从 Piconet 又被称为子 Piconet 或者相邻 Piconet，具体的叫法由该节点与父 Piconet 的相关方法来决定。因此也统称为相关 Piconet。相关 Piconet 依靠父 Piconet 的 PNC 分配其网络操作的信道时间。没有任何相关的 Piconet 称为独立 Piconet。

2. 协议参考模型

如图 8.3.3 所示为 HR－WPAN 的协议参考模型。MAC 层和 PHY 层均包含管理实体，分别为 MLME 和 PLME。

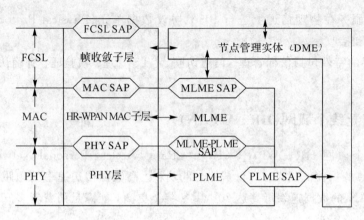

图 8.3.3 HR - WPAN 的协议参考模型

MAC 层包含两个功能实体：MAC 功能实体和 MAC 管理实体。MAC SAP 通过服务访问点将 MAC 服务提供给节点的帧汇聚子层。

PHY 层包含两个功能实体：PHY 功能实体和 PHY 管理实体。通过服务访问点 PHY SAP 将 PHY 服务提供给节点的 MAC 实体。

每个节点包含一个设备管理实体（Device Management Entity，DME），以便提供正确的 MAC 操作。DME 是与层不相关的管理实体，可以作为一个独立的管理平面驻留在每个节点中。DME 收集各个层的管理实体的层相关状态信息，设置特定层的参数值，实现标准管理协议。

8.4 蓝 牙

20 世纪末，随着计算机网络和移动通信技术的迅猛发展，人们越来越迫切地感到需要发展一种在一定范围内能方便使用的无线数据与语言通信方式。在各种办公场所，存在着多种数据通信设备，包括笔记本电脑、个人数字助理、打印机、扫描仪等外围设备、手机和客户电子产品等。当时，这些设备之间的信息交换还大都依赖于电缆的连接，使用非常不方便。蓝牙就是为了满足人们在个人区域的无线连接应运而生的。

蓝牙技术的提出为短距离、低功耗无线通信寻找到一条全新的途径，支持蓝牙技术的正式通信协议是 IEEE 802.15.1。

8.4.1 蓝牙的诞生和技术特点

最早提出蓝牙概念的是芬兰的爱立信移动通信公司。1994 年，爱立信移动通信公司为移动电话及电话附件之间寻找一种低功耗、低成本的无线接口。1998 年，世界著名的 5 家通信网络与芯片制造商——爱立信、诺基亚、东芝、IBM、英特尔联合宣布了蓝牙计划。它是以在公元 940 年至公元 981 年间统治丹麦的哈拉德·布鲁图斯（Harald Bluetooth）的名字命名的。蓝牙技术的实质内容是要建立通用的无线接口及其控制软件的开放标准，使计算机和通信进一步结合，使不同厂家生产的便携式设备在没有电线或电缆相互连接的情况下，能在近距离范围内互连互通。目前，相距很近的便携式设备之间使用红外线链路进行连接，虽然能免去电线和电缆，但使用起来仍有很多不便，不仅距离限于 1～2 m，而且在视距内不能有障碍物，同时只限于在两个设备之间进行连接。而蓝牙技术的无线电收发信机的连接距离可达 10m，不限于直线范围内，并且最多可以连接 8 个设备。蓝牙技术公布后，迅速得到了包括摩托罗拉、朗讯、西门子等许多厂商的支持和采纳，并共同成立了蓝牙专业组（Special Internet Group，SIG）来负责该项工作。截至 2000 年 2 月，有 1400 多家企业加入了蓝牙 SIG。

蓝牙技术利用短距离、低成本的无线连接代替了电缆连接，从而为现存的数据网络和小型的外围设备接口提供了统一的连接。它具有优越的技术性能，以下介绍一些主要的特点。

（1）蓝牙技术的开放性。蓝牙是一种开放的技术规范，该规范完全是公开的和共享的。为鼓励该项技术的应用推广，SIG 在其建立之初就建立了真正的完全公开的基本方针。与生俱来的开放性赋予了蓝牙强大的生命力。从它诞生之日起，蓝牙就是一个由厂商们自己发起的技术协议，完全公开，并非某一家独有。只要是 SIG 的成员，都有权无偿使用蓝牙的新技术，而蓝牙技术标准制定后，任何厂商都可以无偿地拿来生产产品，只要产品通过 SIG 组织的测试并符合蓝牙标准后，品牌即可投入市场。

（2）蓝牙技术的通用性。蓝牙设备的工作频段选在全世界范围内都可以自由使用的 2.4 GHz 的 ISM（工业、科学、医学）频段，这样用户不必经过申请便可以在 2400～2500 MHz 的范围内选用适当的蓝牙无线电设备。这就消除了"国界"的障碍，而在蜂窝式移动电话领域，这个障碍已经困扰用户多年。

（3）短距离、低能耗。蓝牙无线技术通信距离较短，蓝牙设备之间的有效通信距离大约为 10～100 m。消耗功率极低，所以更适合于小巧的、便携式的、由电池供电的个人装置。

（4）无线"即连即用"。蓝牙技术最初是以取消连接各种电器之间的连线为目标的。主要面向网络中的各种数据及语音设备，如 PC、PDA、打印机、传真机、移动电话、数码相机等。蓝牙通过无线的方式将它们连成一个围绕个人的网络，省去了用户接线的烦恼，在各种便携式设备之间实现无缝的资源共享。任意蓝牙技术设备一旦搜寻到另一个蓝牙技术设备，两者之间马上就可以建立联系，而无需用户进行任何设置，可以解释成"即连即用"。

（5）抗干扰能力强。ISM 频段是对所有无线电系统都开放的频段，因此使用其中的某个频段都会遇到不可预测的干扰源，例如某些家电、无绳电话、汽车库开门器、微波炉等，都可能是干扰。为此，蓝牙技术特别设计了快速确认和跳频方案以确保链路稳定。跳频是蓝牙使用的关键技术之一。建立链路时，蓝牙的跳频速率为 3200 跳/s；传送数据时，对应单时隙包，蓝牙的跳频速率为 1600 跳/s；对于多时隙包，跳频速率有所降低。采用这样高的跳频速率，使得蓝牙系统具有足够高的抗干扰能力，且硬件设备简单、性能优越。

（6）支持语音和数据通用。蓝牙的数据传输速率为 1 Mb/s，采用数据包的形式按时隙传送，每时隙 0.625 μs。蓝牙系统支持实时的同步定向连接和非实时的异步不定向连接，支持一个异步数据通道，3 个并发的同步语音通道。每一个语音通道支持 64 kb/s 的同步话音，异步通道支持最大速率为 721 kb/s，反向应答速率为 57.6 kb/s 的非对称连接，或者是速率为 432.6 kb/s 的对称连接。

（7）灵活组网。蓝牙根据网络的概念提供点对点和点对多点的无线连接，在任意一个有效通信范围内，所有的设备都是平等的，并且遵循相同的工作方式。基于 TDMA 原理和蓝牙设备的平等性，任一蓝牙设备在主从网络（piconet）和分散网络（scatternet）中，既可做主设备(master)，又可做从设备(slaver)，还可同时既是主设备、又是从设备。因此在蓝牙系统中没有从站的概念。另外，所有的设备都是可移动的，组网十分方便。

(8) 软件的层次结构。和许多通信系统一样，蓝牙的通信协议采用层次式结构，其程序写在一个 9 mm×9 mm 的微芯片中。其低层为各类应用所通用，高层则视具体应用而有所不同，大体可分为计算机背景和非计算机背景两种方式，前者通过主机控制接口(host control interface，HCI)实现高、低层的连接，后者则不需要 HCI。层次结构使其设备具有最大的通用性和灵活性。根据通信协议，各种蓝牙设备在任何地方，都可以通过人工或自动查询来发现其他蓝牙设备，从而构成主从网和分散网，实现系统提供的各种功能，使用起来十分方便。

8.4.2 蓝牙协议

完整的蓝牙协议栈的体系结构如图 8.4.1 所示。

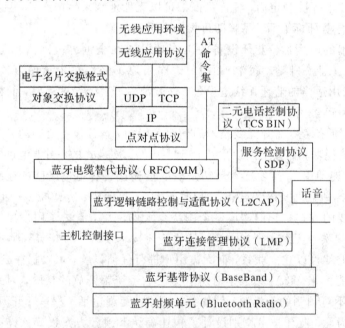

图 8.4.1 蓝牙协议栈的体系结构

蓝牙协议体系中的协议按 SIG 的关注程度分为四层。

(1) 核心协议：基带协议(BaseBand，BB)、链路管理协议(Link Manager Protocol，LMP)、逻辑链路控制和适配协议(Logical Link Control and Adaptation protocol，L2CAP)、服务发现协议(Service Discovery Protocol，SDP)。

基带协议(BB)确保各个蓝牙协议之间的物理射频连接。链路管理协议(LMP)主要完成三个方面的工作：负责处理控制和协商发送数据使用的分组大小；负责管理节点的功率模式和蓝牙节点在微微网中的状态；处理链路和密钥的生成、交换和控制。服务发现协议(SDP)在蓝牙技术框架中起着至关紧要的作用，它是所有用户模式的基础。使用 SDP 可以查询到设备信息和服务类型，从而在蓝牙设备间建立相应的连接。

(2) 电缆替代协议(RFCOMM)。电缆替代协议(RFCOMM)是基于 ETSI 标准 TS07.10

规范的串行线仿真协议。它在蓝牙基带协议上仿真 RS－232 控制和数据信号，为串行线的上层协议（如 OBEX）提供服务。

（3）电话传送控制协议：二元电话控制规范（TCS－Binary）、AT 命令集。

（4）选用协议：点到点协议（PPP）、用户数据报/传输控制协议/互联网协议（UDP/TCP/IP）、目标交换协议（OBEX）、无线应用协议（WAP）、电子名片交换格式（vCard）、电子日历及日程交换格式（vCal）、红外线移动通信（IrMC）、无线应用环境（WAE）。

在蓝牙协议中，PPP 位于 RFCOMM 上层，完成点对点的连接。TCP/IP（传输控制协议/网络层协议）、UDP（用户数据协议）是三种已有的协议，它定义了因特网和网络相关的通信及其他类型计算机设备和外围设备之间的通信。蓝牙采用或共享这些已有的协议去实现与因特网网络的设备通信，这样，既可提高效率，又可在一定程度上保证蓝牙技术和其他通信技术的互操作性。IrOBEX（简写为 OBEX）是由红外数据协会（IrDA）制定的会话层协议，它采用简单的和自发的方式交换目标。该协议作为一个开放性标准还定义了可用于交换的电子商务卡、个人日程表、消息和便条等格式。

电子名片交换格式（vCard）、电子日历及日程交换格式（vCal）都是开放性规范，它们都没有定义传输机制，而只定义了数据传输格式。SIG 采用 vCard/ vCal 规范，是为了进一步促进个人信息交换。

WAP（Wireless Application Protocol）是无线应用协议，该协议是由无线应用协议论坛制定的，它融合了各种广域无线技术，目的是在数字蜂窝电话和其他小型无线设备上实现因特网业务。它支持移动电话浏览网页、收集电子邮件和其他基于因特网的协议。WAE（Wireless Application Environment）是无线应用环境，它提供了 WAP 电话和个人数字助理 PDA 所需的各种应用软件。选用 WAP，可以充分利用为无线应用环境（WAE）开发的高层应用软件。

除上述协议层外，规范还定义了主机控制器接口（HCI），它为基带控制器、连接管理器、硬件状态和控制寄存器提供命令接口。

蓝牙核心协议由 SIG 制定的蓝牙专用协议组成。绝大部分蓝牙设备都需要核心协议（加上无线部分），而其他协议则根据应用的需要而定。总之，电缆替代协议、电话控制协议和被采用的协议在核心协议基础上构成了面向应用的协议。

整个蓝牙协议栈又可分为蓝牙专用协议（如连接管理协议 LMP 和逻辑链路控制应用协议 L2CAP）以及非专用协议（如对象交换协议 OBEX 和用户数据报协议 UDP）。协议栈还可分为蓝牙的底层模块、中间协议层与高端应用层。底层模块是蓝牙技术的核心模块，所有嵌入蓝牙技术的设备都必须包括底层模块。它主要由链路管理层（LMP）、基带层（BB）和射频（RF）组成。中间协议层由逻辑链路控制和适配协议（L2CAP）、服务发现协议（SDP）、串口仿真协议或称线缆替换协议（RFCOMM）和二进制电话控制协议（TCS）组成。高端应用层位于蓝牙协议栈的最上部分，由选用协议层组成。

设计协议和协议栈的主要原则是尽可能利用现有的各种高层协议，保证现有协议与蓝牙技术的融合以及各种应用之间的互操作，充分利用兼容蓝牙技术规范的软硬件系统，蓝牙技术规范的开放性保证了设备制造商可以自由地选用其专用协议或习惯使用的公共协议，在蓝牙技术规范基础上开发新的应用。

8.4.3　蓝牙 Ad Hoc 网络

Ad Hoc 网络拓扑结构可归结为两类：无中心或对等式（PEER TO PEER）拓扑和有中心（HUB - BASED）拓扑。

无中心拓扑网络要求网中任意两个站点均可直接通信。采用这种拓扑结构的网络一般使用公用广播信道，各站点都可竞争公用信道，而信道接入控制（MAC）协议大多采用 CSMA（载波侦听多址接入）类型的多址接入协议。这种结构的优点是网络抗毁性好、建网容易且费用较低。但当网中用户数（站点数）过多时，信道竞争成为限制网络性能的一大问题。并且为了满足任意两个站点可直接通信，网络中站点布局受环境限制较大。因此这种拓扑结构适用于用户数相对少的工作群规模。

在有中心拓扑结构中，要求一个无线站点充当一个中心站，所有站点对网络的访问均由其控制。这样，当网络业务量增大时网络吞吐性能及网络时延性能的恶化并不剧烈。由于每个站点只需在中心站覆盖范围内就可与其他站点通信，故网络中心点布局受环境限制小。此外，中心站为接入有线主干网提供了一个逻辑接入点。有中心网络拓扑结构的弱点是抗毁性差，中心站点的故障容易导致整个网络瘫痪，并且中心站点的引入增加了网络成本。

蓝牙 Ad Hoc 网络的拓扑结构只能是有中心结构。蓝牙系统支持两种连接，即点对点和点对多点连接，这样形成两种网络拓扑结构：微微网和散射网络。在一个 Piconet 中，只有一个且必须有一个 Master，支持 Slave 与 Master 建立通信。Master 通过不同的跳频序列来识别每一个 Slave，并与之通信。多个 Piconet 构成一个散射网。蓝牙网络中的 Master 就相当于 Ad Hoc 分级网络中的簇头，Slave 相当于簇成员。值得注意的是，在蓝牙网络中，Slave 之间不能直接通信，必须通过 Master 才行。

蓝牙 Ad Hoc 网络没有平面结构，也就是说不存在对等结构，必须是主从通信。在分级的 Ad Hoc 网络中，簇成员之间也可以通信，结合了无中心和有中心模式，可以采用两种模式的技术优势。而蓝牙 Ad Hoc 网络，无论是微微网，还是散射网都是有中心的，Slave 之间是不可能直接通信的。然而，任一节点都可以是 Master 或 Slave，从统计的观点来看，又是对等的。

在构建蓝牙自组织网络时，必须对该网络进行优化，这是由于：蓝牙基带层分组大小的限制，MANET 解决方案必须在每个中继节点对蓝牙分组进行分段重组，导致每个节点缓冲空间需求增加，每次互连时的存储转发时延增大；在互连过程中，网络中的移动设备根据连接发起者分为主设备和从设备，从设备之间的通信必须经过主设备才能建立。

蓝牙自组织网的构建需经过三个步骤：领域发现、领域组织与角色安排。

在传统的无线电结构中，自组织网络领域是很容易发现的，只需要侦听无线频率解调出发送分组的源地址就可以了。在蓝牙系统中，这种方法是不可能的，因为它是在 79 个频率点上跳，这样就需要一个更精细的程序来执行领域发现。在蓝牙系统中就采用查询方式，通过在不同的频率上发送查询指令，其他蓝牙节点短时在某个频率上接受查询指令。这会引起两个问题，查询程序是非对称的，这就需要一些设备在查询，一些设备在查询扫描，它们需进行不同的操作。这对于非对称传输并不是一个严重的问题，对于自组织网络却是一个问题。而且蓝牙设备执行查询程序时，不能进行任何消息的收发。这就意味着基于蓝牙的自组织网络可能暂时中断，当网络中的一些节点执行查询程序时，可以采用很多改进的方法来进行领域发现，例如：可以让网络的设备每隔 1.25 s 进行短时的查询，查询时间为 10 ms。这样仅消耗了通信资源的 0.8%，这样一个新的加入设备就可以发现邻近的蓝牙设备。一旦邻近的蓝牙设备被发现，就需要通过寻呼来建立逻辑链路信道。这样就需要决定哪些蓝牙设备共享一个信道。这就涉及邻域簇的问题。

最简单的想法是全都加入一个信道或采用树状拓扑结构，然而这样会影响网络的容量，因为信道采用轮询的方法，加入的节点多，则每个节点分配的信号带宽就小，可以同时共享一个跳频信道的蓝牙设备最多是八个工作节点。另外一个极端的想法就是每个相邻的节点之间都建立一个逻辑信道。适用的方法是介于这两种极端方法之间，例如可以采用 Bluestars 等拓扑结构。

经过领域发现、领域组织之后就需要决定蓝牙设备在散射网络中的角色，共有三种：邻近节点的从节点；邻近节点的主节点；一些邻近节点的主节点，剩余节点的从节点。

在决定路由的过程中需要根据主节点数目与通信带宽进行折中的考虑。主节点太多会引起更多的干扰以及转接。若主节点少则会导致网络的通信带宽窄，同时还要考虑减少网络中的网桥的数目以优化时延。

蓝牙自组织网络灵活的组织功能可以提高蓝牙网络的性能。节点的角色可以重新安排来适应新的通信流量的需求。例如两个节点需要进行高速率的数据传输，同时又需要与其他节点进行通信，一个明智的选择是构造一个新的微微网包含这两个节点。

由于蓝牙网络的自组织特性、无线传输特性、动态拓扑特性、低功耗特性以及使用世界通用频谱(ISM)等等使得其成为 Ad Hoc 网络的一种较好的选择，但是蓝牙技术的初衷是为了替代麻烦的电缆连接，给便携通信设备提供一种低功耗、低成本、小体积的嵌入无线通信方案。因此，利用蓝牙技术来构建性能优越的 Ad Hoc 网络还需要进行很多方面的改进。

(1) 主从特性。蓝牙自组织网络是基于主从模式的，也就是说网络中各节点的地位是不平等的。这样它就无法构建传统的自组织网络，同时它仅仅是自组织分级结构中的一种特征。这种主从模式的自组织网络会带来很多新的问题，例如网络构建，为了让两个节点能够直接通信，就必须构造包括这两个节点的微微网，且其中一个节点是主节点；又例如路由选择，不能采用传统自组织网络的有效的路由技术，而必须探寻新的方法。

(2) 跳频特征。蓝牙技术中采用了跳频方案，解决了多个微微网共存的干扰问题，但是跳频方案也有一个显著的缺点，即采用跳频方案需要知道各自的地址与时钟。在设备发现的过程中，必须经历寻呼与查询来获取相互的地址与时钟信息。发现蓝牙设备需要大量的时间，查询需要大约 10 s，寻呼大约为 1.5 s。采用跳频序列使初始化变得复杂，因为跳频序列需要在通信之前被获知。这与传统的定频通信不同，传统定频通信的信号能被邻域的设备所接收。这样又增加了发现蓝牙设备的难度。

(3) 连接特征。蓝牙是一种面向连接的技术，这就意味着在两设备之间进行通信必须先建立连接。这对于节点的加入与离开带来了很大的难度。

蓝牙技术的初衷是电缆替代，目前，已经有支持蓝牙技术的移动电话、计算机外设产品进入市场，其巨大应用空间正在逐步得到开发。虽然其发展速度比蓝牙 SIG 最初设想的要慢，但其巨大的潜力并没有消失，只是在时间上有些推后。事实上，除了替代电缆连接多种设备外，蓝牙技术的重要优势是同时支持数据和语音通信，其自动服务发现机制使得在家里、办公室、汽车、机场、体育馆等场合可以以用户好友的方式在便携和手持个人设备间建立无线 Ad Hoc 连接，实现包括 Internet 接入在内的多种应用。

8.5 射频识别系统 RFID

射频识别(Radio Frequency Identification，RFID)技术是一种新兴的自动化识别技术。它利用射频信号通过空间耦合(交变磁场或电磁场)实现无接触的信息传递，并通过所传递的信息达到识别目的。通信距离范围从几厘米到几十米，RFID 信号可穿透非金属物体，实现自动识别、跟踪、远程监控与管理等功能。由于射频识别技术具有不需人工管理、不需直接接触、不需光学可视即可实现信息输入与处理，体积小、容量大、操作快捷方便、可用于各种不同环境、可识别高速运动物体等多方面优势，已被广泛应用在工业、农业、商业自动化、交通运输控制管理、军事、医疗、科学研究等多个领域。由于它本质上属于无线通信技术的短距离应用，因此我们在本节中专门对 RFID 系统与技术作一介绍。

8.5.1 RFID 系统的发展历史与现状

RFID 技术与其他接触式识别技术及光学识别技术相比，其区别主要在于标签和阅读器之间通过无线通信方式工作，而且可以实现多个标签的同时识别，这使得 RFID 技术在众多其他识别技术中具有其独特的优势。

RFID 技术最早出现于第二次世界大战期间，至今已有 70 多年的历史。二次世界大战中，英军在飞机上装了一种识别标签，当雷达发射的微波信号到达时，识别标签就会做出相应的应答，使得发射雷达信号的系统能够以此来判别飞机的身份。美国国防部就是用这种方式来识别盟军的飞机的。但由于成本昂贵，当时 RFID 技术并没得到广泛的应用。

21 世纪初，在美军对伊拉克的海湾战争中，RFID 技术得到了大规模的应用，由于采用了 RFID 技术、ERP 及供应链管理系统，美军实现了对战略物资的准确调配，保障了弹药和物资的准确供应，为赢得战争起到了重要的作用。

RFID 技术的发展过程大致如下：

1941～1950 年，雷达的改进和应用催生了 RFID 技术，1948 年奠定了 RFID 技术的理论基础。

1951～1960 年，早期 RFID 技术的探索阶段，RFID 技术还停留在实验室研究中。

1961～1970 年，RFID 技术的理论得到了较大的发展，开始出现一些早期的尝试。

1971～1980 年，进入大发展时期，各种 RFID 技术得到了加速发展，出现了一些实际的应用。

1981～1990 年，开始进入商业应用阶段，各种封闭系统开始出现。

1991～2000 年，RFID 技术的标准化问题日趋得到重视，成本持续下降，RFID 产品逐渐成为人们生活中的一部分。

2000 年后，标准化问题愈发为人们所重视，RFID 产品种类更加丰富，有源电子标签、无源电子标签及半无源电子标签均得到发展，电子标签成本不断降低，应用领域不断扩大，与其他技术日益融合，竞争也日趋激烈。

国外主流半导体厂商摩托罗拉、德州仪器、飞利浦等著名厂家以及日本的日立、三菱等公司纷纷进入 RFID 技术领域，推出了多种高频和超高频段的单芯片 RFID 标签，而且标签芯片内部集成了防碰撞协议，同时增加了许多功能，如数据加密，电子钱包等，这些芯片为 RFID 系统提供了更加广泛的应用前景。

为推进 RFID 技术的标准化，1999 年 10 月 1 日，Auto－ID Center 非盈利性的开发组织诞生。Auto－ID Center 创立后，提出了产品电子代码（Electronic Product Code，EPC）的概念，并积极推进有关概念的基础研究与实验。EPC 是存储在 RFID 标签内部芯片中的一组用来标识产品的唯一编码，该编码包含标签固有信息以及相应制造商等信息。在此基础上，MIT 的 Ashton 教授提出了物联网（Internet of Things，IOT）的概念。

物联网是在已有的 Internet 技术、数据库技术的基础上，结合 RFID 和 EPC 技术实现全世界物品信息共享的宏大网络技术。因此，作为实现信息采集的 RFID 技术则是物联网的基础设施，在产品与用户、公司、企业、政府之间搭建起一个新型的、开放式的、全球性的网络平台。

2004 年，全球的 RFID 市场规模达到了 18.2 亿美元，市场增长率达到了 32.8%。我国 RFID 产业虽然起步比欧美发达国家晚，但发展也十分迅速。我国《国民经济和社会发展第十一个五年规划纲要》中明确提出"坚持以信息化带动工业化，以工业化促进信息化，提高经济社会信息化水平"。目前，我国已经具备了自主开发、生产多频段电子标签的能力以及相应阅读器的研究和生产能力。国内进行电子标签、阅读器设计开发与制造的企业达数十家，能够进行系统集成与应用系统开发的企业超过千家。对射频识别技术的研究已成为国家、省科研攻关的重点突破方向之一。从国情出发，坚持自主创新与集成创新相结合，建立我国 RFID 技术自主创新体系，形成我国 RFID 标准体系，构建产业发展的良好环境，全面推广这一新技术已成不可逆转的趋势。

8.5.2　RFID 系统的组成结构

RFID 系统一般由三部分组成：标签、阅读器或读写器、服务器应用软件，图 8.5.1 为一个典型的 RFID 系统的结构框图。

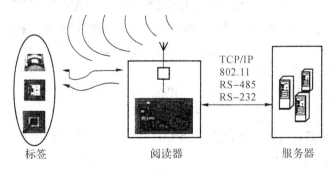

图 8.5.1　RFID 系统结构框图

1. 标签

标签由耦合元件（天线）及芯片组成。标签应该具有唯一的电子编码，附着在需要标识的目标物体上,相当于条码系统中的条码符号。

它应该具有如下特点:

(1) 具有一定的数据存储容量,可以存储被识别物体的相关信息;

(2) 能够适应一定的工作环境,可以进行数据的读写;

(3) 能够维持识别信息的完整性;

(4) 具有确定的使用年限,在使用期限内能够正常工作;

(5) 可编程,但编程后关键数据不能修改。

电子标签可分为两类。一类是以集成电路芯片为基础的标签,另一类是利用物理效应来实现的标签。以集成电路为基础的标签包括具有存储功能的标签和带有微处理器的标签,利用物理效应的标签主要有声表面波(Surface Acoustic Wave,SAW)标签。

1) 具有存储功能的标签

这类标签的品种很多,从简单的只读标签到高档的具有智能密码功能的标签等应有尽有。具有存储功能的标签主要包括四个功能模块:天线、高频接口、存储器以及地址和安全逻辑单元。其基本结构如图 8.5.2 所示。

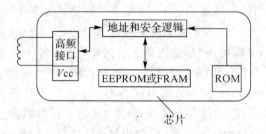

图 8.5.2 具有存储功能的标签结构

(1) 天线。对于只读式 RFID 系统而言,其标签天线负责将存储器中的固有信息发送给阅读器,而对于读写式 RFID 系统而言,其标签天线不仅负责将存储器中的信息发送给阅读器,还可以接收阅读器送过来的命令和数据,进行用户的鉴权或标签数据的更新。

(2) 高频接口。高频接口在标签天线和内部数字电路之间搭建一个桥梁,其功能类似于经电话线传送模拟信号的调制解调器。

高频接口负责将来自阅读器的模拟信号解调为数字序列码,提供给地址和安全逻辑模块进行再处理。借助阅读器信号的载频,时钟发生器产生时钟脉冲并提供给标签工作时使用。当需要回送数据至阅读器时,高频接口通过副载波调制器或反向散射调制器对数据进行调制,然后再通过天线发送。

(3) 地址和安全逻辑单元。地址和安全逻辑是标签数据载体的心脏,控制着芯片上的所有操作。

(4) 存储器。存储器包括只读存储器、读写存储器以及带有密码保护的存储器。

2) 具有微处理器的标签

具有微处理器的非接触式智能卡标签具有自己的操作系统,操作系统的任务是对标签进行数据存取操作和对命令序列的控制,以及进行文件管理、执行加密算法等。

具有微处理器的标签结构如图 8.5.3 所示。

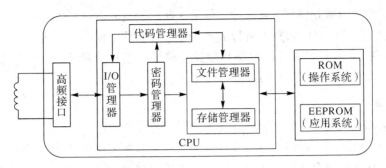

图 8.5.3　带有微处理器的标签芯片结构

其命令处理过程如下:

(1) 阅读器向非接触式智能卡标签发送的命令由高频接口接收;

(2) I/O 管理器独立地进行错误识别和数据校正;

(3) 密码管理器对接收到的无差错命令进行解密并检查其完整性。解密后, 高级命令解释程序对命令译码。如译码失败, 则产生相应的返回代码, 并经过 I/O 管理器送回阅读器。如译码成功, 即标签收到了一个有效命令, 则与此命令相关的程序代码被执行。如果需要访问在 E^2PROM 中的应用数据, 则由文件管理系统和存储管理器来专门执行, 把所有的符号地址转换成存储区的相应物理地址, 完成对 E^2PROM 的应用数据的访问。

3) 声表面波(SAW)标签

声表面波标签是基于声表面波的物理特性和压电效应制成的传感元件, 其基本结构如图 8.5.4 所示, 它是用压电晶体基片按照平面电极结构制成的电声转换器(内部数字转换器)和反射器, 电极结构是用光刻法完成的。偶极子天线的长度需要符合阅读器的工作频率, 电声转换器完成电信号和声表面波信号的转换。

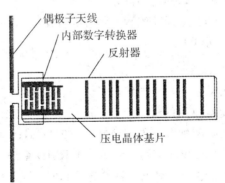

图 8.5.4　SAW 标签的结构示意图

基于 SAW 标签的 RFID 系统多采用时序法进行数据传输, 系统通常工作于微波频段, 典型的工作频率为 2.45 GHz, 其作用距离为 1~2 m。

SAW 标签的工作机理为: 偶极子天线接收来自阅读器的高频扫描脉冲并将其传送给导电板, 加在导电板上的电脉冲引起基片表面发生机械形变, 这种形变以声表面波(通常为瑞利波)的形式向两个方向传播: 一部分表面波被每个分布在基片上的反射带所反射, 其余部分到达基片的终端并被吸收。反射回来的 SAW 进入内部数字转换器, 在其中转换成高频电脉冲序列, 通过偶极子天线反射给阅读器。需要说明的是, 阅读器接收到的反射带数量与基片上的反射带数量相同,且脉冲之间的时间间隔与基片上的反射带的空间间隔相对应,因此通过反射带的空间布局就可以表示一个二进制数字序列。

SAW 标签的数据存储能力和数据传输速度取决于基片的尺寸以及反射带之间所能实现的最短距离,例如,16-32 b 的数据传输速率为 500 kb/s。

2. 阅读器

阅读器又称为识别器,是读取或写入标签信息的设备。

它是 RFID 系统信息和处理中心。其任务是控制射频发射器发射射频信号,通过射频接收端接收来自标签带有编码信息的射频信号,并对接收到的认证识别信息进行解码,将此信息传输到计算机或其他设备进行处理。阅读器一般由天线、射频模块、控制模块、接口模块组成,其组成结构示意图如图 8.5.5 所示。

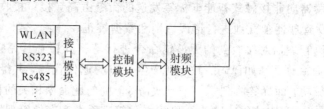

图 8.5.5　阅读器组成结构示意图

阅读器根据使用的结构和技术的不同可以是只读或读写装置,是电子标签与计算机之间的桥梁,使电子标签和计算机之间相互通信,进行数据和信息的交换。

阅读器是负责读取或写入标签信息的设备,它可以自成一体,也可以作为部件嵌入到其他系统中。阅读器可以单独实现数据读写、显示和处理等功能,也可以与计算机或其他系统进行联合,完成对射频标签的读写操作。阅读器的频率决定了 RFID 系统的工作频率。同时,阅读器的功率直接影响了识别的距离。

各种阅读器虽然在耦合方式、通信流程、数据传输方法、频谱范围等方面不同,但是在功能原理和构造设计上是十分类似的。

1）天线

天线具有多种不同的形式和结构,如偶极子天线、阵列天线、平板天线、螺旋天线、八木天线和环形天线等。阅读器使用的天线中,环形天线主要用在低频和中频的 RFID 系统中,用来完成能量和数据的电磁耦合。在 433 MHz、915 MHz 和 2.45 GHz 的 RFID 系统中,主要采用平板天线、八木天线和阵列天线等。在 RFID 系统中,阅读器必须通过天线来发射能量,形成电磁场,通过电磁场对电子标签进行识别。因此可以认为,阅读器上的天线所形成的电磁场范围就是阅读器的可读区域范围。

2）射频模块

射频模块主要完成下列任务:

(1)产生高频电磁振荡,它的发射功率可以启动标签并为它提供能量。

(2)对发射信号进行调制,将数据传送给标签。

(3)接收并解调来自标签的高频信号。

在射频模块中有两个分隔开来的信号通道,分别用于往来于阅读器和标签的两个方向的数据传输。传送到标签中去的数据通过发送器支路发送,而来自于标签的数据通过接收器支路来接收。

　　3）控制模块

　　阅读器的控制模块结构如图 8.5.6 所示。

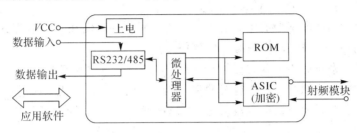

图 8.5.6　阅读器控制模块结构

主要完成下列任务：

（1）与应用系统软件进行通信，并执行应用系统软件发来的命令。

（2）控制与标签的通信过程。

（3）信号的编码与解码。

对于复杂的中高档系统，控制单元还具有下列附加功能：

（1）执行防冲突算法。

（2）对标签与阅读器之间要传送的数据进行加密和解密。

（3）进行标签和阅读器之间的身份验证。

为了完成这些复杂的任务，在绝大多数情况下控制模块都使用微处理器作为核心部件。

3. 服务器应用软件

　　RFID 系统中的应用软件除了运行于标签和阅读器上的部分软件之外，介于阅读器与应用之间的中间件也是一个重要的组成部分，成为 RFID 系统的神经中枢。它的主要任务是对阅读器传来的与标签相关的事件信息和数据进行过滤、汇集和计算，减少阅读器传往应用的巨量原始数据量，增加抽象出来的有意义的信息量。因此，在 RFID 系统中，说到应用软件往往称为中间件。它是一种消息导向的软件中间件，信息以消息的形式从一个程序模块传递到另一个或多个程序模块，不仅包含信息发送，还含有数据包分析与传播、安全保证、错误纠正、网络资源定位、路由选择等服务。其结构示意图如图 8.5.7 所示。

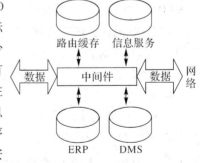

图 8.5.7　中间件结构示意图

8.5.3　RFID 系统运行的工作过程

　　RFID 系统利用射频信号通过空间耦合实现无接触的信息传递，并通过所传递的信息完成目标识别的目的。

　　当标签进入阅读器磁场后，接收到阅读器发出的射频载波信号，通过电磁感应获得能量，将存储在芯片中的产品信息通过天线发射出去，或者主动发送某一频率的信号，使阅读器接收它发射的信息并解码，然后传送给计算机信息系统进行相关数据处理。

其基本工作过程如下：

（1）阅读器内部通过发射天线发射一射频载波信号，当电子标签进入阅读器所发射电磁波的有效覆盖范围时，电子标签被激活；

（2）电子标签利用电感形成电磁感应，获得能量，将存储在芯片内部的编码信息通过其发射天线发射出去，或主动发射某一频率信号；

（3）天线接收来自标签的载波信号，经天线调节器传送至阅读器；

（4）阅读器对接收到的信号进行解调和译码，送至后台计算机系统进行数据处理；

（5）计算机后台系统依据设定逻辑进行标签合法性判断，针对不同的设定作出相应的处理和控制。

因此，阅读器的基本任务就是根据应用系统软件的指令触发电子标签，与电子标签建立通信联系并在应用软件和非接触的数据载体之间传输数据。这种非接触通信的一系列任务，包括通信的建立、防止碰撞和身份验证等，均由阅读器进行处理。

8.5.4　RFID 系统的工作频率

RFID 系统产生并辐射电磁波，属于无线电系统，我们一方面要求 RFID 系统不能干扰或削弱其他无线电业务的功能，另一方面也应保证 RFID 系统不受其他无线电系统的有害干扰。因此，需要对 RFID 使用频率做出规定。

RFID 的载波频率、频段或频点在国际上有公认的划分。基本上位于 ISM 波段的 3 个范围里，即低频段 LF(30～300 kHz)、高频段 HF(3～30 MHz)和超高频段 UHF(300 MHz～3 GHz)。

常用的工作频率有 125 kHz、134.2 kHz、13.56 MHz、27.125 MHz、433 MHz、902～928 MHz 和 2.45 GHz、5.8 GHz 等，最高频率为 24.125 GHz。不同频段的 RFID 工作原理略有不同，LF 和 HF 频段 RFID 电子标签一般采用电磁耦合原理，而 UHF 及微波频段的 RFID 一般采用电磁发射原理。

RFID 的低频系统主要用于短距离、低成本的应用中，如门禁控制、校园卡、煤气表、水表等；高频系统则用于需传送大量数据的应用系统；超高频系统应用于需要较长的读写距离和高读写速度的场合，其天线波束方向较窄且价格较高，在火车监控、高速公路收费等系统中应用。

EPC Global 规定用于 EPC 的载波频率为 13.56 MHz 和 860～930 MHz 两个频段，其中 13.56 MHz 频率采用的标准原型是 ISO/IEC15693，已经收入到 ISO/IEC18000 - 3 中，这个频点的应用已经非常成熟。而 860～930 MHz 频段的应用则较复杂，美国为 915 MHz，欧洲为 869 MHz。

低频段射频标签，简称为低频标签，其工作频率范围为 30～300 kHz。典型工作频率有 125 KHz 和 134.2 KHz。低频标签一般为无源标签，其工作能量通过电感耦合方式从阅读器耦合线圈的辐射近场中获得。低频标签与阅读器之间传送数据时，低频标签需位于阅读器天线辐射的近场区内。典型应用有：动物识别、容器识别、工具识别、电子闭锁防盗（带有内置应答器的汽车钥匙）等。

中高频段射频标签的工作频率范围一般为 3～30 MHz，典型工作频率为 13.56 MHz。该频段的射频标签，因其工作原理与低频标签完全相同，即采用电感耦合方式工作，所以也有将其归为低频标签类中的情况，但另一方面，根据无线电频率的一般划分，其工作频段又在高频 HF 范围内，所以又将其称为高频标签。鉴于该频段的射频标签可能是实际应用中最大量的一种射频标签，为了便于叙述，我们暂且将其称为中频射频标签。中频标签一般也采用无源设计，其工作能量同低频标签一样，也是通过电感(磁)耦合方式从阅读器耦合线圈的辐射近场中获得。标签与阅读器进行数据交换时，标签必须位于阅读器天线辐射的近场区内。中频标签的阅读距离一般情况下小于 1 m。中频标签由于可方便地做成卡状，广泛应用于电子车票、电子身份证、电子闭锁防盗(电子遥控门锁控制器)、小区物业管理、大厦门禁系统等。

超高频与微波频段的射频标签称为微波射频标签，其典型工作频率有 433.92 MHz、862(902)～928 MHz、2.45 GHz、5.8 GHz。微波射频标签可分为有源标签与无源标签两类。工作时，射频标签位于阅读器天线辐射场的远场区内，标签与阅读器之间的耦合方式为电磁耦合方式。阅读器天线辐射场为无源标签提供射频能量，或将有源标签唤醒。相应的射频识别系统阅读距离一般大于 1 m，典型情况为 4～6 m，最大可达 10 m 以上。阅读器天线一般均为定向天线，只有在阅读器天线定向波束范围内的射频标签可被读写。由于阅读距离的增加，有可能在阅读区域中同时出现多个射频标签的情况，从而提出了多标签同时读取的需求。超高频标签主要用于铁路车辆自动识别、集装箱识别，公路车辆识别与自动收费系统中。

以目前技术水平来说，无源微波射频标签比较成功的产品相对集中在 902～928 MHz 工作频段上。2.45 GHz 和 5.8 GHz 射频识别系统多以半无源微波射频标签产品面世，一般采用纽扣电池供电，具有较远的阅读距离。微波射频标签的特点和区分主要表现在是否有源、无线读写距离、是否支持多标签读写、是否适合高速识别应用，读写器的发射功率容限，射频标签及读写器的价格等方面。

8.5.5 RFID 的通信协议及相关技术问题

由于阅读器和电子标签之间采用非接触方式通信，存在一个空间无线信道，因此，阅读器和电子标签之间的数据交换构成一个无线数据通信系统。数据通信的一方是阅读器，另一方是电子标签，要实现安全、可靠和有效的数据通信，通信双方必须遵守相互约定的通信协议。要讨论 RFID 的通信协议，将涉及一系列的技术问题，即 RFID 系统的通信协议模型、能量传输方式、数据传输方式、基带数据编码波形、数据的完整性等问题。

1. 通信协议模型

目前国际上与 RFID 相关的通信标准主要有：ISO/IEC 18000 标准、ISO11785 标准(低频)、ISO/IEC 14443 标准(13.56 MHz)、ISO/IEC 15693 标准(13.56 MHz)等。ISO/IEC 18000 标准定义了阅读器与标签之间的双向通信协议，其通信协议模型如图 8.5.8 所示。

由图 8.5.8 可以看出，RFID 系统的通信协议模型由三层组成：物理层、通信层和应用层。物理层主要解决的是电气信号问题，例如物理载波、频道分配等，其

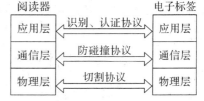

图 8.5.8　RFID 系统的通信协议模型

中最重要的一个问题就是载波"切割"(Singulation)问题,即阅读器如何从其覆盖的电磁场区域内的多个标签中利用某个具体的序列号识别出一个标签,这一点非常重要,因为多个标签会同时响应阅读器的询问,这样就会造成拥塞和干扰。通信层定义了阅读器与标签之间双向交换数据和指令的方式,其中最重要的一个问题是"碰撞问题",即解决多个标签同时访问一个阅读器时的冲突问题。应用层用于解决和最上层应用直接相关的内容,包括认证、识别以及应用层数据的表示、处理逻辑等。通常情况下,我们所说的 RFID 安全协议指的是应用层协议,但是为了建立一个深度防御的安全体系,需要进行跨层设计。

2. 能量传输方式

依照电子标签到阅读器之间的能量传输方式来划分,RFID 系统可以分成两类,即电感耦合系统和电磁反向散射耦合系统。电感耦合通过空间高频交变磁场实现耦合,依据的是电磁感应定律;电磁反向散射耦合即雷达模型,它利用发射出去的电磁波碰到目标后反射,在反射波中携带目标信息,依据的是雷达技术理论。

电感耦合方式对应于 ISO/IEC14443 协议,一般适用于中、低频段的近距离 RFID 系统,典型的工作频率为 13.56 MHz 和小于 135 kHz 的频段。在这种方式下,电子标签几乎都是无源的,它工作所需要的能量都是从阅读器获得的。利用电感耦合方式的 RFID 系统的阅读器和射频标签间的作用距离通常小于 1 m,典型作用距离为 10～20 cm。

电磁反向散射耦合方式一般适用于高频、微波频段的远距离 RFID 系统,其工作过程包括以下两个步骤:

(1) 电子标签接收阅读器发射的信号,其中包括已调制载波和未调制载波。当标签接收到的信号没有被调制时,载波能量全部被转换成直流电压,这个直流电压为电子标签内的芯片提供能量;当载波携带数据或者命令时,标签除了通过接收电磁波作为自己的能量来源外,并对接收信号进行解调,接收阅读器的指令或数据。

(2) 电子标签向阅读器返回信号,阅读器只向标签发送未调制载波。这时,载波能量的一部分被标签转化成直流电压,供给标签工作;另一部分能量被标签通过改变射频前端电路的阻抗调制并反射载波来向阅读器传送信息。

电磁反向散射耦合系统的典型工作频率有 433 MHz、915 MHz、2.45 GHz 和 5.8 GHz;阅读器和标签之间的作用距离一般大于 1 m,典型作用距离为 4～6 m。

3. 数据传输方式

RFID 的数据传输方式遵循数字通信系统的一般规律,可以用图 8.5.9 的数据传输模型框图来描述。除信源和信宿之外,系统主要由三个功能模块组成:发送器(包括信号编码和调制器)、传输媒质(信道)以及接收器(包括解调器和信号译码)。

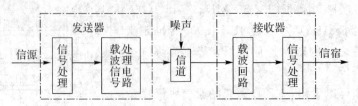

图 8.5.9 数据传输模型框图

具体应用中分为两种情况:

1) 阅读器到电子标签的数据传输

从阅读器到电子标签的数据传输过程中,可以采用所有已知的数字调制方法,与工作频率或耦合方式无关。常用的二进制数字调制方式包括幅度键控(ASK)、频移键控(FSK)和相移键控(PSK)三种,多数 RFID 系统采用 ASK 调制方式。

2) 电子标签到阅读器的数据传输

考虑到 RFID 系统包括双工、半双工和时序三种工作模式,并且电子标签至阅读器的能量传输方式有电感耦合和电磁反向散射耦合两种,不同工作模式和能量传输方式下电子标签至阅读器的数据传输方法也不尽相同。因此,电子标签至阅读器的数据传输问题将分别讨论。

(1) 双工或半双工 RFID 系统。电子标签与阅读器的通信一般是通过电磁传播实现的,根据标签所在天线场区为近场还是远场,电子标签与阅读器之间的数据交换方式也相应地称为负载调制和反向散射调制。

电子标签至阅读器的数据传输有两种方式:直接负载调制和使用副载波的负载调制。

① 直接负载调制。电感耦合系统属于变压器耦合型系统,即作为初级线圈的阅读器和作为次级线圈的电子标签之间的耦合。只要线圈之间的距离不大于波长的 0.16 倍,并且电子标签处于发送天线的近场范围之内,变压器耦合就是有效的。

如图 8.5.10 所示,如果把谐振的标签(即标签的固有振荡频率与阅读器发送频率相同)放入阅读器天线的交变磁场中,那么该标签就能从磁场中取得能量。标签天线上的负载电阻的接通和断开促使阅读器天线上的电压发生变化,实现近距离标签对天线电压的振幅调制。如果人们通过数据控制负载电压的接通和断开,那么这些数据就能够从标签传输到阅读器。我们把这种数据传输方式称作负载调制。

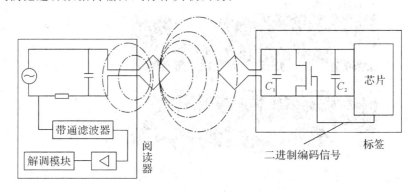

图 8.5.10 直接负载调制(通过芯片上场效应管漏源电阻的变化产生)

② 使用副载波的负载调制。由于阅读器天线与电子标签天线之间的耦合很弱,阅读器天线上有用信号的电压波动在数量级上比阅读器的输出电压小很多,由于检测这些很小的电压变化比较困难,需要在电路设计上增加开销,所以可以考虑利用由天线上电压振幅调制所产生的调制波边带来进行副载波调制。

RFID 常用的副载波调制方法主要用在频率为 6.78 MHz、13.56 MHz 或27.125 MHz的电感耦合系统中,而且是从电子标签到阅读器的传输。电感耦合的射频识别系统的负载调制有着与阅读器天线上高频电压 ASK 调制相似的效果。副载波频率本身通常是通过对

操作频率的多次分频产生的。对 13. 56 MHz 的系统说,大多数使用的副载波频率为
847 kHz(13. 56 MHz/16)、424 kHz(13. 56 MHz/32)或 212 kHz(13. 56 MHz/64)。代
替在基带编码信号节拍中对负载电阻的切换,用基带编码的数据信号首先调制低频率的副
载波,可以选择 ASK.、FSK 或 PSK 调制作为副载调制方法。已调制的副载波信号则用于
切换负载电阻。

图 8.5.11 所示为一个典型的 RFID 系统中的副载波调制原理图。副载波进行负载调制
时,首先在围绕操作频率 ± f_H(副载波频率)的距离上产生两条谱线,它们很容易被检测
到。真实的信息随着基带编码的数据流对副载波的调制被传输到两条副载波谱线的边带
中,副载波的负载调制信号功率谱如图 8.5.12 所示。带有基带信息的副载波再调制载波得
到带有副载波的负载调制信号。

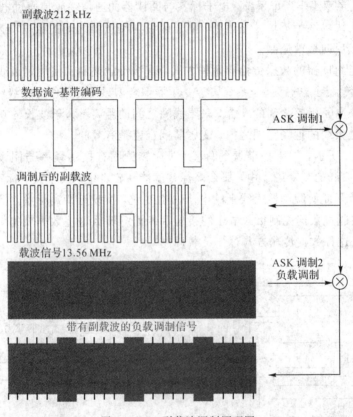

图 8.5.11 副载波调制原理图

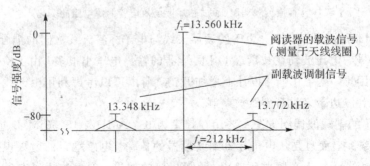

图 8.5.12 使用副载波的负载调制信号功率谱

（2）时序系统。如果从阅读器到电子标签的数据传输和能量传输与从电子标签到阅读器的数据传输在时间上是交叉进行的，这种系统就是时序系统。

电感耦合时序系统电子标签电路组成如图 8.5.13 所示。在时序系统中，一个完整的读出周期（电子标签向阅读器传递数据）由两个阶段构成：充电阶段和读出阶段。检测器负责监视标签线圈上的电压，以识别阅读器的断开时刻。当阅读器处于工作状态时，标签感应线圈中将产生感应电流，此时应答器上的电容器处于充电状态。当标签识别到阅读器的断开状态，充电阶段结束，标签芯片上的振荡器被激活，它与标签线圈一起构成振荡回路，作为固定频率发生器件使用；此时标签线圈上产生的交变磁场能被阅读器接收。

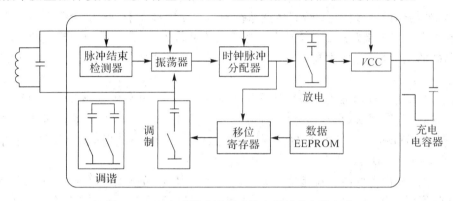

图 8.5.13　电感耦合时序系统电子标签电路组成

为了在无电源供给情况下产生高频调制信号，一个附加的调制电容器与谐振回路并联起来，它产生的频移键控效应可实现 2FSK 调制。当所有数据发送完毕后，放电开关接通，标签上的充电电容开始放电，以保证在下个充电周期到来前完全复位。

4. 基带数据编码

基带数据编码是数据通信的重要环节，简称数据编码，它的作用是使传输的信息和它的信号表示尽可能最佳地与传输信道的性能相匹配，也就是对要发送的数据信息进行加工，使其具有适合于信道传输特性的频谱结构。数据编码可以对信息提供某种程度的保护，以防止信息受干扰或相碰撞。数据解码的任务是从基带编码的接收信号中恢复原来的信息，并标识出传输错误。

数据编码的种类很多，每种编码方式的特点各有不同，存在着编码效率、编码抗干扰性、编码与解码实现的难易程度等问题。

RFID 系统通常采用的编码方法包括：单极性非归零（NRZ）编码、单极性归零编码（RZ）、数字双相码又称为曼彻斯特（Manchester）编码、差分双相编码（DBP）、米勒（Miller）编码、差分编码和脉冲—间歇（PPC）编码等。

当 RFID 系统选择信号编码方法时，应当注意不同的边界条件。最重要的是调制后的信号频谱，以及对传输差错的敏感度。此外，对无源标签来说，不允许由于信号编码与调制方法的不适当而造成能量供应的中断。

5. 数据的完整性

数据的完整性是用来描述数据传输过程中一组、一帧或一包数据的内在关联一致性的一个概念。通过数据的完整性检验，我们可以判断数据在传输过程中是否引入差错，更进一步，可以通过保证数据完整性的措施在发现数据传输过程中出错的情况下，对数据的错误进行纠正。

像其他通信系统一样，使用 RFID 技术传输数据时，也很容易受到外界干扰，使传输数据发生改变而导致错误。当数据两端的差错率不能满足用户的准确度要求时，必须采取适当的数据校验和检错方法。RFID 系统通常使用的数据的完整性校验方法有校验和法、奇偶校验法、纵向冗余校验（LRC）法以及循环冗余校验（CRC）法。

8.5.6　RFID 标准

RFID 使用频段的多样化，给其在全球范围内的使用带来了一定的障碍。为了保证射频标签能够在全世界范围跨地域、跨行业、跨平台使用，促进 RFID 及相关系统的发展，实现世界范围内的统一管理，需要制定 RFID 的技术标准，解决编码、通信、空中接口和数据共享等问题。

目前，参与 RFID 标准化的国际标准化机构有：国际标准化组织（ISO）、国际电工委员会（IEC）、国际电信联盟（ITU）、世界邮联（UPU）等，还有区域性标准化机构，如：EPC Global、UID Center、CEN 等以及国家标准化机构（BSI、ANSI、DIN）和产业化联盟（ATA、AIAG、EIA）等。

RFID 应用标准主要涉及特定应用领域或环境中 RFID 的构建规则，包括 RFID 在物流配送、仓储管理、交通运输、信息管理、动物识别、矿井安全、工业制造和休闲娱乐等领域的应用标准与规范。

RFID 数据内容标准主要涉及数据协议、数据编码规则及语法，包括编码格式、语法标准、数据符号、数据对象、数据结构和数据安全等。RFID 数据内容标准能够支持多种编码格式，比如支持 EPC global 和 DoD 等规定的编码格式，也包括 EPC global 所规定的标签数据格式标准。

RFID 性能标准主要涉及设备性能及一致性测试方法，尤其是数据结构和数据内容（即数据编码格式及内存分配），主要包括印制质量、设计工艺、测试规范和试验流程等。

目前，RFID 标准竞争激烈，其争夺核心主要在 RFID 标签的数据内容编码。RFID 标准竞争表象是利益之争，实质是知识产权争夺。目前，使用比较广泛、具有代表性的标准有以下几个。

1. EPC 标准

EPC 标准是基于物联网的主要面向物流供应链领域的标准，包括数据采集、信息发布、资源组织管理、信息服务发现等方面。其体系架构由 EPC 编码、EPC 标签及读写器、EPC 中间件、ONS 服务器和 EPCIS 服务器等部分组成。其主要规范如下：

（1）EPC 标签数据规范：规定 EPC 编码结构，包括编码方式的转换机制等。EPC 编码提供物理对象的唯一标识，编码标准大致分为三种：64b、96b 和 256b。以 EPC - 96 为例，其编码规则如图 8.5.14 所示。

版本号	域名管理	对象分类	序列号
8b	28b	24b	36b

图 8.5.14　EPC - 96 的编码规则

图中，版本号用来描述此 EPC 编码标准所对应的版本号；域名管理描述与此 EPC 编码相关的生产厂商信息；对象分类描述产品的精确类型；序列号用于唯一标识物品。

（2）空中接口协议：它规范了电子标签与读写器之间的命令和数据交互，它与 ISO/IEC 18000 - 3、18000 - 6 标准对应，其中 UHF C1G2 已经成为 ISO/IEC 18000 - 6C 标准。

（3）RP 读写器数据协议：提供读写器与主机(主机是指中间件或者应用程序)之间的数据与命令交互接口。它有三层功能：读写器层规定了读写器与主计算机交换的消息格式和内容，它是读写器协议的核心，定义了读写器所执行的功能；消息层规定了消息如何组帧、转换以及在专用的传输层传送，规定安全服务(比如身份鉴别、授权、消息加密以及完整性检验)，规定了网络连接的建立、初始化建立同步的消息、初始化安全服务等；传输层对应网络设备的传输层。

（4）LLRP 底层读写器协议：它为用户控制和协调读写器的空中接口协议参数提供通用接口规范。它是读写器协议的补充，负责读写器性能的管理和控制，使读写器协议专注于数据交换。

（5）RM 读写器管理协议：规范了访问读写器配置的方式，比如天线数等。规范了监控读写器运行状态的方式，比如读到的标签数、天线的连接状态等。另外还规范了 RFID 设备的简单网络管理协议 SNMP 和管理系统库 MIB。

（6）ALE 应用层标准：提供一个或多个应用程序向一台或多台读写器发出对 EPC 数据请求的方式。通过该接口，用户可以获取过滤后、整理过的 EPC 数据。

（7）EPCIS 捕获接口协议：提供一种传输 EPCIS 事件的方式，包括 EPCIS 仓库、网络 EPCIS 访问程序，以及伙伴 EPCIS 访问程序。

（8）EPCIS 询问接口协议：提供 EPCIS 访问程序从 EPCIS 仓库或 EPCIS 捕获应用中得到 EPCIS 数据的方法。

（9）EPCIS 发现接口协议：提供锁定所有可能含有某个 EPC 相关信息的 EPCIS 服务的方法。

（10）TDT 标签数据转换框架：提供一个可以在 EPC 编码之间转换的文件，它可以使终端用户的基础设施部件自动地知道新的 EPC 格式。

（11）用户验证接口协议：验证一个 EPC global 用户的身份等。

（12）物理标记语言 PML：描述物品的静态和动态信息，包括物品位置信息、环境信息、组成信息等。

2. UID 规范

UID 技术架构由泛在识别码(Ucode)、信息系统服务器、泛在通信器和 Ucode 解析服务器构成。Ucode 是现实世界中任何物理对象的唯一识别码，具有 128 bit 的容量，并可以进一步扩展。Ucode 的优势在于能够兼容多种编码，其编码规则如图 8.5.15 所示。

编码类别标识	编码内容(长度可变)	唯一标识

图 8.5.15　UID 编码规则

3. ISO 标准

ISO 出台的 RFID 标准主要关注基本的模块构建、空中接口，涉及数据结构及其实施问题，具体可以分为技术标准、数据内容标准、性能标准及应用标准四个方面。

这些标准涉及 RFID 标签、空中接口、测试标准、读写器与到应用程序之间的数据协议，考虑的是所有应用领域的共性要求。如编码标准 ISO/IEC 15691、数据协议 ISO/IEC 15692、ISO/IEC15693，解决了应用程序、标签和空中接口多样性的要求，提供了一套通用的通信机制。RFID 应用标准在基础标准之上，针对不同使用对象，确定了特定应用要求的具体规范及其他一些要求。

因此，ISO 标准是通用标准和应用标准的结合。通用标准提供了一个基本框架，应用标准进行有益补充和具体规定。这样既保证了 RFID 技术具有互通与互操作性，又兼顾了应用领域的特点，能够很好地满足应用领域的具体要求。

4. 存在问题

当前制约 RFID 发展的最大障碍之一是技术标准不统一，主要体现在：

(1) RFID 标准全球互通基础不牢。主要是编码规则不一致，如日本采用 UID、欧洲和美国采用 EPC、中国采用全国产品与服务统一代码（National Product and Service Codes，NPC），编码体系呈现三足鼎立的态势。

(2) 标准组织之间存在利益之争。围绕 RFID 数据内容的编码标准，形成不同的标准组织，分别代表不同国家的利益。如 EPC 代表北美和欧洲的利益，AIM（全球自动识别组织）、ISO 代表欧美国家，UID 代表日本，IP - X 代表亚非等国家利益。

(3) RFID 数据交换协议过多：目前全球具有 117 个数据交换协议，协议过多，导致术语不统一，缺乏全球共同遵守的协议标准，限制了标准值在实践中的应用和完善

目前，13.56 MHz 的 RFID 技术发展较早，相关标准也较为成熟，如国际标准 ISO/IEC 14443 和 ISO/IEC 15693 应用也较为广泛。但在超高频段、微波频段尚无统一的国际标准，各个国家都在加紧制定这方面的标准。

8.5.7　RFID 系统的干扰问题

RFID 系统是一种非接触式无线通信系统。使用非接触技术传输数据时，信号比较容易受到干扰，从而引起传输错误。对于单系统而言，干扰主要来自于环境噪声或其他电子设备，此时可采用接收数据检错和纠错算法来消除或降低干扰的影响。若干扰来自于附近存在的其他同类 RFID 系统，如阅读器辐射范围内存在多个射频电子标签的情况，则需要采用其他的干扰抵消或防碰撞方法来抑制干扰。我们就单个系统的干扰和多系统干扰两种情况来讨论 RFID 系统的干扰抑制问题。

1) 单系统干扰抑制

空间信道干扰是所有无线通信系统都要面临的问题，RFID 系统也不例外。干扰带来的直接影响是阅读器与电子标签之间的数据传输出现错误，这一问题包含标签至阅读器的数据传输和阅读器至标签的数据传输两个方面。

电子标签在接收阅读器发出的命令或数据时，信道干扰可能引起如下情况：

(1) 电子标签错误地响应阅读器的命令。

(2) 电子标签工作状态发生混乱。

(3) 对电子标签的写入进程错误地进入休眠状态。

阅读器在接收电子标签发出的数据信息时出错，会导致以下问题发生：

(1) 阅读器不能识别正常工作的电子标签，误判其处于故障状态。

(2) 将一个电子标签判别为另一个电子标签，造成识别错误。

对于上述两类错误，可能使用的干扰抑制措施包括：使用电子标签与阅读器通信的数据完整性方法，检验出受到干扰而出错的数据；使用数据编码提高数据传输过程中的抗干扰能力，使得整个系统的抗干扰能力增强；使用数据编码与数据完整性校验，纠正数据传输过程中的某些差错；使用重发和比较机制，剔除出错的数据并保留判断为正确的数据。

2) 多系统干扰的抑制

(1) 干扰的产生。

在 RFID 系统的应用过程中，经常会有多个阅读器和多个电子标签同时工作的应用场合，这就会造成电子标签之间或阅读器之间的相互干扰，这种干扰统称为碰撞。总的来说，碰撞可以分为两种，即电子标签的碰撞和阅读器的碰撞。

① 电子标签的碰撞。每个 RFID 标签含有可被识别的唯一信息（序列号）。如果只有一个标签位于阅读器的可读范围内，则无需其他的命令形式即可直接进行阅读；如果有多个标签位于一个阅读器的可读范围内，则标签的应答信号就会相互干扰形成数据碰撞，从而造成阅读器和电子标签之间的通信失败。

图 8.5.16 为电子标签的碰撞产生过程示意图。阅读器发出识别命令后，处于阅读器信号范围的各个电子标签都将在某一时间作出应答，当出现两个或多个电子标签在同一时刻应答或一个标签没有完成应答时其他标签就作出响应，电子标签之间的信号就会互相干扰，这将降低阅读器接收信号的信噪比，造成电子标签发射的数据无法被正常读取。

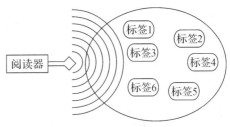

图 8.5.16　电子标签碰撞产生过程示意图

② 阅读器的碰撞。每个阅读器都有一个有限的信号覆盖空间，在这个空间范围内阅读器可以与相应的电子标签进行通信，这个空间就是阅读器的询问区域。阅读器的询问区域限制了 RFID 系统的作用范围。因此，要实现大范围内电子标签的识别，必须在整个范围内配置高密度的阅读器，或者使用多个移动阅读器。

由于阅读器的询问区域通常不是一个片的形状，这就会造成多个阅读器询问区域的重叠。那些询问区域交叉的阅读器之间会互相干扰，经常会引起某个或所有阅读器都不能与处在它们的询问区域内的任何一个标签进行通信的情况。阅读器检测到的或者引发的干扰都称为阅读器碰撞。

a. 阅读器之间的干扰。阅读器为保证一定的信号覆盖范围，通常具有较大的发射功率。如果两个阅读器的工作频率相近，当一个阅读器处于发射状态而另一个阅读器处于接收状态，且两个阅读器距离较近时，一个阅读器的发射信号会对另一个阅读器的接收产生很强的干扰，造成该阅读器出现接收错误，严重时甚至无法正常识别标签信息。这种因阅读器的同频或邻频发射信号造成的干扰称为阅读器的频率干扰。

如图 8.5.17 所示，阅读器 1 会受到阅读器 2 的影

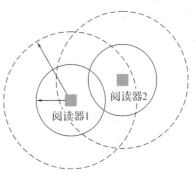

图 8.5.17　阅读器之间的干扰

响,因为阅读器2发出信号会干扰阅读器1的判断,所以阅读器1读取数据效率会降低,甚至出现错读现象。

b. 多阅读器—电子标签干扰。当一个电子标签同时位于两个或多个阅读器的询问区域时,多于一个阅读器同时与该电子标签通信而造成的干扰,称为标签干扰,如图8.5.18所示。图中,标签1位于阅读器1和2询问区的重叠区域内,标签1将同时接收来自两个阅读器的信号,即其接收的信号是两个阅读器信号的矢量和。此时,标签1无法正确接收任何一个阅读器的信息,也就不能做出正确的应答,这会导致两个阅读器都无法正确读出标签1的信息。

c. 终端隐藏干扰。这实际上是由阅读器的远场辐射所产生的。阅读器的能量辐射范围大于其询问区域,即使两个阅读器的询问区域没有重叠但实际辐射范围有重叠,一个阅读器对应的应答器仍然会受到另一个阅读器辐射的影响,从而引起标签接收信号的错误。这种干扰称为终端隐藏干扰。其形成过程如图8.5.19所示。

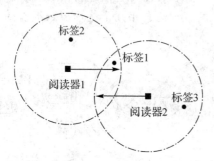 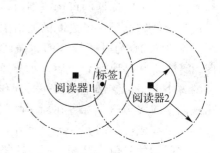

图 8.5.18　多阅读器—电子标签发生碰撞示意　　　　图 8.5.19　多阅读器产生的隐藏干扰

(2) 干扰的抑制。

为了提高标签识别的正确率和阅读速度,必须最小化碰撞,即尽可能地抑制干扰。无论是标签碰撞,还是读写器碰撞,RFID系统的工作频率相同或者说不同系统占用相同的通信信道是系统间干扰产生的主要原因。通信技术中常规的多址机制,如空分多址(SDMA)、频分多址(FDMA)、时分多址(TDMA)和载波侦听(CSMA)不能直接用来解决RFID系统的阅读器碰撞问题,这会增加标签的复杂性和发射功率。因此,需要对现有的多址技术进行改造,以适应RFID系统的多路存取需要。

常用的防碰撞方法如下:

① 空分多址法。空分多址法是在分离的空间范围内重新使用频率资源的技术。它在RFID系统中的实现有两种方法,一种方法是使单个阅读器的作用距离明显减少,将阅读器和天线的作用距离按空间区域进行划分,即把多个阅读器和天线放置在一起形成阵列,以提高RFID系统的覆盖面积。这样,联合阅读器的信道容量可以重复性获得。另一种方法是在阅读器上采用一个电子控制定向天线,常用相控阵天线作为电子控制定向天线,该天线的方向对准某个射频标签(自适应的SDMA),不同的标签根据他在阅读器作用范围内的角度位置来区分。这样,为了与某一标签建立通信联系,必须使定向天线扫描阅读器周围的空间,直至该标签被阅读器的"搜索波束"检测到为止。

由于自适应SDMA系统对天线的结构尺寸有一定的要求,因此,只有频率大于850 MHz的RFID系统才能采用这种多路方法,而且天线系统比较复杂,实现费用比较高,SDMA技术仅用于一些特殊的应用领域。

② 频分多址法。频分多址法是把若干个不同载频分别分配给不同用户使用的技术。对 RFID 系统而言，可以通过使用具有可调整的、非发送频率谐振的标签来实现。也就是说，阅读器至标签的传输频率是固定的，其辐射场只用于标签的能量供应和命令数据的传输；而标签可以采用不同的、相互独立的副载波频率对阅读器进行数据传输。

FDMA 技术的一个缺点是阅读器的成本较高，因为每个接收通路必须使用自己单独的接收器。因此，这种防冲突法也限制在少数几种特殊的应用上。

③ 时分多址法。时分多址是把整个通信时间分配给多个用户使用的技术，这种方法首先应用于数字移动通信领域，现在成为 RFID 系统主要使用的防碰撞技术。应用于 RFID 系统的 TDMA 技术可分为标签控制（驱动法）和阅读器控制（询问驱动法）。

标签控制法是非同步的，因为它对阅读器的数据没有控制。按照标签成功地完成数据传输后是否使阅读器的信号断开，又可分为"开关断开"法和"非开关"法。这种控制法转换很慢而且不灵活，因此大多数 RFID 系统采用由阅读器作为主控制器进行控制和检测。

阅读器控制法是通过一定的算法，从其作用询问区域内的所有标签中选择一个进行相互通信。为了选择另外一个标签，应该解除原来的通信关系，保证在同一时间内总是只建立起一个通信关系，并且可以快速地按照时间顺序来操作标签。所以这种方法也称为定时双工传输法。

阅读器控制的方法可分为轮询法和二进制搜索算法两种，所有这些方法都以一个独特的序列号来识别标签。

轮询法需要有所有可能用到的标签的序列号清单，所有序列号依次被阅读器询问，直至某个具有相同序列号的标签响应为止。然而，这个过程依赖于标签的数目，可能会很慢。因此，只适用于作用区已知标签比较少的场合。

在二进制搜索算法中，为了从一组同时发出呼叫请求的标签中选择其中之一，阅读器先发出一个请求命令，有意识地将标签序列号传输时的数据碰撞引导到阅读器上。在二进制搜索算法的实现中起决定作用的是：阅读器所使用的合适的信号编码必须能够确定碰撞的准确的比特位置。这种方法对系统时钟同步的要求比较高，实现起来也比较复杂。

8.5.8　RFID 应用系统实例

近年来，RFID 技术已经得到广泛的应用，在物流、零售、超市、食堂、图书馆、加油站、旅游点、公交地铁等场合，都有 RFID 卡的身影，随着社会管理的进步，高效的 RFID 技术被用于身份识别、防伪、动物识别、资产管理、医疗服务乃至军事等更多领域。

在我们的日常生活中，许多采用非接触式刷卡系统的场合，大多都是基于 RFID 技术的，如公共自行车的借还车卡、公交乘车卡、高校食堂一卡通系统等和高速公路不停车收费系统等。我们以一个实际的公交卡管理系统为实例，详细介绍 RFID 在实际中的应用。

1. 公共交通卡系统简介

1974 年，法国的 Roland Moreno 发明了带集成电路芯片的塑料卡片，1976 年法国 Bull 公司生产出世界上第一枚 IC 卡。1984 年，法国的 PTT（Posts, Telegraphs and Telephones）公司将 IC 卡用做电话卡，由于 IC 卡良好的安全性和可靠性，获得了意想不到的成功。随后，国际标准化组织（ISO）与国际电工委员会（IEC）的联合技术委员会为之制订了一系列的国际标准和规范，极大地推动了 IC 卡的研究和发展。在此后的时间里，随着超大规模集成电路技术、计算机技术、通信技术以及信息安全技术的发展，IC 卡技术也日益趋向成熟。

非接触式 IC 卡的应用始于 20 世纪 90 年代前期成功开发的采用 13.56 MHz 工作频率的 IC 卡系统。非接触式 IC 卡又称为射频卡，它成功地将射频识别技术和 IC 卡技术结合起来，卡内有微处理器及大容量存储器的集成电路芯片，并将天线封装于塑料基片中。卡与读写设备无电路接触，而是通过非接触式的读写技术进行读写（如电感耦合技术）。内嵌芯片除有 CPU、逻辑单元、存储单元外，还增加了射频收发电路。外形与普通的信用卡基本相同，靠卡内的集成电路进行存储和处理信息。卡中存储器分多个分区，支持不同应用，达到一卡多用的目的，而且具有很强的安全保密性。读写器采用磁感应技术，通过无线方式对卡中的信息进行读写并采用高速率的半双工通信协议。国际标准 ISO14443 系列阐述了对非接触式 IC 卡的规定。相对于目前广泛应用的接触式 IC 卡，非接触式 IC 卡具有应用可靠性高、操作速度快，保密性好等优点，已开始在各种系统中使用，主要用于公交、轮渡、地铁的自动收费系统，也应用在门禁管理、身份证明和电子钱包等等。

通信系统实现信息从发送端传送到接收端，一个公交 IC 卡系统作为完整的一个通信系统主要由公交 IC 卡和读卡器两部分组成，如图 8.5.20 所示。公交 IC 卡是一种非接触式的 IC 卡，公交卡系统结构复杂，环节较多，因此，公交 IC 卡的读卡器至少应包括公交售卡机、公交车载机和公交制卡机三个读卡器。

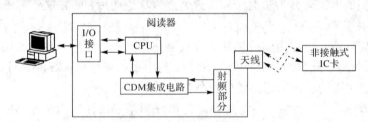

图 8.5.20　基于 RFID 技术的公交卡系统组成示意图

读卡器是阅读器，通过射频信号同非接触式 IC 卡进行近距离通信，系统通过读卡器给 IC 卡发送指令，并通过读卡器分析 IC 卡返回的有关信息，并给 IC 卡提供能量。非接触式 IC 卡是应答器，用来响应读卡器的指令，并报告处理的结果：

1）公交 IC 卡

公交 IC 卡内部结构主要由射频接口电路、数字电路、EEPROM 存储电路三个部分组成（见图 8.5.21）。

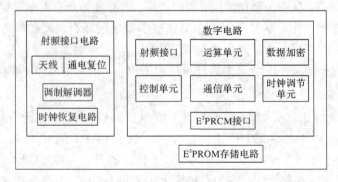

图 8.5.21　公交 IC 卡内部结构图

射频接口电路是智能 RFID 标签芯片与外界的通信接口，将阅读器天线产生的磁场信号耦合进来，为标签芯片提供能量和数据。它主要包括四个功能：一是给 IC 内部各部分电路提供工作所需要的能量，这是通过天线完成的；二是从载波中提取电路正常工作时需要的时钟，由时钟恢复电路完成；三是对进出 IC 卡的数据进行调制、解调，由调制解调器完成；四是上电复位，由通电复位电路完成。

电子标签将信号发送到阅读器发出的载波信号上或者将阅读器发来的信号解调出来实现与阅读器的通信。ISO/IEC 14443 协议规定了阅读器到电子标签的数据传输采用调制系数为 100％的 ASK 调制方式；电子标签到阅读器的数据传输模式采用基于副载波的负载调制方式。

要实现电子标签与阅读器正常通信，电子标签从阅读器的载波信号中提取时序，电子标签上的时钟需与阅读器上的时钟同步，以保证通信的可靠性，并对提取的时钟进行分频，根据数字基带部分的工作要求提供合适的分频时钟，完成解调信号的预处理。

复位检测电路包括上电检测复位和下电检测复位两种：上电检测复位是当电子标签获得足够的能量开始工作时，将标签芯片内部时序电路设定为一个合适的初始状态，以防止时序出现逻辑混乱。下电检测复位是当系统出现意外情况而采取的一种保护措施。

数字电路主要由控制单元、运算单元、E^2PROM 接口、数据加密等模块组成，实现信号解码、数据校验，完成对模拟前端、MCU、安全认证模块、存储器的访问控制，完成协议所要求的功能。

各模块在控制模块的有限状态机的控制下，通过软硬件结合的手段确保信息的安全，并对读卡器的指令进行响应。

E^2PROM 存储电路用来对卡中的关键数据进行存储，它通过 E^2PROM 接口电路与数字部分进行通信，为数字部分提供必要的数据或存储某些指令执行后的结果。由于 E^2PROM 存储单元在写操作时需要 10～20 V 的高压，因此 E^2PROM 存储电路内含高压产生和控制电路。

2）读卡器

读卡器的内部结构如图 8.5.22 所示，它主要由振荡器、射频接口电路、数据处理电路和天线四部分组成。当读卡器向 IC 卡发送数据时，数据处理电路将该数据先送给射频接口电路，与振荡器产生的本振信号相作用，产生调制信号，然后经天线传送给 IC 卡；当读卡器接收 IC 卡回传的数据时，由天线接收来自 IC 卡的调制信号，经射频接口电路将数据还原出来，然后在数据处理电路中作相应的处理。

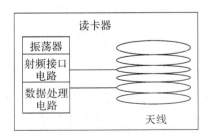

图 8.5.22　读卡器内部结构图

2. 系统的射频通信技术

读卡器和 IC 卡之间采用半双工通信方式，以 13.56 MHz 的高频电磁波为载波，采用

106 kb/s(即 13.56 MHz/128)的传输速率进行通信。由于基带数字信号不能直接进行传输，那么在读卡器和 IC 卡之间进行通信时，必须对该基带信号进行调制和解调的处理。

1) 数据的调制和解调

由于公交 IC 卡系统是一个数字通信系统，因此一般采用数字调制的方法进行调制。在公交 IC 卡中常采用调幅形式：在读卡器发送给公交 IC 卡数据的过程中，TYPE A 采用调制度为 100%ASK，TYPE B 采用 10%ASK。

在公交 IC 卡发送数据到读卡器的过程中，载频为 847.5 kHz，数据传输速率为 106 kb/s，采用负载调制方式。对幅度调制的信号的解调常有相干解调法和包络检波法两种。对 100% ASK 信号可采用包络检波法进行调解，而对于 10% ASK，由于存在判决门限低的问题，需要进行特殊的考虑。

2) 能量的传输

公交 IC 卡在工作时，本身没有电源，因此需要从读卡器发送的电磁波中获取能量。在公交 IC 卡接收数据时，它一方面从接收到的信号中解调出数据信息，另一方面从接收到的信号中提取能量。当公交 IC 卡发送数据时，IC 卡的数据是通过负载调制的方式，使 IC 卡的天线上的信号幅度发生变化，这样读卡器天线上收到的信号幅度也就发生相应的变化，从而使读卡器得到 IC 卡发送的信息，同时 IC 卡将读卡器上的电磁波信号耦合过来，提供 IC 卡工作所需的能量。

3. 信道编码和访问控制技术

在读卡器与公交 IC 卡进行射频通信的过程中，存在许多干扰数据通信的因素，其中最主要的两个因素是信道噪声和多卡碰撞(即有多张卡在读卡器的天线感应范围内)引起的数据干扰。

因此，需要采用信道编码和访问控制技术，以保证读卡器和 IC 卡之间安全、可靠、准确地进行数据传输。为了提高系统的抗噪声能力，就需要采用信道编码技术，对可能或已经出现的差错进行控制。在读卡器发送给公交 IC 卡数据的过程中，TYPE A 采用改进型米勒编码，TYPE B 采用 NRZ 编码。而在公交 IC 卡发送数据到读卡器的过程中，TYPE A 采用曼彻斯特编码，TYPE B 采用 BPSK - NRZ 编码。信道译码器则利用这些规律性来鉴别是否发生错误，或进而纠正错误。

常用的检错码包括奇偶校验码和循环冗余校验码等。

为了解决多卡操作的问题，就需要在读卡器和公交 IC 卡之间建立防冲突协议，使得读卡器可以从多张卡中单独锁定一张卡，然后与之通信，在读卡器与前一张卡通信完成后，才开始与下一张卡通信，从而防止卡间的数据干扰。在公交 IC 卡系统中常用快速防冲突机制防止多卡干扰。

4. 系统的信息安全技术

通信的安全就是要保证信息交换过程数据的机密性、完整性、有效性和真实性。数据的完整性，可以通过校验和纠错的方法实现；而数据的机密性和有效性是通过对数据的加解密来实现的。

公交 IC 卡系统的信息安全体系是系统中极为重要的部分，在公交 IC 卡的设计中常采用流加密的算法，数据的真实性是通过相互认证技术实现的。在交易进行前，读卡器和 IC 卡双方必须进行身份合法性的认证，然后才能进一步操作。认证是通过读卡器和 IC 卡双方同时对任意一个相同的随机数进行某种相同的加密运算，然后判断双方运算结果的一致性来达到认证的目的。在公交 IC 卡中使用的认证方式符合相关的 ISO/IEC9798 国际标准。

8.6　无线体域网

近年来，随着无线传感器网络技术的发展和各种便携式无线设备的大量涌现，出现了一种新型的以人体为中心，叫做无线体域网（Wireless Body Area Network，WBAN）的无线网络。WBAN 的研究还在初级阶段，世界各国普遍看好它的应用前景，各大企业和研究机构纷纷投入大量的人力财力对其进行研究，我国科技工作者也以极大的热情投入到这一新领域的研究和开发中。本节将从通信新技术的角度出发，对这些研究成果作一概述性的介绍，以帮助大家了解这一领域的总体发展情况，包括信道建模、信号传输、媒质访问控制、数据融合、天线设计以及硬件实现、安全机制和标准等方面。本节将首先从整体上介绍无线体域网的概念以及发展前景。

8.6.1　概述

1. 无线体域网概念

无线体域网是一种新兴技术，对体域网的研究目前还处于初级阶段。国际上对体域网的定义还没有统一。体域网对应的英文简称有两个，即 BAN（Body Area Networks）和 BSN（Body Sensor Networks）。部分学者认为，由于 BAN 和 BSN 所研究的内容具有相同属性，因此这两个词都可以用于表示体域网。也有学者认为这两个概念是有差别的，他们认为 BAN 是一个由穿在人身上或植入人体内的由传感器或设备相互连接形成的一个系统，以实现共享不同设备之间的信息或资源为目的。BSN 是用于远程医疗和移动健康的一种 BAN，在 BSN 中每个节点由一个生物传感器或者带有传感单元的医疗设备组成。

BAN 这一词汇第一次出现是在飞利浦研究实验室的 Van Dam 等人在 2001 年发表的论文中，在该论文中 Van Dam 等人认为 BAN 的设计需求应该包含如支持异构网络连接、易于使用和配置、支持不同类型的数据和安全性等特点。2007 年，IEEE 成立了 802.15.6 工作组，专门负责制定 BAN 通信标准，该小组对体域网（BAN）的正式定义是："一种用于低功耗设备和对之操作的优化的通信标准，这些设备被置于人（但不限于人）体内或周围用于提供各种应用包括医疗、消费电子、个人娱乐等等。"

从这个定义出发，我们认位无线体域网是一种以人体为中心，由分布在人身体上、衣物上、甚至身体内部的各个传感器节点和个人终端组成的无线通信网络。

以典型的远程健康监护应用为例，网络系统的组成如图 8.6.1 所示。

从图中可以看出，配置在人身体上有各种医疗传感器节点，还有中心节点以及远程控制节点。身体上的各医疗传感器节点和中心节点通过分布式的方式构成一个无线体域网。其中，中心节点是无线体域网的核心节点，它是无线体域网与互联网等外部网络连接的枢纽；而传感器节点则实时采集用户感兴趣的生理数据信息，并将采集到的信息通过中心节点传输到远程控制节点。远程控制节点用来分析处理来自中心节点的数据，并在必要的时候通过中心节点向各传感器节点发布反馈数据并布置监测任务。

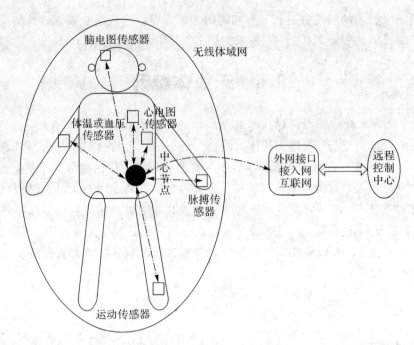

脑电图传感器

无线体域网

体温或血压
传感器

心电图
传感器

中心
节点

脉搏传
感器

外网接口
接入网
互联网

远程
控制
中心

运动传感器

图 8.6.1 无线体域网的网络系统组成

通过这样的无线体域网，医护人员可以对正常生活状态下处于不同地点的患者的各项生理指标及健康状况进行实时监测，对出现异常情况的患者可以进行远程调节、指导和及时救助。有了这样的远程健康监护系统，医院可以实现对患者日常生理数据的保存和管理，以供后续的诊断治疗所用。

因此，无线体域网可以这样具体地来描述，它是一种基于无线传感器网络的新技术，它通过安置于人体外部(包括衣物或附着物、皮肤、肌肉等)或者植入人体内部的各种生理信息传感器共同形成一个无线网络，动态采集人体各部分的生理信息数据并融合，以便为人体医疗保健、疾病监控和预防提供解决方案，在体育训练、军事、消费电子等领域也有广泛和深入的应用前景。

2. 无线体域网的发展前景

(1) 随着全球人口数量的不断增长及世界人口老龄化现象的日趋严重，人们对各种医疗保健和健康预测的需求将越来越高。而现有的医疗体系，在医疗资源分配、医护人员培养和配备、病床设置等方面，都无法适应人们日益提升的健康意识和需求，因此发展一种新型的医疗保健系统已经成为当今世界各国的共识。无线体域网的出现，为满足这种需求提供了一种技术上可行的解决方案。

(2) 传统的医疗方法是一种发病后治疗的被动医疗体系，而未来的医疗保健体系应该是一个从预防到诊断、治疗，再到康复和家庭护理的完整过程。要想有效地配置医疗资源，预防与治疗必须并重。无线体域网技术可以做到对患者发病前提前预防和患病时的及时与精准的治疗。因此，发展无线体域网技术在医疗保健体系改革中的优势十分明显。

(3) 在互联网高速发展的今天，人们已经完全可以追求一种个性化的、智能化的、更便捷的网络化生活，这些需求必然进一步推动无线体域网的快速发展。

总而言之，无线体域网将在人们今后的生活中扮演越来越重要的角色，研究无线体域网具有突出的现实意义。

8.6.2　无线体域网的物理层

无线体域网具有广阔的发展和应用前景，但由于人体及其行为环境的复杂性，它与传统的通信网络存在很大的差别，许多新的技术问题是以前没有遇到过的，而且是跨学科、跨领域的。因此解决这些实际问题，使无线体域网能够真正发挥作用，人类面临着巨大的挑战。就通信系统而言，涉及的关键技术主要包括与人体相关的信道模型、调制编码技术、天线设计、接入协议、拓扑控制和安全机制等。

物理层(Physical Layer，PHY)是位于开放系统互联参考模型的最底层，直接面向实际承担数据传输的物理信道。它为数据链路实体提供必要的物理连接，传输数据位并且进行差错检测，为数据传输提供可靠的环境。针对人体周围特殊的传输环境，无线体域网的物理层主要涉及工作频段、信道模型、调制编码等技术，因此本节主要从这几个方面来讨论无线体域网物理层的相关内容。

1. 无线体域网的工作频率

无线体域网可用的频谱资源包括无需牌照的免费频谱和需要牌照的非免费频谱，各个国家和地区有着不同的频谱规划。未来无线体域网可用的工作频段主要有四个，分别是：医疗可植入通信系统(Medical Implant Communication Service，MICS)频段，无线医疗遥测服务(Wireless Medical Telemetry Service，WMTS)频段，工业科学医疗(Industrial Scientific Medical，ISM)频段和超宽带(Ultra Wideband，UWB)频段。

MICS 频段主要用于支持植入医疗器件进行诊断和治疗，MICS 的频段范围为 402～405 MHz。虽然此频段可用带宽有限，但是已被美国、日本、欧洲等发达国家和地区接受。

WMTS 频段用于通过无线电技术远程监控病人的生理参数(如脉搏、心电图等)，这样就无需把患者限制在病房中或者病床上，有利于提高患者的舒适度，并且可以同时远程监控多位患者，减少医疗监护的费用，WMTS 技术在欧洲、美国、日本、澳大利亚等国家和地区使用比较普遍，所用频率分散在 420～429 MHz、434.05～434.79 MHz、440～449 MHz、608～614 MHz、868～870 MHz、1395～1400 MHz、1427～1429.5 MHz。WMTS 频段只用于远程医疗监控系统，其频段间的干扰比 ISM 频段少，适合无线体域网使用。

ISM 频段是由国际电信联盟无线通信部门(ITU - R)定义的一种频带范围较广的业余无线电频谱规范，由于 ISM 频段的使用无需牌照，因此已经被多个标准使用，例如，使用 2.4～2.4835 GHz 的 ISM 频段的已有标准包括 IEEE 802.15.1(蓝牙)、IEEE 802.15.4 (ZigBee)、IEEE 802.11 b/g(无线局域网)等，无线体域网在使用 ISM 频段时需要特别注意与其他网络的共存问题。

UWB 频段具有非常宽的工作频段，其分散在 3.1～10.6 GHz，具有支持高速数据传输、低成本、低功耗、抗多径衰落、干扰小以及保密性好等特点，目前 UWB 技术也已成为无线体域网的一种可选物理层传输技术。

2. 信道模型

信道模型是评价无线网络系统性能的基础，特别是对于物理层传输技术的研究、设计和性能评价尤为重要，由于人体的介入，无线体域网的信道特征与其他无线通信系统的信道相比有明显区别。人体是由不同介电常数和不同特性阻抗的生理组织构成的，人体组织对不同工作频率的电磁波辐射呈现出不同的导电特性，人体对不同工作频率的信号的吸收和反射都会对信号传输产生不同的损耗，因此人体本身并不是电磁波传输的理想介质。由于人体组织结构的复杂性、人体体形的差异性，精确构建无线体域网的信道模型非常困难，完全不同于传统的自由空间无线传输。

无线信号在人体周围的传输一般有三种不同的传输方式：

（1）以人体为传输媒质进行传输；

（2）在空间中的视距直接传输；

（3）通过周围物体的反射和衍射的传输。

在构建无线体域网信道模型时需要考虑的因素有：

（1）人体组织结构和当前身体姿态；

（2）传感器节点的位置（体外、体表以及体内）。传感器节点是否部署在人体表面或者体内的不同部位，对应的传输方式不同；

（3）通信频段：无线体域网传输数据时，可能会使用 MICS 频段、WMTS 频段、ISM 频段或者 UWB 频段，不同的频段对应的传输链路特性是不同的，例如 MICS 频段主要用于支持植入式通信，不同人体部位组织对传输链路的影响不能忽略，所以构建信道模型时也需对不同的频段进行研究。

由于无线体域网的人体信道模型的特殊性，IEEE 802.15.6 任务组的信道建模小组定义了四种人体信道模型：体内到体内传输信道模型、体内到体表传输信道模型、体表到体表传输信道模型、体表到体外传输信道模型。

这四种信道模型的传输路径和工作频段不同，它们的信道特征也不同，区别于陆地蜂窝移动通信信道模型，无线体域网的路径损耗是由距离和人体组织的频率依赖性共同决定的。经典的对数距离路径损耗模型（以 dB 为单位）为

$$PL(d) = PL_0 + 10n\log\frac{d}{d_0} \qquad (8-6-1)$$

其中，PL_0 是以 d_0 为参考距离的参考路径损耗，n 为路径损耗指数。考虑人体的运动或人体所处环境的影响造成的阴影效应后，无线体域网路径损耗的修正模型为

$$PL = PL(d) + S \qquad (8-6-2)$$

其中，$PL(d)$ 为公式（8-6-1）中的 $PL(d)$，S 为人体阴影效应带来的路径损耗，不同的频段下四种信道模型的路径损耗参数 PL_0、n 和 S 不同。

在无线体域网通信中，由于能量吸收、反射、衍射、人体的运动或人体所处环境的阴影效应，信号传输将产生大尺度衰落和小尺度衰落，所以，需要综合考虑影响信道特性的各个主要因素而构建具有普适性的人体信道模型。

3. 物理层规范

IEEE 802.15.6 标准定义了三种不同频段的无线体域网的物理层规范：窄带（Narrow Band，NB）、超宽带（UWB）和人体通信（Human Body Communications，HBC），并分配了相应的工作频段。在传输过程中，物理层通过一定的调制和编码方式，添加物理层前导序列、物理层帧头（Physical Layer Header，PHR）到物理层服务数据单元（Physical Layer

Service Data Unit，PSDU)构造物理层协议数据单元(Physical Layer Protocol Data Unit，PPDU)，然后在接收端通过相应的解调和译码得到有效信息。

IEEE 802.15.6 标准规定了窄带物理层可以采用差分相移键控(DPSK)、差分二进制相移键控(DBPSK)、差分正交相移键控(DQPSK)的调制方式。而超宽带物理层可采用 DBPSK 和 DQPSK 的调制方式。调制方式 DPSK、DBPSK、DQPSK 抗噪能力比较强，在接收端不需要进行信道估计，不易受信道特性变化的影响，适用于无线体域网的信道环境。

在 IEEE 802.15.6 标准中，物理层协议数据单元 PPDU 采用 BCH 编码来进行纠错。BCH 码是一种循环码，能纠正多位错误，且其编码和译码复杂度均有限可控。BCH 码采用有限域上的域论与多项式，为了检测错误可以构建一个检测多项式，那么接收端就可以检测是否有错误发生。BCH 码可以通过移位寄存器实现，而且不同 BCH 码的编码和译码可以共享硬件资源，这样有助于实现简单、低复杂度、低功耗的编码方式。考虑无线体域网信道传输复杂性，IEEE 802.15.6 标准采用 BCH 编码可保证一定的数据传输可靠性。

窄带物理层的 PPDU 由物理层汇聚协议(Physical Layer Convergence Protocol，PLCP)的前导序列、PLCP 帧头和 PSDU 三部分组成，而 PLCP 帧头和 PSDU 分别采用 BCH(31,19)、BCH(63,51)编码方式。

超宽带物理层中 PPDU 由同步帧头(Synchronization Header，SHR)、物理层帧头和 PSDU 三部分构成，超宽带物理层工作在两种模式(默认模式和高 QoS 模式)下的编码方式有所不同。在默认模式下，采用截断 BCH(40,28)编码添加 12 位奇偶校验码到物理层帧头信息位和帧头校验序列(Header Check Sequence，HCS)之后构造物理层帧头，PSDU 中采用 BCH(63,51)编码方式；在高 QoS 模式下，超宽带物理层采用截断 BCH(91,28)编码添加 63 位奇偶校验码到物理层帧头信息位和帧头校验序列之后构造物理层帧头，PSDU 中采用 BCH(126,63)编码方式。

为保证无线体域网的可靠传输，需考虑不同应用场景下的信道传输特性，在数据的可靠传输(如医疗场景下的生命体征告警等高优先级数据)与收发机实现复杂度之间进行权衡，对 DPSK、DBPSK、DQPSK 等调制方式和 BCH 码、卷积码、级联码、Turbo 码等具有较强纠错能力编码方式之间的联合应用进行整体性能分析，研究针对具体不同无线体域网场景的优化调制编码方案，为无线体域网系统设计和应用提供重要的理论依据和技术支撑。

4. 天线设计

天线设计是无线体域网必须解决的一个难题。因为天线放置在人体表面或者人体内部，低功耗、小尺寸、容易安放是最基本的要求，此外，由于人体的组织结构不同，人体在不同情况下的姿态和体位不同，都会影响天线的工作性能，所以天线设计很复杂。对于植入人体内部的天线，还必须考虑到天线的材质必须是无害的且具有生物兼容性。

一种经过特殊方式或采用特殊材料将天线与衣物融为一体的可穿戴天线已经被研制出来。衣物可以是衣服、帽子、背包、手表等，所集成的天线能够与人体保持良好的共形，在保证天线正常工作的情况下，尽量不影响衣物原有的功能以及人体的舒适。这种可穿戴天线设计时充分考虑了：织物材料的重量、拉伸强度、结构强度、防水特性、天线的便于维护性以及电导率等；天线特性：主要是材料选择和弹性褶皱等对天线特性的改善，材料电导率对天线特性影响；性能提升：主要是带宽改善、天线特性的改进；近人体特性：天线在人体上选择最佳位置，保证可穿戴天线在人体周围正常工作。

美国在可穿戴天线研究中居于领先地位，据 COMWIN（Combat Wear Integration）计划介绍，他们主要研发了背心天线、头盔天线和全身天线。如图 8.6.2 所示的背心天线实物展示，其工作频段是 30～500 MHz，此背心天线加上了按扣，便于脱卸并改进了天线的特性；而工作于 500～2000 MHz 的头盔天线，通过偶极子天线和环形天线大大改善了工作带宽。进一步的研究提出了将信号在颈部附近馈电，然后通过导体连接到脚底的鞋垫，这样天线可足够长，基于此思路提出了全身天线的构造，此全身天线工作于 2～30 MHz 频段且可实现良好的馈电匹配。上述背心天线、头盔天线和全身天线组合在一起就可覆盖 2 MHz～2 GHz 的频段范围。

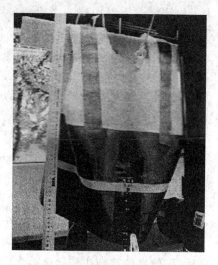

图 8.6.2　一种背心天线实物展示

另外，美国加州大学洛杉矶分校研究了不同织物材料的特性，在织物天线中，导体材料对天线特性具有关键作用，导体的电导率、密度、织物的方向和不连续性等都会影响天线的特性。英国肯特大学提出了具有一定隐蔽性、可直接缝在衣物上的可穿戴的双频纽扣天线。国内研究机构也在进行相关研究，西安电子科技大学研究出一种新型紧凑织物纽扣天线，如图 8.6.3 所示，此纽扣天线被放置在织物基材上并通过一个同轴线路进行馈送。纽扣天线的工作带宽可以满足 UWB 通信系统的要求，具有良好的全向辐射模式和稳定的 H 面辐射方向图，实验测量结果表明该天线适用于人体无线通信。

图 8.6.3　一种 UWB 纽扣天线实物展示

另外，上海东华大学研究了基于三维正交机织物的共形承载微带天线的构成方法，充分考虑了三维织物结构完整性好、抗冲击性强、不易分层等特点，把微带天线与三维织物结合在一个完整的结构中，成为其中一个不可分离的组成部分，从而使这种织出来的微带天线与三维织物完全融合成一个整体。

8.6.3　无线体域网的 MAC 层

MAC 层的主要功能是将有限的资源分配给多个用户，从而使得在多用户之间实现公平、有效的资源共享，进而实现各用户之间良好的连通性，获得更好的网络性能，比如高的系统吞吐量以及低的分组传输时延。特殊的应用场景决定了无线体域网 MAC 层除了具有传统无线网络 MAC 层的共性之外，还应具有自己独特的性质。本节将首先介绍无线体域网 MAC 协议的设计要求，然后分析无线体域网的几种典型 MAC 协议。

1. MAC 层设计要求

1）低功耗

无线体域网中传感器节点的主要特点就是低功耗。考虑到无线体域网的短距离传输特性，特别是对人体健康安全的影响，有必要设计一种有效的、灵活的 MAC 协议来最小化分组碰撞、空闲侦听、串音和控制开销，从而最大化无线体域网节点的能量利用率。

2）数据到达率和传输延时

无线体域网 MAC 层协议需要考虑的 QoS 主要包括数据到达率和分组传输时延。这在无线体域网的医疗应用中显得尤为重要，因为生命攸关的医疗数据只有及时可靠地被医护人员成功接收才能达到紧急救护的目的。

3）可扩展性

可扩展性也是 MAC 层协议设计的关键指标。在无线体域网中，不同节点由于业务量不同，其占空比（Duty Cycle）大小可能从 0.01% 变化到 100%，所以要求 MAC 协议对大范围占空比变化的不同节点能够予以有效支持。同时，消息、图像等不同应用所需要的信道资源也是不同的，也需要 MAC 协议能够支持网络业务的多样化。另外，无线体域网的 MAC 协议还应考虑对多个物理层传输技术的支持。

2. 几种典型的 MAC 协议

由上述无线体域网 MAC 协议设计要求可知，无线体域网 MAC 协议的研究热点主要集中在能量有效性、QoS 支持以及可扩展性等方面。以下从节点接入方式角度对现有无线体域网 MAC 协议进行分类综述。

1）竞争类型 MAC 协议

无线网络中常用的竞争接入机制主要有两种：基于冲突避免的载波侦听多址接入（Carrier Sense Multiple Access with Collision Avoidance，CSMA/CA）机制和 ALOHA 机制。由于无线体域网业务的相关性，某个生理信息的波动会触发其他生理信息的变化，可能造成碰撞过多和频繁退避使得 CSMA/CA 消耗过多的能量。另外，CSMA/CA 机制基于竞争接入信道，无法适应大业务负荷的环境。更为重要的是，CSMA/CA 机制需要执行空频道检测（Clear Channel Assessment，CCA），而在人体内部通信时路径损耗比自由空间大，植入式节点进行 CCA 的可靠性将减弱。因此 CSMA/CA 机制的施行需要考虑具体的应用场合，包括节点的分布位置以及传输业务的属性。

为了简化协议设计，研究人员也采用时隙 ALOHA 机制。时隙 ALOHA 机制将时间划分成若干时隙，所有的节点只能在时隙开始时刻发送数据，不需要执行 CCA 检测获得信道状态。虽然时隙 ALOHA 机制简单易实现，但由于时隙 ALOHA 控制策略固有的盲目性以及无线体域网业务的相关性，完全基于时隙 ALOHA 的协议有可能造成严重的碰撞问题，这对无线体域网协议设计来说并不合适。

2）非竞争类型 MAC 协议

时分多址接入（Time Division Multiple Access，TDMA）机制能很好地解决无线体域网中的业务相关性、碰撞避免和 CCA 检测困难等问题，为此很多研究人员专注于将 TDMA 机制引入无线体域网中。TDMA 多址接入机制将信道划分成固定或可变数目的时隙，然后将这些时隙分配给传感器节点，使得每个传感器节点在指定的时隙内传输数据。由于数据传输不需要竞争信道，也就避免了由于空闲侦听和串音带来的能量消耗，TDMA 机制在一定程度上能保证低功耗和高可靠性。但是传统的 TDMA 协议需要周期性地接收同步信息（如信标帧），从而会消耗额外的能量。

3）混合型 MAC 协议

鉴于基于竞争的接入协议和基于非竞争的 TDMA 机制在无线体域网 MAC 协议实现中都存在一定的缺陷，越来越多的研究人员开始考虑设计两者相结合的混合型 MAC 协议。低速短距离无线通信的 IEEE 802.15.4 标准在一个超帧内融合竞争期和非竞争期，因为协议简单所以被广泛应用于现有短距离通信系统中，其在无线体域网 MAC 协议研究中亦备受关注。比如通过动态时隙分配来优化 IEEE 802.15.4 标准的超帧结构以实现低时延传输。这类混合型 MAC 协议通过优化 IEEE 802.15.4 标准的超帧结构可以满足某种或某几种无线体域网 MAC 层的性能要求，但是 IEEE 802.15.4 标准只在低速率的非对称周期性的无线体域网中才能有良好的性能，因此有必要设计新的能适应无线体域网异构业务的能量有效的 MAC 协议。

8.6.4　无线体域网的安全机制

无线体域网以人体为中心，由于人体环境的特殊性和人体生命体征信息隐私保护的重要性，网络拓扑控制和安全机制也成为无线体域网技术的研究热点。

1. 无线体域网网络拓扑的自适应控制

在无线体域网中，可穿戴式和植入式传感器节点可以分布在人体的各个部位实时监测人体的生命体征信息，如体温、血压、脉搏等的变化。由于人体的活动或者姿势的改变使得传感器节点和中心节点间的相对位置发生变化，导致网络拓扑结构动态变化以及数据传输链路质量的变化。因此考虑协议设计的复杂度和网络系统的性能，网络拓扑结构的自适应调整就显得尤为重要。

鉴于无线体域网的有限覆盖范围，一般而言，单跳星型拓扑被认为是适合于无线体域网的网络拓扑结构。然而根据节点的实际发送功率和有效通信距离，多跳的概念也被引入到无线体域网中。在将功率控制技术融合到无线体域网的 MAC 协议设计中，给出了一种基于动态功率控制的能量有效中继 MAC（Energy - efficient Relay MAC with Dynamic Power Control，ERPC - MAC），可实现网络拓扑的自适应变化。该协议首先采用动态的功率控制算法为节点选择最优的发送功率电平，然后通过一种有效的中继选择策略为能量消耗速率较快的无线体域网节点选择合适的中继节点以延长网络生存期，这样，网络的拓扑结构不再是一成不变的，而是可以自适应地从单跳调整为多跳。当网络中某个正常通信状态下的节点检测到它当前剩余能量值低于网络规定的能量门限值时，ERPC-MAC 协议设计了为能量不足的节点（Energy Shortage，ES）选择中继节点的机制，当中继节点被选定后，ES 节点的后续分组即被发送给中继节点，延长了能量不足节点的生存期，进而延长整个网络的生存期。

此协议里中继触发是在节点能量低于一定的门限值时开始的，以节省能量为目的。考虑实际无线体域网的应用环境，可修改相应中继机制的触发条件来应用于其他情况中，比如当人体姿势的改变造成信道链路质量很差时，节点即使在能量很充足的情况下仍然可以请求中继，这样，节点与中继节点之间合作建立起一条通信质量相对较好的链路，以保证网络的连通性。当无线体域网中人体的小幅度移动造成链路质量的退化时，中继机制显得尤为重要。

因此，针对不同无线体域网应用，综合考虑网络拓扑结构对无线体域网能量有效性和网络可靠性两种性能指标的影响，应该自适应地选取可兼容单跳和多跳的动态拓扑结构来适应无线体域网的应用环境。

2．无线体域网面临的安全威胁与信息安全需求

在无线体域网的各种应用环境中，分布于人体各处的传感器节点往往以人体的各种生命体征信息为传输对象，每个传感器节点收集的大量敏感信息通过无线信道接入到中心节点。无线传输环境的开放性会导致其易遭受到攻击，使人体生命特征的重要信息面临被窃取、篡改、删除以及伪造的威胁，数据的机密性、真实性和完整性被破坏，特别是对体内植入式传感器节点的攻击可能会导致致命后果。这些都是无线体域网面临的安全威胁。

在无线体域网中，能量直接影响着节点的寿命，因此要求无线体域网的安全机制消耗存储空间小和耗能低。此外，无线体域网不同的应用场合和情况也影响着信息安全的需求，如在医疗检测场景下，所收集的心律或者血压等特征数据可能会泄露用户身体状况而导致其遭受到恶意伤害，而在医院外长期监测健康状况的场景下，所收集的日常信息可能会泄露用户的生活情况或者规律。为保证患者的隐私信息，无线体域网需提供机密性、完整性和真实性等安全服务来保证信息的可靠安全传输。

3．无线体域网的信息安全机制

无线体域网中的信息分为数据信息和环境信息。数据信息包括节点采集的人体生理特征信息等，环境信息包括节点位置信息、信息采集的时间信息等。下面主要从这两方面分别介绍信息的安全机制技术。

1）数据信息的安全机制

普通节点采集的人体信息在传输给中心节点的过程中可能存在被窃听、窃取和流量分析等攻击，威胁着数据的安全性。传输的信息既包括采集的人体生理特征信息，也包括网络配置信息和密钥信息等。攻击者会潜在地获得网络配置信息进行其他恶意攻击，而流量分析攻击则是与窃取隐私信息攻击相结合使用的，通过将无线体域网中特殊的传感器节点有效识别出来，从而造成隐私数据的泄露。在抵御窃取隐私信息攻击和流量分析攻击方面，一般采用加密技术来保护隐私信息的安全性。

无线体域网数据保护安全机制技术主要分为四类：

(1) 密钥管理技术，包括密钥分配中心和主密钥方式、预分配方式和对称密钥方式等，如将对称密码算法和基于身份认证的密码机制结合起来使用，以保证数据的安全传输；

(2) 无线体域网安全协议设计，通过采用基于密码算法和认证机制的高效安全协议来保证信息的机密性、完整性和真实性等；

(3) 无线体域网认证技术，使得不同节点之间数据的传输请求是安全可行的；

(4) 无线体域网入侵检测技术和生物特性的结合使用，如利用生物特性的自动识别技术进行身份认证实现入侵节点的检测。

为了保障各个节点信息传输的安全，IEEE 802.15.6 标准将普通节点和中心节点间的连接分为安全连接和非安全连接两种，分别用于传输安全帧和非安全帧。所有普通节点和中心节点在帧交互之前须经过固定状态和中心节点建立安全连接或非安全连接。这些状态包括孤立状态(Orphan State)、关联状态(Associated State)、安全状态(Secured State)和连接状态(Connected State)。中心节点和普通节点之间有安全帧传输时必须依次通过孤立状态、关联状态、安全状态和连接状态，建立安全通信连接后才可以发起数据的交互。中心节点和普通节点之间没有安全帧传递时仅需要通过孤立状态和连接状态，建立非安全通信连接后就可以发起数据的交互。孤立状态就是节点和中心节点建立关系之前的初始状态，节点激活或创建主密钥(Master Key)后进入关联状态，然后采用密钥生成算法创建成对暂时密钥(Pairwise Temporal Key，PTK)进入安全状态，最后节点和中心节点建立连接从而进入连接状态。若节点和中心节点间不传输安全帧，则处于孤立状态的节点直接和中心节点建立连接从而进入连接状态。只要节点和中心节点处于连接状态就可以发起数据的传输。安全通信能够保证数据信息的真实性、完整性和机密性，而非安全通信则不一定保证。

为了进一步保证数据的安全性，标准 IEEE 802.15.6 中定义了三种级别的安全模式，即公开模式、认证模式和授权加密模式。公开模式安全级别最低，消息以非安全帧形式传输，不提供消息认证的编码机制和加密机制，因此不能保证信息的真实性、完整性和机密性。消息在传输过程中可能面临被其他用户篡改数据的危险。认证模式是一种能提供消息认证的编码机制，但是不提供加密机制的模式，消息以安全认证但非加密帧的形式传输，能保证信息的真实性、完整性，但不能保证机密性。消息在传递的过程中，未认证的用户不能私自篡改数据。授权加密模式安全级别最高，提供消息认证编码机制和加密机制，消息以安全认证且加密帧的形式传输，能够保证信息的完整性、机密性和真实性。

根据具体的帧类型，普通节点和中心节点选择其中一种安全模式用于随后的帧交换。根据 IEEE 802.15.6 标准的规范定义，无线体域网的安全主要通过安全的关联协议和加密技术实现，且加密是在安全关联后实现的。关联协议是基于椭圆曲线公钥密码的 Diffie - Hellman 密钥协议实现的，要求参与节点预共享公钥信息。信息安全技术由消息的认证和加密实现，基于高级加密标准(Advanced Encryption Standard，AES)进行加密。当普通节点需要单播通信时，根据具体的应用需求选择安全关联协议中的某一种关联方式加入网络，激活预共享主密钥或者创建新的主密钥，然后通过临时密钥创建程序创建一个成对暂时密钥。当关联结束后，普通节点和中心节点之间就拥有一个成对暂时密钥。在后续的帧交互通信中，普通节点和中心节点就采用这对暂时密钥对数据包进行加密。若需要进行组播通信，中心节点为每一个加入组播通信的普通节点分配组暂时密钥（Group Temporal Key，GTK），然后利用组暂时密钥加密组播数据。

目前 IEEE 802.15.6 标准对预分配共享主密钥和基于椭圆曲线密码体制（Elliptic Curve Cryptography，ECC）预分配隐私公钥认证的密钥管理技术没有进行详细的规定。密钥管理技术为其他安全机制提供基础服务，并与安全机制共同完成无线体域网的安全通信。考虑无线体域网的异构性，中心节点和普通节点的计算和通信能力不同，不同能力的节点可能采取不同的认证方案。因此，应该根据无线体域网具体的应用场景设计统一生成、分发密钥的管理技术，有效地进行密钥的控制和管理，并结合非对称的密钥动态管理方案，保证安全便捷地分发密钥，降低密钥管理的复杂度。

在所有的安全技术中，认证技术是保证通信实体身份正确的关键，是抵抗各种攻击的核心技术，也是无线体域网常用的信息安全机制之一。由于无线体域网有着更高的安全需求，IEEE 802.15.6 中四种关联认证协议都是基于 ECC 实现的，所需要的密钥长度很短。但是这些关联认证协议存在着实现上的不足，参与认证的节点在交互过程中不断传递双方的公钥信息，增加了节点间的通信量或者要求节点事先共享双方的公钥信息，增加了密钥管理技术的复杂度。采用基于身份的 ECC 认证技术，可以避免在节点相互认证的过程中传递公钥信息造成的资源通信浪费。

基于身份的 ECC 认证技术采用公开信息作为公钥使用，如节点的 MAC 地址，并结合无线体域网的网络拓扑特点，利用椭圆曲线理论上的数学困难问题来设计和构造新的基于身份的 ECC 密码算法，同时优化认证过程中的交互信息和验证算法，降低节点认证的计算复杂度，最终完成无线体域网普通节点和中心节点间的相互认证和共享密钥的协商。

2）环境信息的安全机制

无线体域网的环境信息主要包括位置信息和时间信息。位置信息的保护包括人体位置的隐私保护和中心节点位置信息的隐私保护。

无线体域网中位置隐私保护常用的技术可以分为三类：

（1）去个性化特性信息。采用匿名化技术，采用匿名或者假名隐藏用户的真实身份，使攻击者不能通过位置信息获得用户的真实身份。常见的算法有 k - 匿名算法、t - closeness 算法等。位置信息的安全保护取决于位置信息与用户身份之间的相关程度，若相关越紧密，对用户的保护程度越低。

（2）模糊信息处理技术。通过模糊噪声技术降低用户信息的质量，单个用户的位置信息能得到有效地隐私保护。但是在大量用户存在的情况下，由于采用模糊技术可能存在定位服务效率低的问题而带来新的问题。

（3）干扰技术。通过采用错误或虚假的数据位置信息保护用户的位置隐私，采用虚拟用户生成算法，用于少量用户的场景。

运用时间信息的安全保护主要由于传感器节点的数据发送时间、消息延迟时间、密钥更新时间等都可以间接地为有目的的恶意节点提供消息，可能会泄露大量的隐私信息。为避免发生时间信息泄露的问题，在数据转发时引入随机延迟的抵御方案。

8.6.5　无线体域网的标准

无线体域网（WBAN）已经成为短距离通信领域中的研究热点。为了协调不同国家和地区在 WBAN 研究和开发过程中的差异，使 WBAN 朝着统一化的方向推进并加快产业化，国际电气和电子工程师协会（IEEE）一直积极地开展对 WBAN 的标准化的工作。2007 年 11 月，IEEE 802.15 工作组在无线个域网的基础上建立了第 6 任务组（Task Group 6，TG6），专门致力于制定满足不同应用需求的无线体域网的标准化工作。于 2012 年 2 月 IEEE 正式发布了 IEEE 802.15.6 标准。中国频谱划分与欧美、日本等国家和地区有较大差别，中国通信标准化协会（China Communications Standards Association，CCSA）计划制定出符合中国频谱规范的无线体域网通信标准。CCSA 目前已经组织开展无线体域网关键技术的研究，国内的标准化工作也已经起步。

1. 国际无线体域网标准

跟其他国际标准类似，IEEE 802.15.6 主要致力于制定无线体域网的 PHY 和 MAC 层规范，用以支持符合该规范的设备和网络互联互通。本节将描述国际标准 IEEE 802.15.6 中定义的网络拓扑结构以及 PHY 层和 MAC 层规范。

IEEE 802.15.6 标准规范支持两种网络拓扑结构：单跳星型拓扑和扩展的两跳星型拓扑，其中组网的节点有两类，即普通节点和中心节点。中心节点负责各普通节点的介质接入和功率管理工作，且在每个无线体域网中只能有一个中心节点。在单跳星型网络中，普通节点和中心节点直接通信，而在扩展的两跳星型网络中，部分普通节点与中心节点的业务交互可以通过中继节点进行转发。在扩展的两跳星型网络中被选为中继的节点称为中继节点，需要被中继的节点称为被中继节点。被中继节点与中心节点通过帧封装可以交换单播的管理帧和数据帧，但不能交换控制类型帧。帧封装就是在原有交换帧的基础上添加额外的帧头和帧校验序列（Frame Check Sequence，FCS），以区别于单跳星型网络中传输的帧。另外，被中继节点在任意给定时刻只能选择一个中继节点。

IEEE 802.15.6 定义了三种不同的物理层技术：窄带物理层、超宽带物理层和人体通信物理层。具体物理层的选择取决于实际应用场景的要求。以下分别从物理层协议数据单元、工作频率、调制方式以及数据传输方式来介绍三种物理层各自的技术特点。

1）窄带物理层

窄带物理层 PPDU 帧由 PLCP 前导序列、PLCP 帧头和 PSDU 三部分组成。其中，PLCP 前导序列用于协助接收端进行时钟同步和补偿载波偏移，PLCP 帧头用于传输必要的物理层参数以便接收端对 PSDU 进行译码。

窄带物理层定义了 7 个工作频段和 4 种调制方式，工作在窄带物理层上的无线体域网节点需要支持至少一个频段上的信号传输。

2）超宽带物理层

超宽带物理层包含两种不同的技术类型：基于脉冲无线电的 UWB（Impulse Radio UWB，IR - UWB）和基于宽频调制的 UWB（Frequency Modulation UWB，FM - UWB）。无线体域网的中心节点要么只使用 IR - UWB 收发器工作，要么同时使用 IR - UWB 和 FM - UWB 收发器。而普通节点可以选择 IR - UWB 和 FM - UWB 收发器其中一个或者同时使用两种，但是要保证中心节点和普通节点能够进行通信，也就是收发器需要匹配。

超宽带物理层的工作频段可划分为两个频段组，即低频段组和高频段组。低频段组包含三个信道，编号为0~2，其中信道1是工作在低频段超宽带物理层下的节点必须支持的，其余两个信道可选择性支持。高频段组分为 8 个信道，编号为 3~10，其中信道 6 为工作在高频段超宽带物理层下的节点必须支持的，其他的信道则是可选的。

超宽带物理层的 PPDU 由同步帧头、物理层帧头和 PSDU 三部分组成。基于超宽带技术的无线体域网有两种工作模式：默认模式和高 QoS 模式。

默认模式用于医疗或者非医疗应用下的所有场景，而高 QoS 模式只用于支持具有更高优先级的医疗应用。在默认模式下，PSDU 中采用 BCH(63，51)编码方式；在高 QoS 模式下，PSDU 中采用 BCH(126，63)编码方式。根据工作模式的不同，UWB 有三类调制方式：开关调制、差分 PSK 调制（如 DPSK、DQPSK 等）和 FM - UWB 调制技术，其中FM - UWB调制包含相位连续的二进制频移键控(Continuous Phase Binary Frequency Shift Keying，CP - BFSK)和宽频带频率调制两种调制方式。

3）人体通信物理层

人体通信(HBC)是无线体域网特有的一种通信方式，它将人体作为传输数据的信道，其工作频率为 21 MHz。HBC 分组的结构包括 PLCP 前导序列、起始帧定界符(Start of Frame Delimiter，SFD)、PLCP 帧头和 PSDU。

MAC 层规范方面要注意以下几个问题：

(1) 时基(Time Base)。在无线体域网中，如果普通节点和中心节点的介质接入要求以时间的方式被调度，那么所有节点均需要建立一个参考时基。所谓时基就是将时间轴划分为循环的信标周期(或者称为超帧)，其中每个超帧的长度相等并且由等长的编号从 0 到$s(s \leqslant 255)$的分配时隙组成。

(2) 接入模式分类。为了支持基于时隙的资源分配，无线体域网中心节点不管是否发送信标帧都将建立一个参考时基。基于时基被划分的超帧分为激活超帧和非激活超帧两种形式。在非激活超帧中，节点处于休眠状态从而没有数据帧的传输；而在激活超帧中，节点处于激活状态，有数据帧的传输。

中心节点在激活超帧中可选择发送一个信标帧，也可以在全部超帧中均不发送信标帧。信标帧主要用于时钟同步和网络管理。如果中心节点不提供基于时隙的资源分配，那么它便不使用时基或超帧，因此也就无需发送信标帧。

总结来说，中心节点可以工作在信标模式，在每个激活超帧中均发送信标帧，从而来提供基于时隙的资源分配；也可以工作在非信标模式，中心节点虽然不发送信标帧但可以依据其他定时帧来提供时间基准；或者完全不需要时间基准，也就是不使用超帧，亦不进行时隙分配。于是，IEEE 802. 15.6 标准中就定义了这三种接入模式：带有超帧的信标模式，带有超帧的非信标模式以及不带超帧的非信标模式。

(1) 带有超帧的信标模式。如图 8.6.4 所示，除了信标帧(Beacon，B)外，此超帧结构被划分成不同的接入阶段。专用接入阶段(Exclusive Access Phase，EAP)、随机接入阶段(Random Access Phase，RAP)、管理接入阶段(Managed Access Phase，MAP)以及竞争接入阶段(Contention Access Phase，CAP)。B2 帧是中心节点为了提供非零长度的 CAP 而专门发送的信标帧，如果 CAP 长度为零，中心节点就不再发送该 B2 帧。

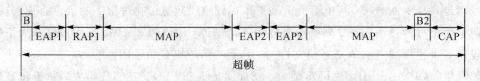

图 8.6.4　带有超帧的信标模式下使用的超帧结构图

在无线体域网中，监测生理信息的普通节点周期性地向中心节点发送数据。若发生突发事件，节点还需传输由事件引起的突发业务。人体生理特征信息分为普通的监测信息和紧急的告警信息，突发业务可分为普通业务和紧急业务。由于无线体域网业务的多样性，各个传感器节点根据不同的业务特性选择在相应的接入阶段发送数据。比如，专用接入阶段适用于高优先级的紧急业务的传输，管理接入阶段可传送周期性业务，随机接入阶段和竞争接入阶段可用于发送非周期性的普通业务。

（2）带有超帧的非信标模式。在该接入模式下的任何超帧结构只有一个管理接入阶段，此阶段下的工作方式和带有超帧的信标模式下的管理接入阶段的工作方式相同。中心节点不发送信标帧，可通过其他的时间帧实现全网同步，可提供基于时隙的资源分配。

（3）不带超帧的非信标模式。在该模式下，中心节点不发送信标帧，也不需要使用时基，节点可以在任何时刻发送数据。不同于带有超帧的信标模式和带有超帧的非信标模式，此模式下全网不需要时间同步，也不提供基于时隙的资源分配。若中心节点确定在后续的帧交互中工作在不带超帧的非信标模式下，普通节点和中心节点把任何时间间隔等同于专用接入阶段 1 或随机接入阶段 1，可采用 CSMA/CA 机制接入信道获取分配间隔。

2. 国内无线体域网标准

面对国际上对无线体域网技术的研究趋势，国内无线体域网标准化工作也正在积极筹划制定中。中国通信标准化协会（CCSA）在 2010 年 2 月成立了泛在网技术工作委员会（TC10），并在 TC10 内分别设立了总体、应用、网络、感知/延伸四个工作组，以推动物联网标准化工作。感知/延伸工作组负责对信息采集、获取的前端及相应的网络技术进行研究及标准化。无线体域网是物联网感知的重要组成部分，关于无线体域网的研究是 TC10 感知/延伸工作组研究的重点内容，相关行业标准正在进一步制定和完善中。

国内无线体域网标准面向适用于国内的医疗健康等应用需求，制定 PHY 层和 MAC 层技术规范，同时关注其功能和可实现性，并考虑安全、高 QoS 等其他关键技术。国内无线体域网标准草案在内容上主要包括以下几个方面：

1）网络拓扑结构

结合无线体域网的应用和关键技术需求，目前国内标准草案主要采用星型网络拓扑结构。

2）工作频段

基于国内射频使用规范，标准草案中定义的无线体域网工作频段为 174～216 MHz、407～425 MHz、608～ 630 MHz 和 2 400～2 486.5 MHz 频段。

3）物理层

物理层的功能主要是控制射频收发机、信道 CCA 检测以及数据的接收和发送。需要规范的物理层技术包含：物理层协议数据单元的构成和功能的定义，每个工作频段上的物理层参数(物理层协议数据单元每个组成部分的调制方式、编码方式、脉冲波形等)的确定以及收发信机的规范。

4) MAC 层

媒质访问控制(MAC)层主要功能是解决多用户共享有限带宽资源的问题。为了适用医疗应用和业务的多样性，国内标准草案稿同样也采用了三种接入模式和相应的超帧结构。整个超帧结构分为两部分，每部分由专用访问阶段、随机访问阶段和管理访问阶段组成。基于业务种类和优先级，传感器节点采用竞争接入机制或调度接入机制在合适的接入阶段完成数据的传输，保证业务的可靠性和低时延特性。

8.6.6　无线体域网应用前景和实例

随着现有研究机构对无线体域网关键技术的深入研究和其标准化工作的推动，人们对无线体域网的关注热度正逐步增加，作为一种新兴技术，无线体域网在医疗、保健等领域有非常广阔的应用前景，不但如此，体域网在军事、体育训练以及游戏与多媒体服务方面也有可以发掘的应用潜力，如能进一步开拓思路，与互联网、虚拟现实等新技术结合起来，无线体域网的应用将又一次改变人类的生活方式。

1. 应用前景

1) 医疗与保健

医疗和健康保健是体域网的最主要的应用领域。在医疗方面，利用体域网技术将各种人体生理信息传感器植入体内或置于人体上，采集相关生理信号参数，如心律、血压、血糖等，可以实时或长期监测人体的相关生理参数，为医生诊断提供及时准确的数据。

比如可以利用 EEG、ECC 等传感器提供人体脑电、心电数据，利用无线传输的方法把这些数据及时传到监测中心，及时为病人提供相关疾病的预警，提醒病人及早防御和治疗。又比如，可以在体域网基础上开发一种基于 UWB 的颤抖监测设备，用于帮助有抖动症状的疾病如帕金森、癫痫等神经紊乱的疾病的治疗。又比如，借助于微型血糖传感器监测糖尿病人的血糖，当血糖值低于一定值时，利用安置在病人身上的微型注射器注射胰岛素，可以及时控制病人的血糖水平。总之，利用体域网可以实现疾病的早发现、早治疗，这种模式相比与传统的发现疾病后治疗的模式，可以更早地发现疾病，有助于更好地治疗疾病。在保健和健康恢复方面，利用分布在人体上不同部位的传感器，可以实现日常生活活动的监测，还可以对手术后的病人进行监控，帮助手术后的健康恢复。也可以将这一技术用于老年人，利用带在耳朵上的传感器可以对老年人的摔倒风险进行监测、报警和评估。

2) 体育和军事训练

体域网技术在运动员训练，士兵训练或健康恢复方面也有着广阔的应用前景，通过在运动员或士兵的相应身体部位放置传感器，监测相关生理数据，可以为教练指导训练提供非常有用的第一手数据。例如，在划船运动员训练过程中，可以利用放置在运动员臀部和腰部的传感器，监测运动员的这两个部位在划船时的运动情况，从而让教练可以科学地指导运动员提高划船技术。又比如，国外在高尔夫和网球训练领域进行利用体域网技术方面的尝试,通过体域网采集训练数据,取得了非常有效的成果。在军事上,如果开发了一个实时监测士兵健康信息的系统,对士兵的训练和体力恢复可以提供很大的帮助。

3)残疾人辅助应用

除了在医疗领域的广泛应用之外,无线体域网还在伤残辅助领域备受欢迎。例如,将传感器植入假肢,与佩戴在身体上或者植入体内的智能控制设备通过无线体域网相连接,从而控制假肢准确动作,以解决残障人士行动不便的问题。或者,通过测量人体和手指上传感器节点距离变化的信息,将手语信息翻译为正常语音,为语言障碍人士提供自动手语翻译功能。另外,无线体域网在为视觉障碍人士提供服务时,由附着在视障人士的拐杖或墨镜上的相机拍摄照片并通过无线体域网实时发送这些照片到视障人士身上的信号处理机,通过信号处理机的解释功能将照片转化为视障人士需要寻找的物体、指导行动路线等信息,从而解决视觉障碍问题,如图8.6.5所示。

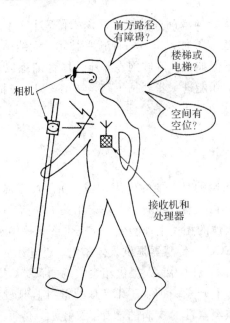

图 8.6.5 盲人的高级辅助视觉设备

4)其他应用领域

此外,无线体域网技术还可以用于消费电子、游戏、大规模救灾等领域,将多媒体技术与体域网结合可以开发出针对个人需要的个性化的音视频应用服务。

在游戏领域,使用体域网技术可以开发出更智能的体感游戏机。无线体域网在消费娱乐领域的应用包括无线耳机、语音流或视频传输、运动姿势监测器等。例如,通过装有身体感应器的设备可以将游戏参与者的实际动作(拳击、挥拍等动作)反馈至游戏终端,提升参与者的体验,如图8.6.6所示。这些领域中使用的无线体域网技术,不但能帮助用户摆脱有线连接带来的困扰,而且还能提供多人之间的资源共享。

在大规模救灾等领域,利用体域网中的无线信号可以在灾难发生后提供更加准确的生命探测等救灾服务。

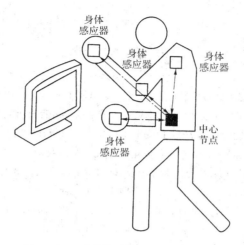

图 8.6.6　无线体域网在游戏中的应用

2. 应用实例

国内研发的一种"扁鹊飞救"远程健康救助服务系统可以认为是实现健康护理应用的一个实例。

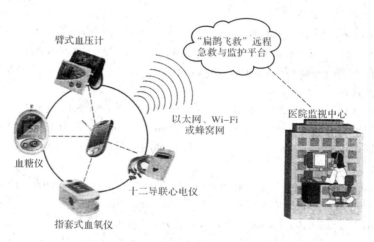

图 8.6.7　"扁鹊飞救"远程健康救助服务系统

如图 8.6.7 所示,"扁鹊飞救"系统以监控中心和云平台为中心,主要面向心脑血管疾病患者或者中老年人,实时监测其身体状况,旨在提供快速急救、疾病预防和日常健康保健。系统集成了十二导联心电仪、臂式血压计、指套式血氧仪和血糖仪等无线医疗设备,可以对心电、血压、血氧和血糖等生命体征数据分别进行采集,并将采集的结果通过无线技术发送到安装有"扁鹊飞救"系统软件的电脑或者智能手机上,然后通过以太网、Wi-Fi 或蜂窝网络将数据传输到"扁鹊飞救"远程急救与监护平台,实时监测人体信息,实现中心医院和现场医护人员的协同治疗或远程会诊和急救指挥。将无线体域网技术应用于此平台后,体积庞大的各种医疗仪器将被小型化,需人工采集数据的工作将被智能化的医疗传感器取代,节点间的数据传输也将更智能、快捷、安全。此外,还可以利用无线体域网将血压传感器读数传送到病人的电子病历(Electronic Medical Record,EMR)中,使医生可以通过专用的手持终端查看监测结果,从而实现对老年人身体安全状况的全面监护。

参 考 文 献

[1] Andreas F. Molisch. 宽带无线数字通信[M]. 北京：电子工业出版社，2002.

[2] 邬正义，范瑜，徐惠钢. 现代无线通信技术[M]. 北京：高等教育出版社，2006.

[3] 鲜继清，等. 现代通信系统[M]，西安：西安电子科技大学出版社，2003.

[4] 张辉. 现代通信原理与技术[M]，西安：西安电子科技大学出版社，2002.

[5] 曹志刚主编. 通信原理与应用：系统案例部分[M]. 北京：高等教育出版社，2015.

[6] 樊昌信 曹丽娜. 通信原理[M]. 6 版. 北京：国防工业出版社，2010.

[7] 彭根木，等. 无线通信导论[M]. 北京：北京邮电大学出版社，2011.

[8] 吴诗其，等. 通信系统概论[M]. 北京：清华大学出版社，2005.

[9] 邬正义. 通信原理简明教程[M]. 2 版. 北京：机械工业出版社，2016.

[10] 陈林星，曾曦. 短距离无线通信系统技术 [M]. 北京：电子工业出版社，2013.

[11] 张明和. 深入浅出 4G 网络 [M]. 北京：人民邮电出版社，2016.

[12] 小火车 好多鱼. 大话 5G[M]. 北京：电子工业出版社，2016.

[13] Federico B. Robert W H, etc. Five Disruptive Technology Directions for 5G[J], IEEE Communication Magazine, 2014(2)：74 – 80.

[14] K. Gilhousenet al. System and Method for Generating Signal Waveforms in a CDMA Cellular Telephone System. U. S. patent 5，103，459；filed June 25，1990；awarded Apr. 7，1992.

[15] T S Rappaport. Wireless Communications，Principles and Practice，Prentice Hall，Upper Saddle River，NJ，2nd ed，c. 2002，chapter 2.

[16] Committee on Evolution of Untethered Communications，Computer Science and Telecommunications Board，Commission on Physical Sciences，Mathematics，and Applications，& National Research Council，The Evolution of Untethered Communications，National Academy Press，1997，ISBN 0 – 309 – 05946 – 1.

[17] G J Foschini. Layered Space – Time Architecture for Wireless Communication in a Fading Environment When Using Multi – Element Antenna. Bell Labs Technical Journal，1996，1：41 – 59.

[18] G J Foschini，M J Gans. On Limits of Wireless Communications in a Fading Environment When Using Multiple Antennas. Wireless Personal Communications，1998，6(3)：311 – 35.

[19] P W Wolniansky，G Foschini，G Golden，etc. V – BLAST：An Architecture for Realizing Very High Data Rate over the Rich – Scattering Wireless Channel. Proc. ISSSE 1998，Sept. ，1998.

[20] Nokia Links Two Networks With One Modem：A Laptop Modem Allowing Access to IEEE 802. 11b and Mobile Phone Networks is Being Released by Nokia. Mar. 18，2002，ZDnet，http：//news. zdnet. co. uk/story/0，t279 – s2106765，00. html.

[21] A J Viterbi. Wireless Digital Communication：A View Based on Three Lessons Learned. IEEE Commun. Mag. ，1991，29(9)：33 – 36.

[22] M Welborn. Systems Considerations for Ultra – Wideband Wireless Networks. Proc. IEEE Radio and Wireless Conference 2001(RAWCON2001)，Boston，MA，2001(8)：5 – 8.